创意时装立体裁剪

龚勤理 著

中国纺织出版社

内 容 提 要

本书是介绍创意时装造型手法和立体裁剪操作技术的专业书籍。根据品牌女装产品的组成和设计要求，全书共分六章，包括立体裁剪与时装创意设计、立体裁剪的准备、短裙、衬衫和小衫、连衣裙和礼服、外套的立体裁剪。在立体裁剪的每章节中，安排1个基本款式操作技术案例和4~5个创意款式案例，结合了最新国际时装流行因素，涵盖了时尚品牌具有代表性的结构设计手法和创意手法，安排了款式分析、面料准备、立体裁剪操作步骤、试样、操作技术要点分析、样板CAD读入等内容。本书旨在拓展时装设计人员的创意设计思维，提高时装结构设计能力。

本书可用作服装院校的专业教学，也适合品牌女装设计师和样板师阅读参考。

图书在版编目(CIP)数据

创意时装立体裁剪/龚勤理著.—北京：中国纺织出版社，2012.6（2024.11重印）

ISBN 978-7-5064-8536-4

Ⅰ.①创… Ⅱ.①龚… Ⅲ.①立体裁剪 Ⅳ.TS941.631

中国版本图书馆CIP数据核字（2012）第065767号

策划编辑：孔会云　责任编辑：王文仙　责任设计：李　然
责任印制：何　艳

中国纺织出版社出版发行
地址：北京市朝阳区百子湾东里A407号楼　邮政编码：100124
销售电话：010—67004422　传真：010—87155801
http://www.c-textilep.com
中国纺织出版社天猫旗舰店
官方微博 http://weibo.com/2119887771
三河市宏盛印务有限公司印刷　各地新华书店经销
2024年11月第8次印刷
开本：787×1092　1/16　印张：13.75
字数：164千字　定价：32.00元

序
SEQUENCE

立体裁剪是一种既古典又现代的裁剪方法，它不仅仅是服装结构设计的技术之一，更是一种设计造型的手段。设计师可借助立体裁剪的方法，把设计灵感转化为具体的时装造型，并制作优美的时装板型。一本好的立体裁剪书可以给设计师们提供专业的技术指导，同时也可以引导和启迪新的设计思路。

作者龚勤理20世纪80年代毕业于天津轻工业学院服装工程专业，现任教于浙江纺织服装职业技术学院时装学院。二十多年来，一直从事女装设计与技术教学，曾经兼任女装企业的设计师、设计总监、业务部经理和总经理等，是浙江纺织服装职业技术学院服装工艺技术专业带头人、浙江省精品课程《立体裁剪》的课程负责人，2007年入选浙江省“151人才工程”第三层次。2010年作者到浙江理工大学做访问学者，大家有幸共同探讨服装教育，开展了人体体型、服装面料、服装板型等三维虚拟试衣关键技术的研究，顺利完成了宁波市自然科学基金的项目，深感作者既具有多年的服装教学经验，又具有时装企业的实践经历，相信本书能够适应当今时装业发展的需求，为服装教育教学和产业做出应有的贡献。

《创意时装立体裁剪》是一本在内容和形式上有较大突破的服装立体构成技术专业书，它没有停留在各类基本款的立体裁剪上，也没有把重心放在纯粹的艺术造型上，而是借助具有代表性的、具有市场价值的变化时尚款式案例，在设计创意手法和造型技术上进行了良好的结合，既结合流行元素、注重款式设计和造型结构的变化与创新，同时又在内容章节上与品牌女装的品类相对应、和产品开发流程相结合，技术规范并最终转化为可用于批量生产的时装样板。本书针对时装产业一线的设计师和样板师，具有实际的技术指导和设计参考价值。

国家特色专业服装设计与工程负责人
浙江省服装设计与工程重点学科带头人
浙江省服装设计与工程重点专业负责人
浙江理工大学服装学院院长、教授、博士生导师
邹奉元
2012年5月16日于杭州

前言
PREFACE

在环球化和科技进步的大背景下，我国的服装产业正向品牌化、时尚创意和国际化经营的方向发展，国内自主品牌成长迅速，国际品牌急剧扩展，品牌意识渗透了人们的生活中。当前，服装市场的竞争十分激烈，许多品牌服装通过提高产品的个性设计和创新创意来增强核心竞争力，立体裁剪已成为服装设计人员进行产品创意设计的重要方式。

本书从女装产品设计要求出发，较为全面地、系统地介绍了立体裁剪操作技术和创意造型手法。本书注重技术和创意相结合，依据品牌女装产品的组成分设章节，按时装产品开发流程安排内容、进程，每章安排 1 个基本款式操作技术案例，对立体裁剪操作技术进行详细讲解，安排 4~5 个创意款式案例进行拓展创意设计，讲解各种结构设计和创意手法。每款的内容包括款式分析、面料准备、立体裁剪操作步骤、试样、操作技术要点分析、样板 CAD 读入等项目。

本书接轨先进的日本立体裁剪技术，款式案例结合了最新的国际流行因素，涵盖了时尚品牌具有代表性的结构设计手法和创意手法，旨在提高时装设计人员的立体裁剪技术，拓展创意设计思维，提高时装结构设计能力，促进服装院校时装设计创新创意的教学。

本书凝结了作者多年来在女装产品设计工作和立体裁剪教学实践中积累的宝贵经验。在本书撰写过程中得到了有关同事和家人的大力支持，特别是江雪娜老师和张春姣老师在平面款式图绘制、样衣制作方面给予了帮助和支持，在此表示衷心的感谢。

由于水平有限，难免有错（疏）漏之处，恳请专家、同行和广大读者批评指正。

作者

2012 年 3 月于宁波

目录
CONTENTS

第一章　立体裁剪与创意设计

一、立体裁剪

我国的时装产业已逐步接轨国际时尚前沿，开始进入全球经济的市场通道。在传统制造向时尚创造的转型发展中，立体裁剪作为国际先进的裁剪技术和设计手段，在品牌女装企业的产品开发中被广泛运用。

立体裁剪是使用基于人体理想比例的人台，将布覆盖在人台上，一边裁剪一边造型的一种设计表现方式。在人台上直接裁剪，可以充分结合人体结构和曲线变化、面料的性能，能一边观察布料的走向与整体平衡，一边获得造型。

（一）立体裁剪的技术规范

立体裁剪与平面裁剪技术一样，是服装构成的一种方法，需要运用正确的技术，遵循规范的操作程序，目的是取得优美的、可用于生产的样板。

（1）在立体裁剪中，需要充分认识和理解人体结构，了解人体的运动特点，了解人体和服装的关系。既要通过服装造型设计来表现人体的形态美和服装造型美，更要通过合理的放松量设计，充分保证服装穿着的舒适性和运动机能。

（2）正确处理面料丝绺，要以正确的布纹线为基准，面料的相互拼合要考虑丝绺关系，使服装达成平服、平衡的造型效果。要充分了解并合理运用面料的材质、悬垂性、厚度、重量等性能，选择良好的结构设计方案，塑造理想的轮廓造型。

（3）要正确运用针法和裁剪操作手法。只有运用正确的针法和裁剪操作手法，才能得到准确的结构线，得到准确的放松量和造型。

（4）要准确取得样板。造型完成后，要准确点位记录衣片结构。拓印纸样时，衣片的基准线和纸样的基准线要对应，线条要流畅，纸样拼合部分尺寸要相符，对接的结构线要圆顺。对样板进行复核，使样板完整、准确，适合生产。

（二）立体裁剪和平面裁剪

服装结构设计主要有平面裁剪（如原型裁剪、比例裁剪）和立体裁剪两种方法，两者在服装样板的设计和制作过程中，各有优势和局限，时装样板师们既需要掌握平面裁剪技术，更要掌握立体裁剪技术。平面裁剪技术对一般的成衣款式方便而快捷，但对部分时尚变化款则力不从心，有时会导致服装造型的平面化，存在一定的局限性。立体裁剪则是一门给服装带来优美立体感的裁剪技术，尤其对褶皱、立体造型的变化设计，平面裁剪需要多次试样修改，才能确定样板，应用立体裁剪，则能边裁剪，边修改，直接而顺利地达到效果。

在立体裁剪中，常常使用平面裁剪和立体裁剪结合的方法配袖。先根据衣身造型和袖窿尺寸确定袖山高、袖肥，初步作出袖山弧线，然后一边装袖，一边调整，最后确定袖子结构线。

在立体裁剪中，也常常用平面的方法配腰头、口袋等部件。

在平面裁剪中，也可以使用立体裁剪的方法作局部造型的设计，用立体裁剪的方法修正试样，以达到更好的效果。

平面裁剪和立体裁剪两种技术选择性地结合使用，可以使设计相得益彰。

（三）立体裁剪是一种服装设计手段

对设计师而言，立体裁剪是一种服装设计的表现方法和手段。时尚流行越来越快，款式变化越来越丰富，从设计到生产的节奏也越来越快，要求设计师也有快速的设计反应。设计师单单运用设计效果图的表现是不够的，设计效果图只能表现一部分设计思想，从设计思想转化成具体的款式造型，立体裁剪则更加具体、直观。立体裁剪可以边设计，边调整，直至达到理想的造型效果，同时，在立体裁剪中，考虑了面料、结构线等综合设计因素，使设计思想转化为产品的成功率大幅提高。国外的时装设计师普遍采用立体裁剪方法进行服装设计。

设计师要有美的感觉和表现能力，同样的款式和结构，由于设计师对线条、造型美感的差异性，会产生完全不同的成衣效果。因此，设计师在技术上要熟练，以使表现手法的运用达到得心应手，同时设计师要具备比例、节奏、平衡等方面的美学素养，多观摩学习国际大师级的设计作品，对优秀的、成功的作品多进行分析借鉴，通过训练提高对美的感受力，设计出具有个性风格和美感的作品。

二、时装的创意设计

创意是时装设计的永恒主题，服装结构和造型的创意，是时装设计师最具爆发力的设计表现形式。时装大师川久保玲、三宅一生都是时装创意设计的先锋人物，川久保玲不对称、不规则、挑战传统结构的解构设计，三宅一生运用褶皱面料塑造的软雕塑般的创意造型，带来了生动而强烈的视觉冲击力，赋予了全新的时尚审美。国内外一大批代表性的设计师品牌，如“德诗”、“例外”等，每一季产品中都会推出充满创意的新款，在时尚设计领域激起流行风潮。不少时装品牌正是通过结构造型的创意设计，凸显了品牌的个性魅力和风格。

（一）时装创意设计要遵循品牌风格

时装结构设计的线条、造型都是表达服装风格的语言，设计师对创意手法的运用，要在遵循服装品牌风格的前提下展开。经典的结构造型，如国际时装品牌 CHANEL 的公主线设计的 H 型造型，是 CHANEL 经典风格的标志性特征，创建 90 年来，CHANEL 时装永远保持着简约、优雅的风格，而公主线设计的 H 型造型则是她经典风格的主要框架。天才设计师 Karl Lagerfeld 在 20 世纪 80 年代接掌 CHANEL 品牌以来，不断给经典的 CHANEL 品牌注入了新的时尚元素，赋予产品更丰富的设计主题和艳丽的色彩，改变裙长，加强装饰细节等，在保持风格的前提下增添了活泼元素，使之变得更加时尚和现代，但经典的 H 型廓型和公主线结构依然是造型的灵魂，使 CHANEL 自始至终保持纯正的风范。

（二）创意表现手法

创意表现手法非常丰富，也可以不断发展创新。在时装设计中，根据产品风格、设计主题、款式造型选择使用相应的创意表现手法。下面列举流行款式造型中比较有代表性的创意表现手法，以及在创作中的创新设计表现手法。

1. 解构设计

服装的解构设计是将服装的各部分作为服装设计元素进行重组设计。国际时尚界的一些新锐设计师，大胆地向传统设计观念挑战，运用解构设计表现时装结构被破坏的、残缺的美。

在时装产品开发中运用解构设计，其解构过程实际上就是设计元素提炼的过程。可以原形提取设计元素，也可以在抓住特征的前提下进行变异、简化、分割等变化，服装的结构线、部件均可以作为设计元素提炼。对元素的重组设计，可以运用移位、嫁接等方法，也可以多次重复运用。组合设计元素要考虑服装造型的比例、节奏美感。

2. 结构立体化设计

服装结构设计中常常运用立体化设计来表现立体化的造型效果，如传统设计中的灯笼裙等廓型结构的立体化设计，罗马袖、风琴袋等部件的立体化设计。

在时尚流行演变中，从结构创新、创意角度出发，创造、发展出一些夸张的立体造型设计，比如目前流行的高耸肩部的造型设计，如图 1–1 所示。

此外，时尚演变中还发展出一些全新视觉效果的立体化结构设计。

（1）轨迹线式的立体结构设计。这是在服装的表面，沿着优美的分割线或轨迹线，塑造立体化的结构痕迹的设计形式，轨迹线可以是直线、斜线，也可以是弧线，立体化的表现可以是褶裥，也可以是立体分割组合。轨迹线式的立体化设计效果很灵动、很活泼，具有一种动感的美。

（2）交互立体结构设计。这类设计主要是运用吊挂等手法，将衣片立体交互穿插，使服装形成立交桥式的立体结构，具有超现实主义风格，或者运用多层面料的交叠穿插，形成层次丰富的立体结构效果。

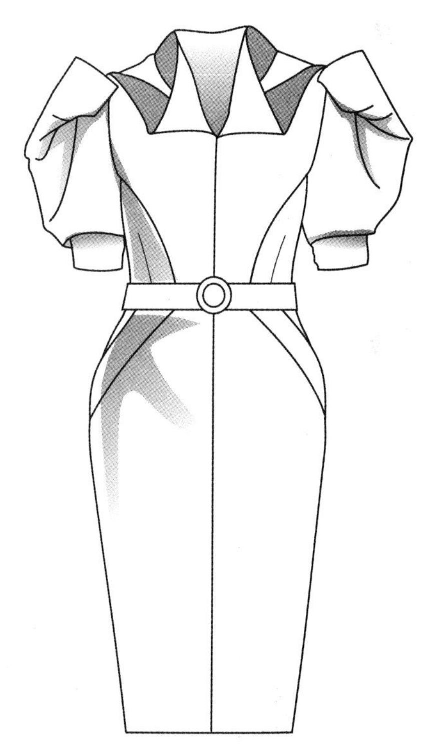

图 1–1　夸张肩部立体设计

3. 不对称设计

不对称设计打破了对称工整的格局，使服装造型生动、丰富起来，符合人们追求自由和变化的审美特点。不对称设计有左右款式造型的不对称，长短的不对称，有省道、线条、结构设计的不对称，也有材质运用、层次表现的不对称，还有综合元素运用的不对称，如图 1–2 所示。

不对称设计通常有主次设计之分，一边是主体设计，是设计的中心点，另一边是从属设计，起到衬托或对比烘托的作用。

不对称设计打破了左右对称的平衡，但要体现一种均衡的美感。

图 1–2　不对称设计的连衣裙

4. 抽褶、褶裥设计

抽褶设计是常用的一种造型方法，通过将布料规则或不规则的抽缩，形成以线为中心，或以点为中心向外放射的视觉效果。抽褶可以设计在衣身分割线、侧缝、肩部、腰线，作为主体视觉效果来处理，也可以设计在袖口、领部等部位，做局部的装饰效果。根据服装品类和造型效果，宜选择不同材质、不同肌理效果的面料来表现褶皱，如礼服比较适合选择柔滑的缎类布料，通过褶皱对光不同角度的折射，表现出华丽的效果。抽褶设计如图 1–3 所示。

褶裥相对抽褶在风格上要粗犷一些，立体感也更强，褶裥造型设计，适合选择有一定挺括度的面料，表现雕塑般的立体效果，如图 1–4 所示。

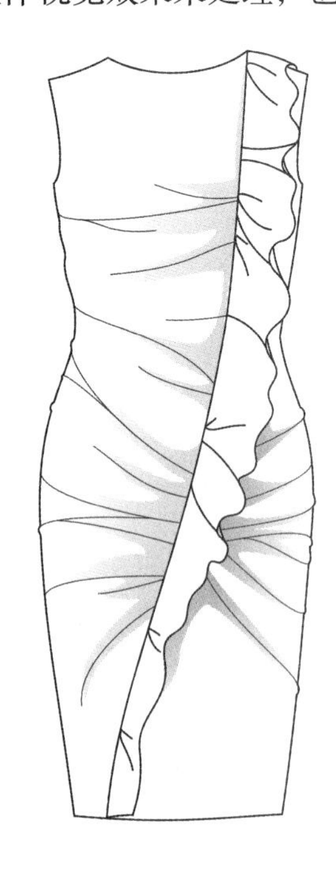

图 1–3　抽褶连衣裙

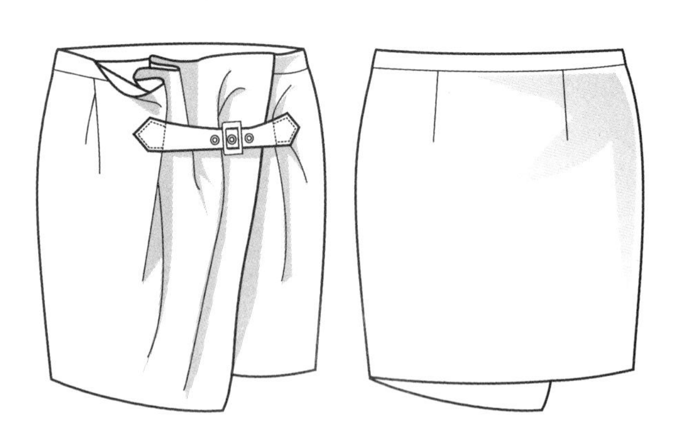

图 1–4　褶裥设计的不对称短裙

5. 垂坠、堆积设计

垂坠、堆积设计是一种表达自然、松弛的设计，它从合体服装造型中解脱出来，是设计的自由释放。宜选用天然的棉麻面料，或者是悬垂性好的针织面料，以表现出垂坠或堆积的美感，如图 1–5 所示。

图 1–5　垂坠背心

6. 波浪设计

面料的悬垂性和多余的量使衣摆或裙摆形成跌宕起伏的波浪造型，呈现出活泼、浪漫的感觉。波浪的设计变化十分丰富，波浪设计可以是单层设计，或多重设计，也可以是面料和蕾丝等不同材质的组合设计，波浪线可以是水平的，或斜向的，或弧线的，在女性风格和田园风格流行的潮流中，波浪设计随处可见，有很丰富的演绎，如图 1–6 所示。

图 1–6　波浪设计的小背心

7. 多层次效果设计

多层次的设计使服装整体造型感觉不单薄，显得比较丰富。多层次设计的核心是要表现出层次感、节奏感，设计要错落有致，丰富而不呆板。可以选用单种面料，也可以选用不同材质、不同肌理的面料来表现层次效果，表现服装华丽或活泼等不同风格，如图 1–7 所示。

8. 吊挂缠绕设计

吊挂缠绕是充分运用面料的悬垂性，将面料有规律地或不规律地吊挂缠绕在人体的肩部或腰部，使面料形成随意的立体感，具有古希腊的遗风，如图 1–8 所示。

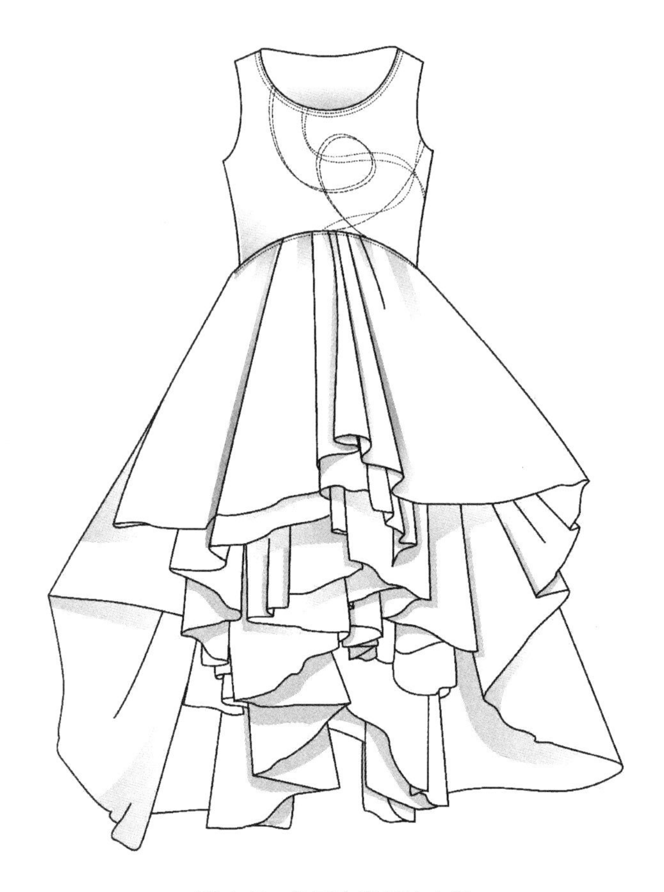

图 1-7　多层次裙摆连衣裙

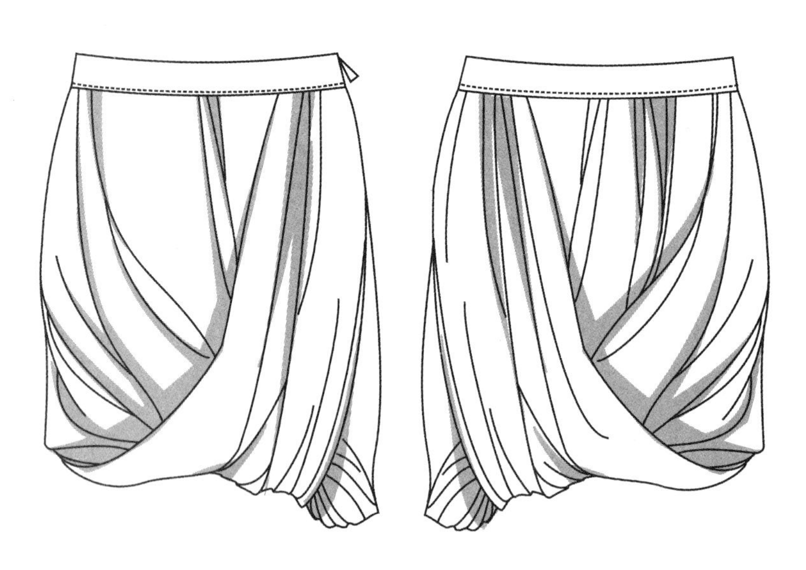

图 1-8　吊挂缠绕设计的短裙

第二章　立体裁剪的准备

在立体裁剪之前，要做好工具、材料的准备，同时要了解立体裁剪操作流程，掌握主要的几种大头针针法，掌握基础知识，做好技术准备。

一、人台的准备

人台是人体的替代品，是立体裁剪最基本的工具。

（一）了解人台

根据用途，立体裁剪用的人台，主要分为标准人台和工业用人台。

1. 标准人台

不加放松量的裸体人台，也称标准人台。标准人台的胸围、腰围、臀围、腰节长、肩宽、胸宽、背宽等尺寸符合国家标准，人台形状准确地反映了人体形态特征，具有标准人体的优美比例。女性标准人台主要有：80型，对应155/80A标准人体；84型，对应160/84A标准人体；88型，对应165/88A标准人体。

运用立体裁剪进行服装设计与创意，宜选用标准人台，以更好地掌握服装与人体的关系，处理好服装的放松量和造型。

2. 工业用人台

在成衣生产中，有加入放松量的工业用人台，方便批量生产。在时装生产企业中，有根据品牌市场定位和目标消费群特殊的体型特征，在标准人台基础上修正，或者专门定制的人台，用于时装产品开发。

（二）贴人台标志线

人台标志线是立体裁剪的基准线，贴人台标志线，是立体裁剪准备的基本内容，下面以女性标准人台84型操作为例。

1. 前中心线（图2–1）

从前颈点，自然垂直确定。

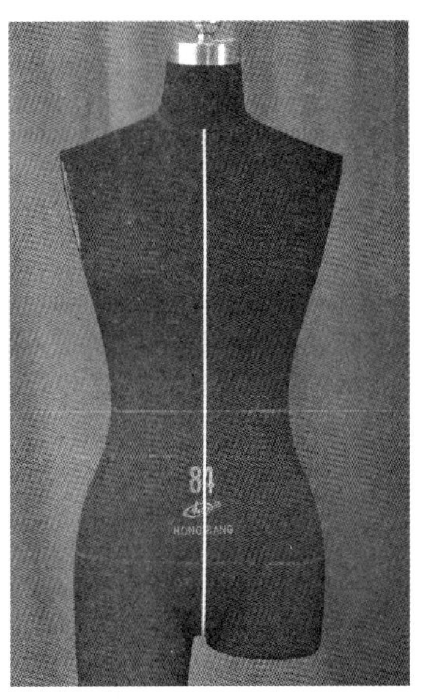

图2–1　前中心线

2. 后中心线（图2–2）

从后颈点，自然垂直确定。

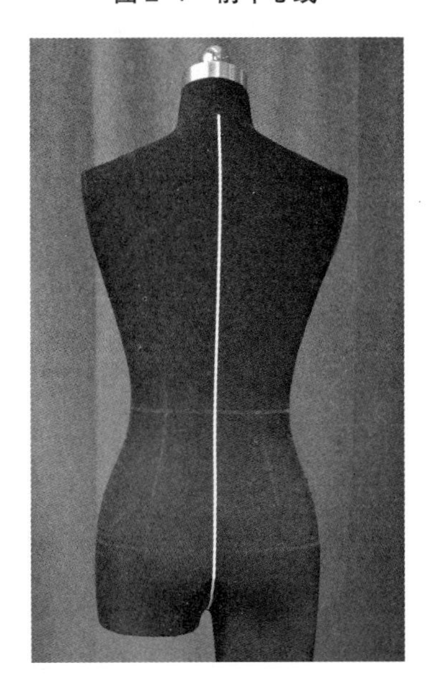
图2–2　后中心线

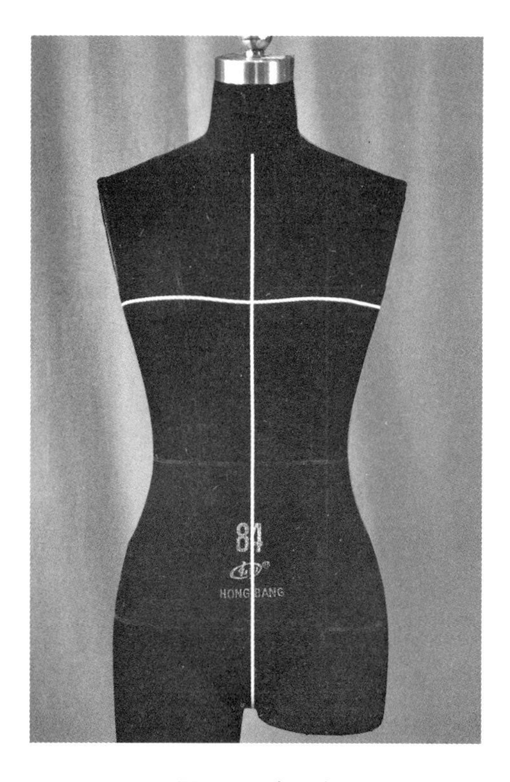

图 2-3　胸围线

3. 胸围线（图 2-3）

过 BP 点，按同一高度，水平贴一周标志线。

4. 腰围线（图 2-4）

从后颈点向下量取 38cm 背长，确定后腰中心，按后腰中心同一高度，水平贴一周标志线。

5. 臀围线（图 2-5）

从腰围前中心往下量 18cm，按该位置高度，水平贴一周标志线。

6. 肩线（图 2-6）

连接侧颈点和肩端点。

7. 侧缝线（图 2-6）

胸围线前中心点到后中心点二等分，后移 1.5 ～ 2cm 取点；腰围线前中心点到后中心点二等分，后移 2cm

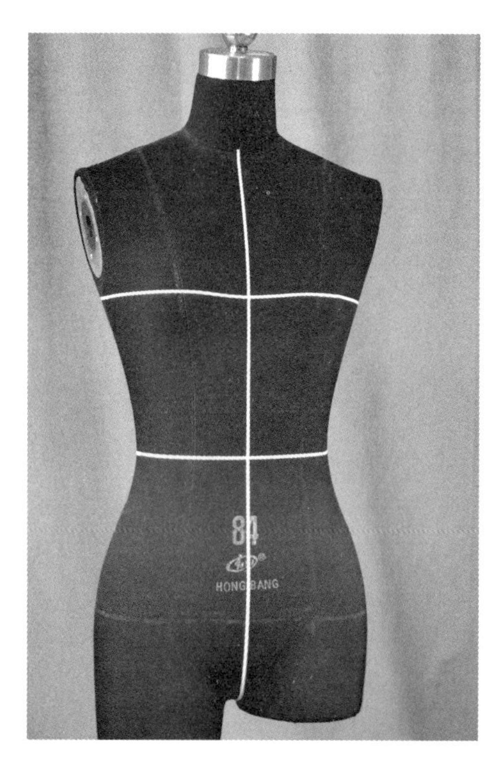

图 2-4　腰围线

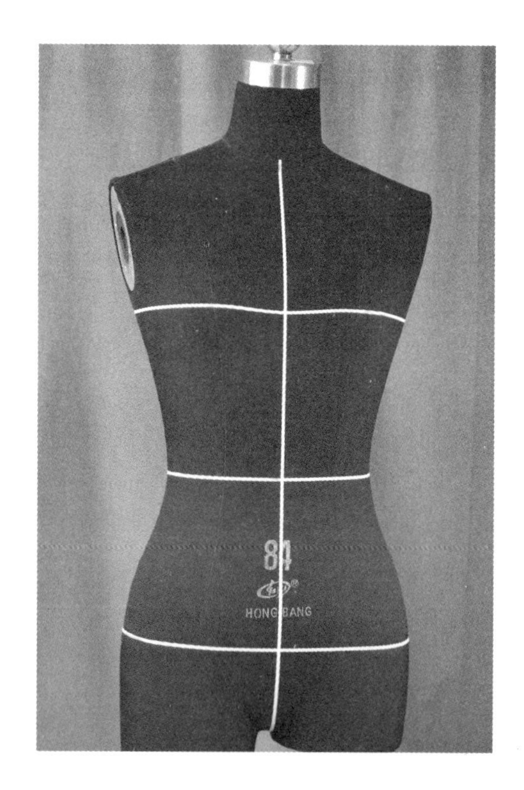

图 2-5　臀围线

取点；臀围线前中心点到后中心点二等分，后移1cm取点。从肩端点往下，将上述3点顺滑连接，标出侧缝线。

8. 袖窿线（图2–7）

将42%净胸围的尺寸作为臂根围长度，按该尺寸圆顺连接肩端点、前腋点、腋下点、后腋点至肩端点，确定臂根围。腋下点往下2～2.5cm取点，为合体袖的袖窿深，圆顺连接肩端点、前腋点、袖窿深点、后腋点至肩端点，为基本袖窿线。前腋点至袖窿深点的弧线弧度略大，后腋点至袖窿深点的弧线弧度略小。

9. 领围线（图2–8）

圆顺连接前颈点、右侧颈点、后颈

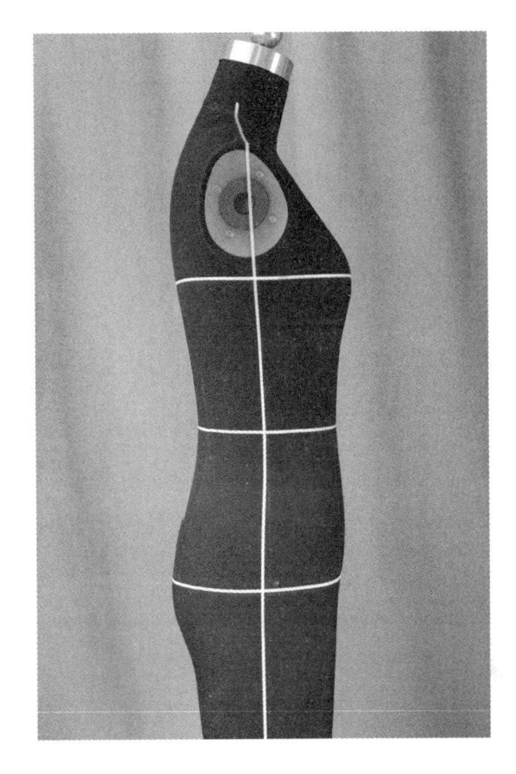

图2–6　肩线

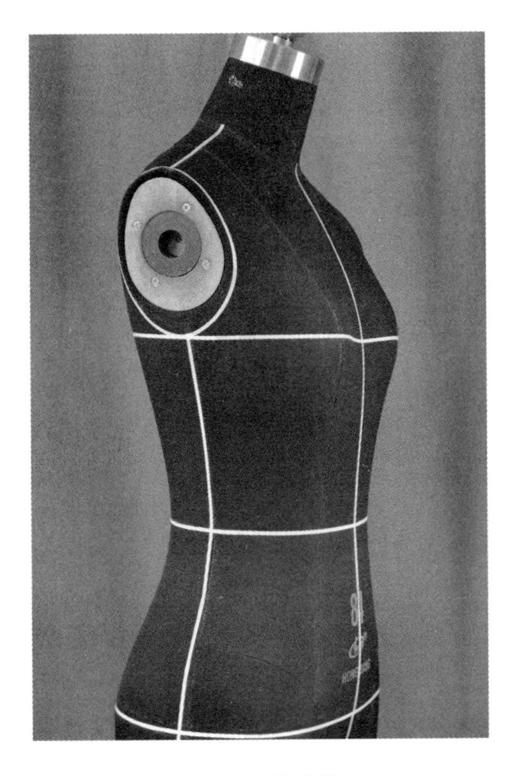

图2–7　袖窿线

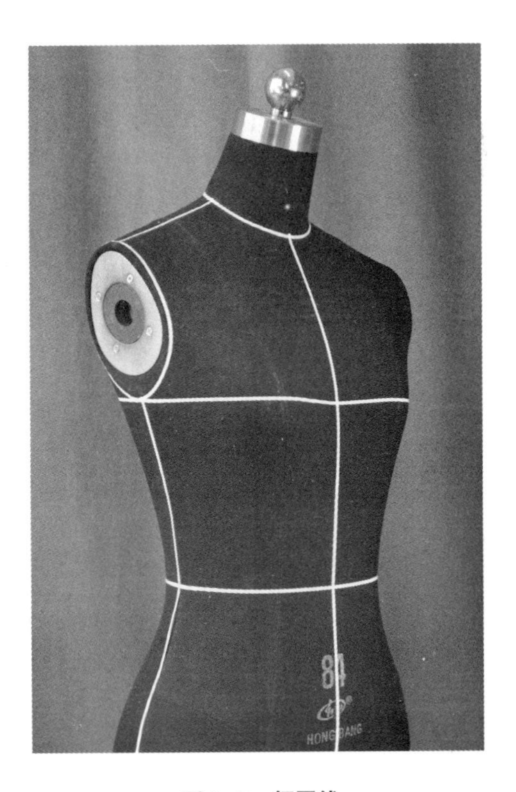

图2–8　领围线

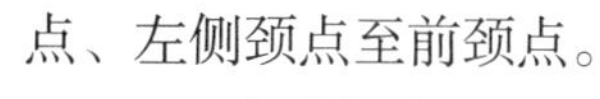
点、左侧颈点至前颈点。

10. 完成标志线的人台

人台前面、侧面、后面效果如图2–9～图2–11所示。

11. 公主线

过肩线中点、BP点，向下圆顺标出前公主线；过肩线中点，从后背往下标出后公主线。公主线是设计线，造型相对灵活，如图2–12所示。

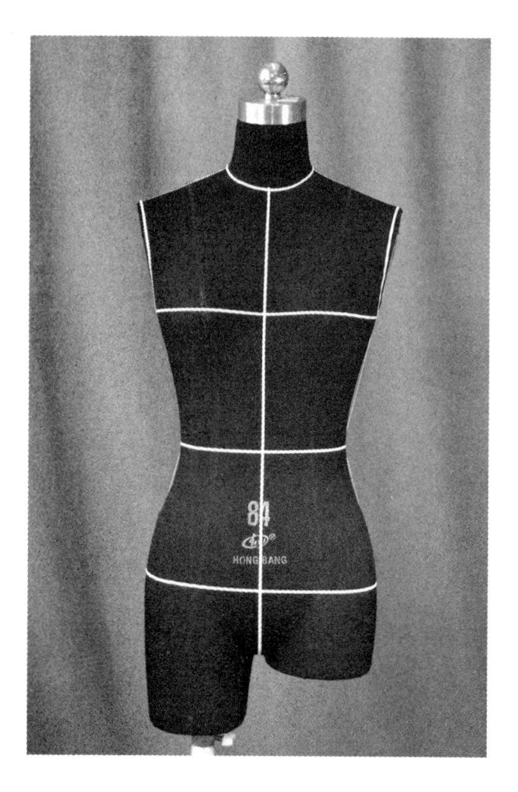

图2–9　人台前面

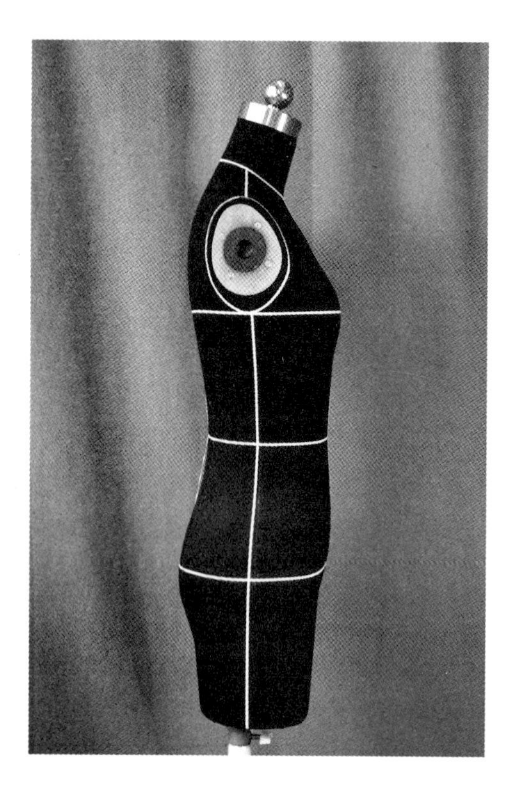
图2–10　人台侧面

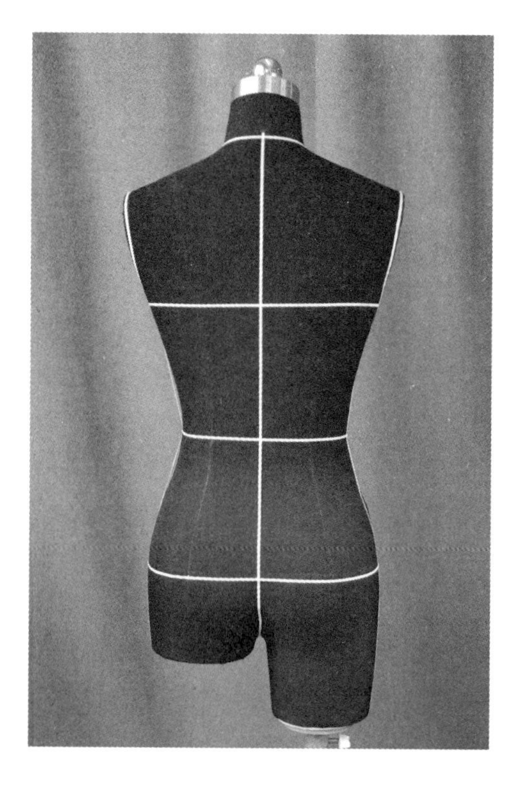
图2–11　人台后面

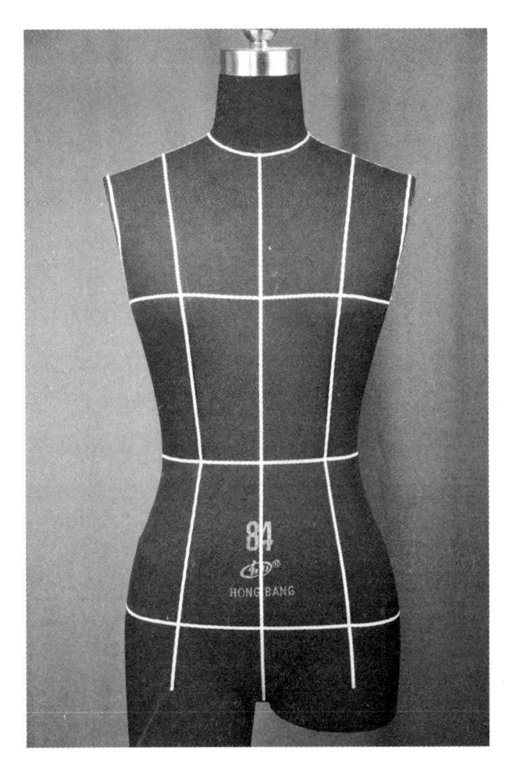

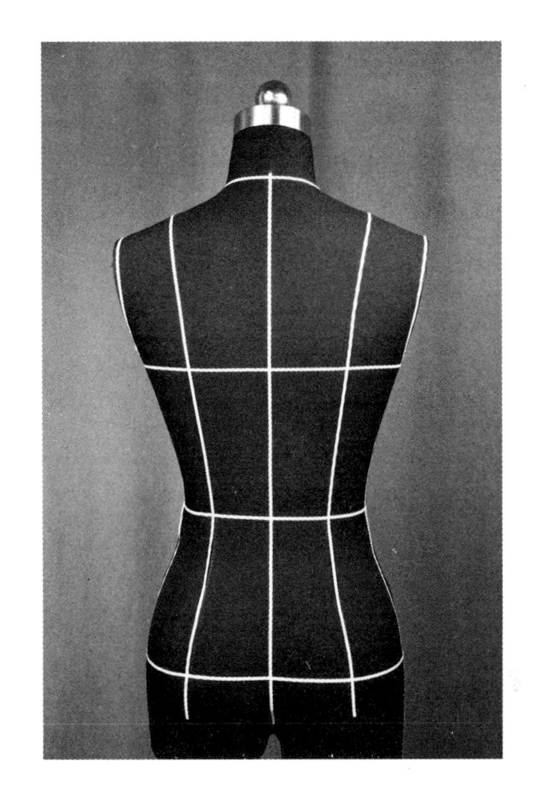

图 2-12 前公主线、后公主线

二、坯布的准备

（一）面料整理

面料整理主要是归正面料丝缕。

（1）根据时装款式确定相应的面料尺寸，再加放长、宽各 6cm 的余量，从整匹面料上用手撕的方式取料，使丝缕齐整。

（2）将面料对折，检查确认经纱与纬纱是否垂直，如图 2-13 所示。

（3）发现面料纬斜，将对角线尺寸较短的两端尽力拉伸，矫正丝缕，如图 2-14 所示。

图 2-13 对折布料

图 2-14 对角拉伸

（4）用熨斗熨烫，使面料平整，同时用熨斗进一步矫正丝缕。

（5）部分款式，可采用前后片同时整理的方式，取双倍宽面料，对折后整烫矫正。

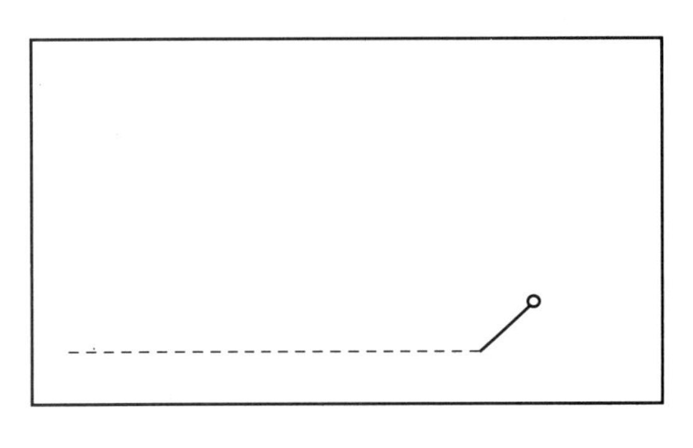

图 2-15　大头针沿经纱方向划过

（二）坯布上画标志线

（1）在整理好的坯布上，量取需要的长宽尺寸。

（2）根据需要确定位置，用大头针沿经纱方向，在两根经纱间轻轻划过，依据划线痕迹，用笔画出前、后中心线等主要的纵向标志线，如图 2-15 所示。

（3）与纵向标志线垂直，画出需要的横向标志线，如图 2-16 所示。

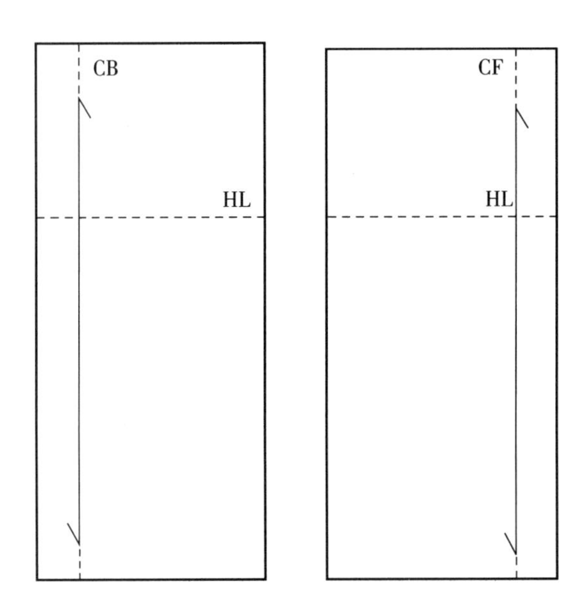

图 2-16　面料上画标志线

（4）根据需要，和前中心线、后中心线等纵向标志线平行，画出其他辅助的纵向标志线。

（5）剪去需要尺寸外的余料。

三、大头针针法

立体裁剪时，根据不同用途、不同造型的需要，选择适当的针法。

（一）固定针法

（1）双针固定。用双针斜向插入面料固定，一般用于前中线、后中线的固定，如图 2-17 所示。

（2）单针固定。用单针斜向插入面料固定，一般用于肩部、侧缝的固定，如图 2-18 所示。

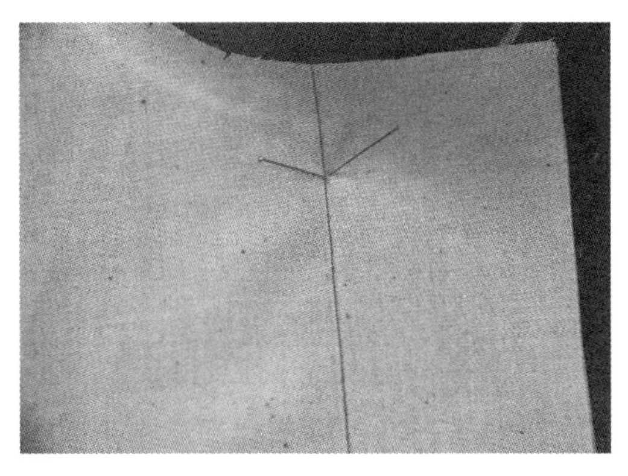

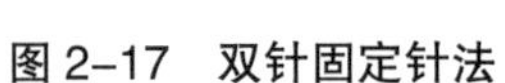

图 2-17 双针固定针法

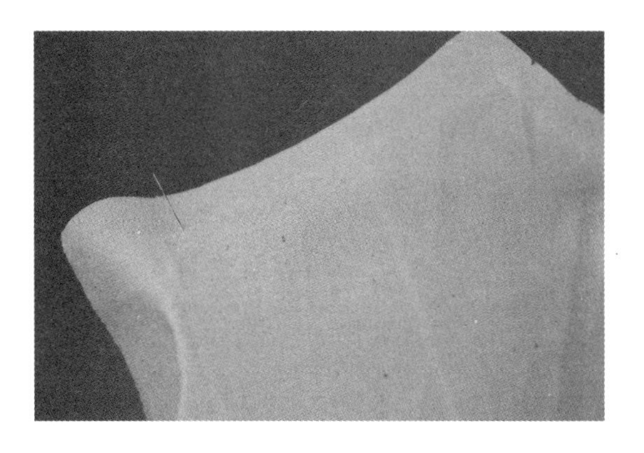

图 2-18 单针固定针法

（二）抓合针法

抓合针法用于侧缝、分割线等两片面料之间的抓合，如图 2-19 所示。

（三）叠合针法

叠合针法用于两块面料相对放置，重叠部分上下固定，确定结构线，如图 2-20 所示。

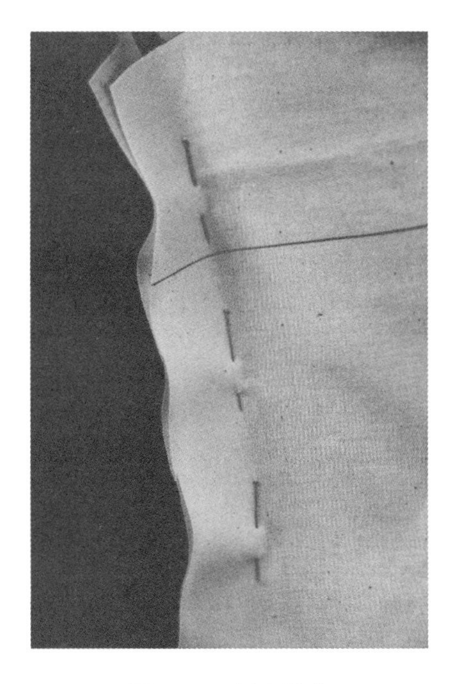

图 2-19 抓合针法

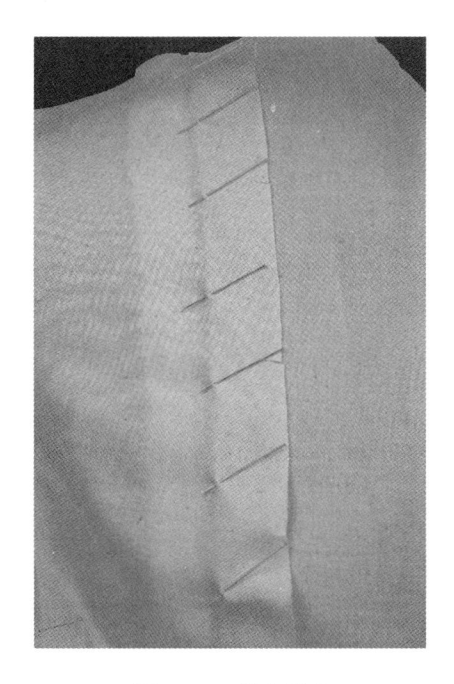

图 2-20 叠合针法

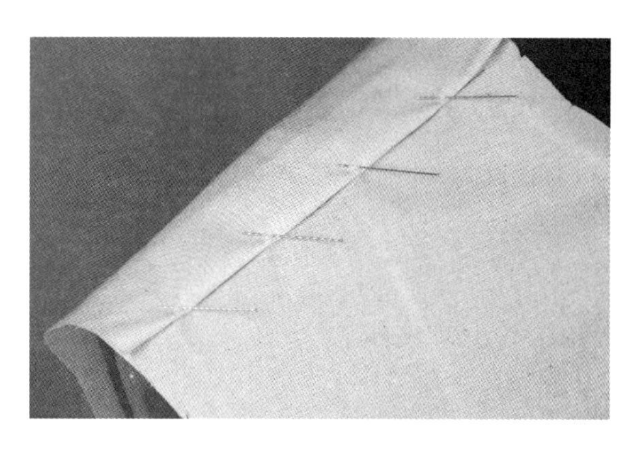

图 2-21　折叠针法

（四）折叠针法

折叠针法用于一块面料的布边折进，叠在另一块面料上，折叠线成为结构线，如图 2-21 所示。

（五）藏针法

大头针紧靠第一层布的折边插入，挑住下面一层布，再回到两层布之间，外面只露大头针的尾部。假缝时用于绱袖和绱领，如图 2-22 所示。

四、立体裁剪操作流程

立体裁剪一般遵循以下的操作流程。

立体裁剪取得的确认纸样，可用 CAD 读入，放缝，推板，制作系列生产纸样。

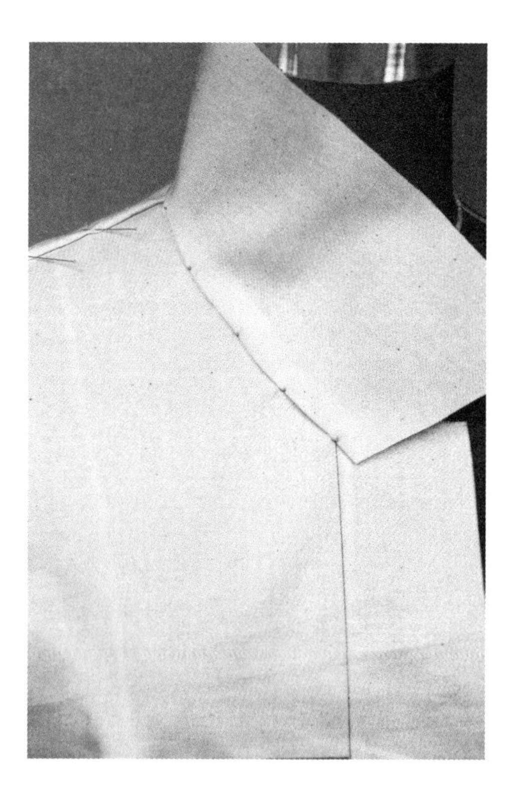

图 2-22　藏针法

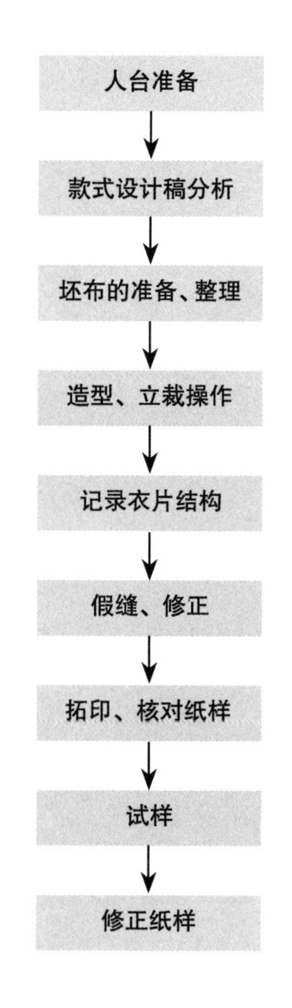

第三章　短裙系列的立体裁剪

一、直身裙

（一）款式图（图 3-1）

图 3-1　直身裙款式图

（二）款式分析

直身裙是短裙的基本造型。前后身根据腰臀差各设 2~4 个省，中腰，绱腰头，后摆开衩，侧缝或后中线绱隐形拉链。裙子长度及膝，腰围放松量为 0~2cm，臀围放松量 4~6cm。推荐选择挺括的、组织紧密的精纺毛料，或毛涤混纺等面料。

（三）坯布准备

将坯布熨烫平整、归正，参考图 3-2 的尺寸取料，并按虚线在坯布上标出标志线。

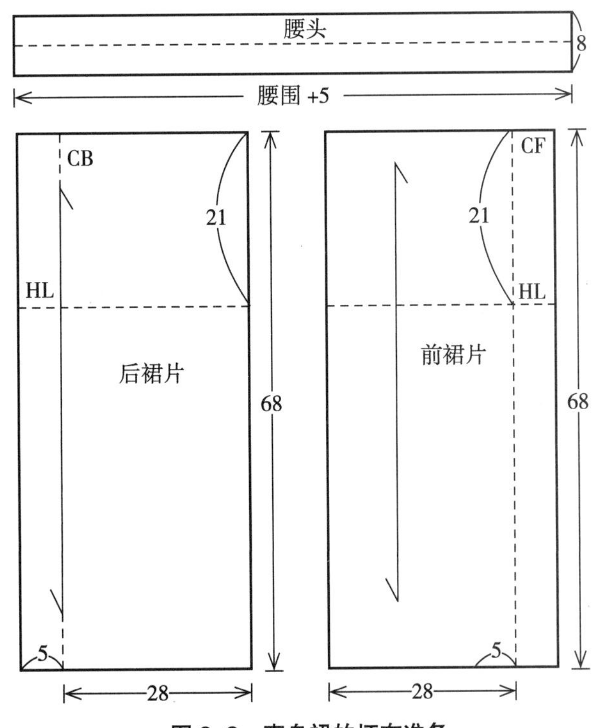

图 3-2　直身裙的坯布准备

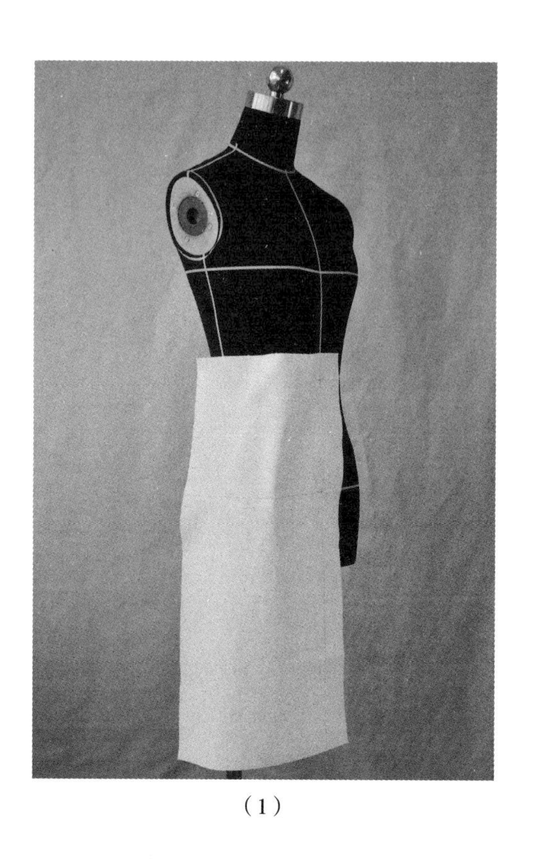

(1)

(四)操作步骤(图 3–3)

1. 前裙片立裁操作。将裙片的前中心线对准人台前中心线,裙片的臀围线对准人台的臀围线,臀围线上加 1cm 放松量,侧缝处用大头针固定,如图 3–3(1)所示。

2. 距侧缝线 3cm 处,从臀围线往上将裙片丝绺捋直,在腰围线处用大头针固定,往侧缝方向,裙片与腰部贴合,如图 3–3(2)所示。

3. 腰围线上三等分处将余量收 2 个省,用抓合针法固定省道。靠前中心线的腰省省尖垂直指向腹凸,靠侧缝的腰省省尖略偏侧缝,省尖与腹围保持 4~5cm 距离,如图 3–3(3)所示。

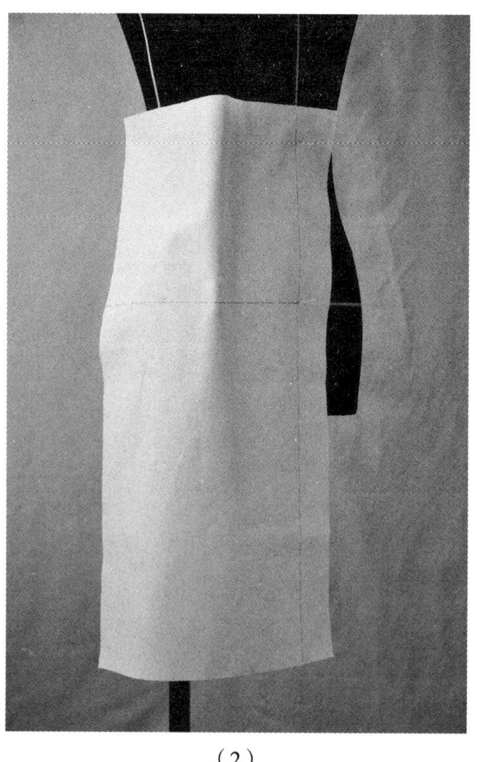

(2)

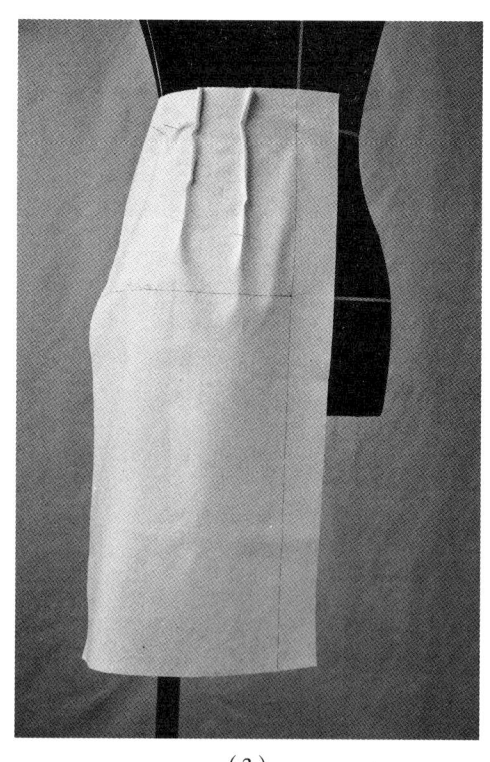

(3)

4. 后裙片立裁操作。操作手法与前片一致，将裙片的后中心线对准人台后中心线，裙片的臀围线对准人台臀围线，臀围线上加 1cm 放松量，如图 3–3（4）所示。

5. 后腰围线上余量收 2 个省，靠后中心线的腰省省尖垂直指向臀凸，靠侧缝的后腰省省尖略偏侧缝。臀凸低于腹部凸起，因此后腰省长于前腰省。省尖与臀围保持 4~5cm 距离，如图 3–3（5）所示。

6. 在腰围上打剪口，检查调整腰围至合适尺寸。用抓合针法抓合侧缝，臀围线以上沿人台侧弧线抓合，臀围线以下侧缝垂直抓合。修剪侧缝，如图 3–3（6）所示。

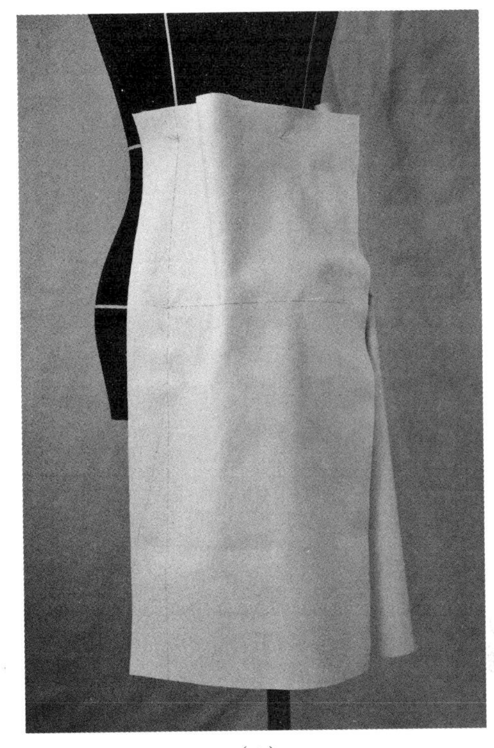

（4）

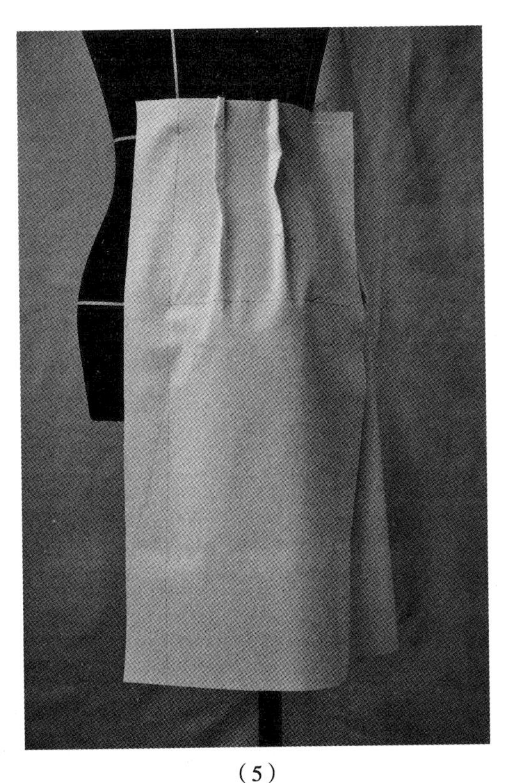

（5）

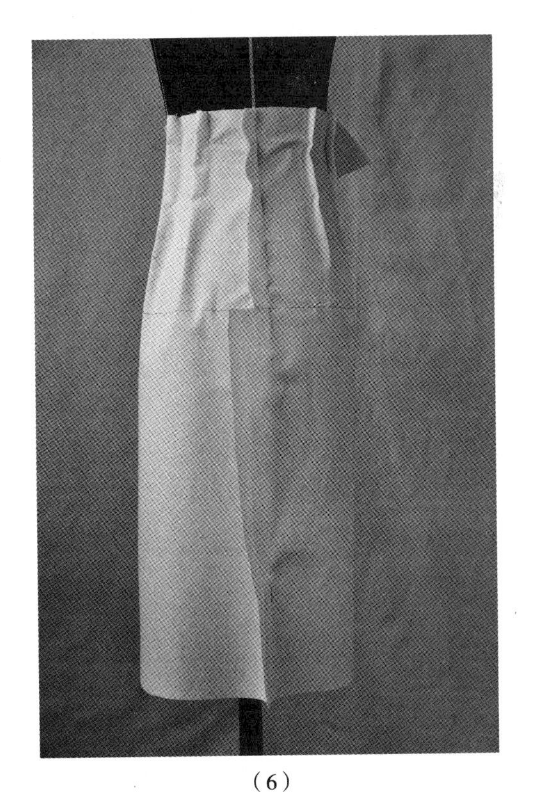

（6）

图 3–3

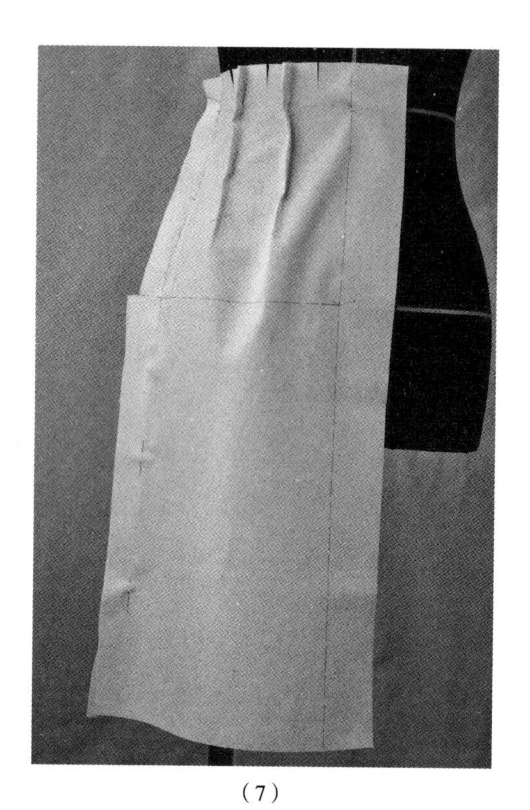

（7）

7. 检查整体造型。保持裙片臀围线水平，丝绺垂直，腰围放松量 0~2cm，臀围放松量 4~6cm 左右，如图 3-3（7）所示。

8. 点位。用 2B 铅笔，每 1cm 点位，记录腰围线、臀围线、前后腰省、下摆的结构线。做侧缝的对位记号，如图 3-3（8）所示。

9. 取得裁片。取下裙片，按点位画顺结构线，修剪缝份，得到初步的裙裁片，如图 3-3（9）所示。

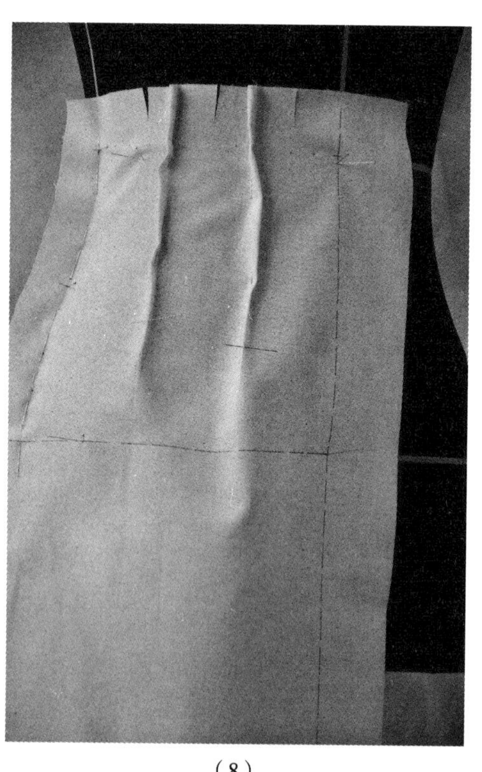

（8）

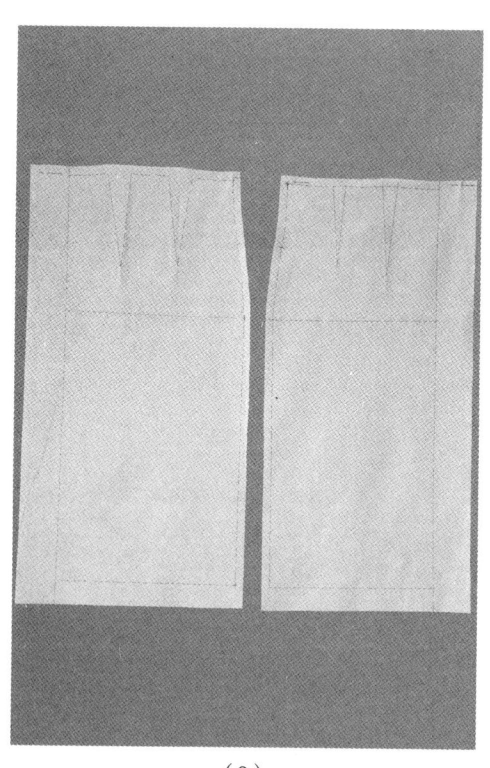

（9）

10. 假缝。用折叠针法假缝裙片，检查整体造型，检查腰线是否圆顺、侧缝线是否顺直。裙前面如图 3–3（10）所示，裙侧面如图 3–3（11）所示，裙后面如图 3–3（12）所示。

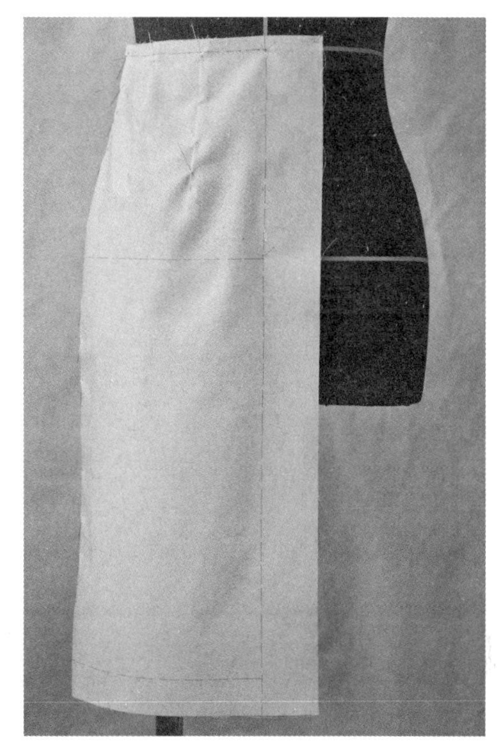

（10）

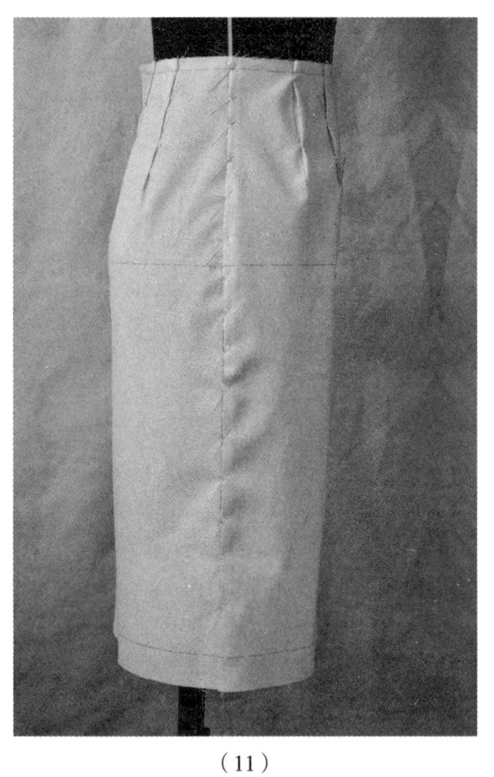

（11）

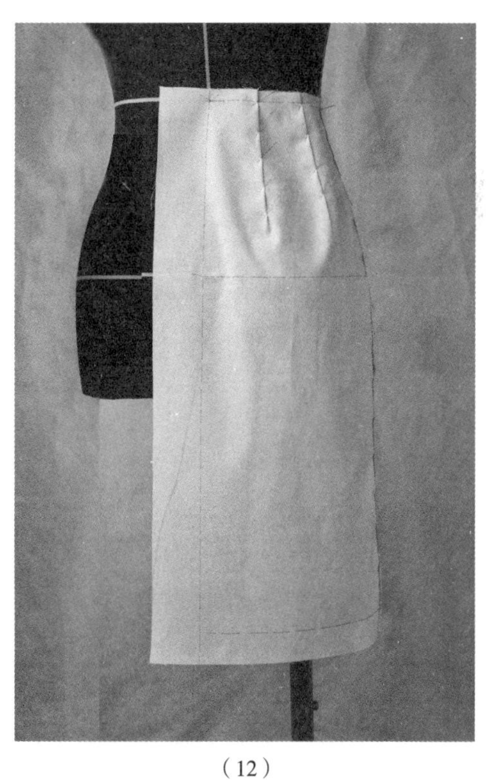

（12）

图 3–3

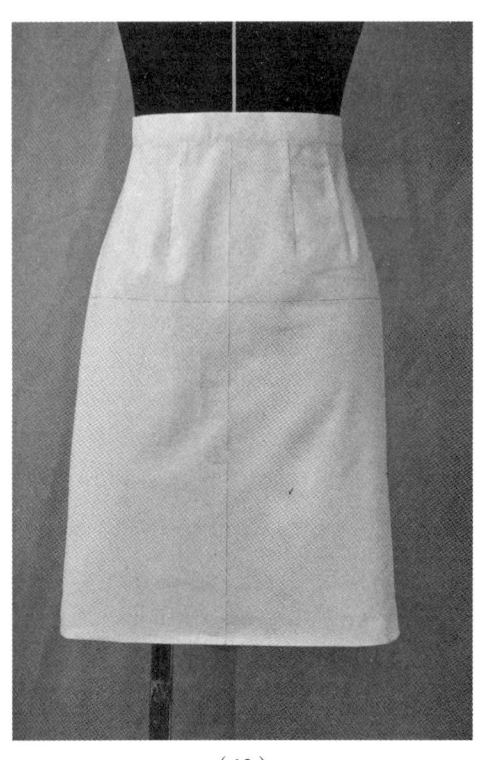

（13）

11. 根据腰围尺寸，用平面方法配腰，根据假缝试样修正裁片，并拓印成纸样,用纸样裁剪试样。完成样衣效果，直身裙正面效果如图 3–3（13）所示，直身裙后面效果如图 3–3（14）所示，直身裙侧面效果如图 3–3（15）所示。

（14）

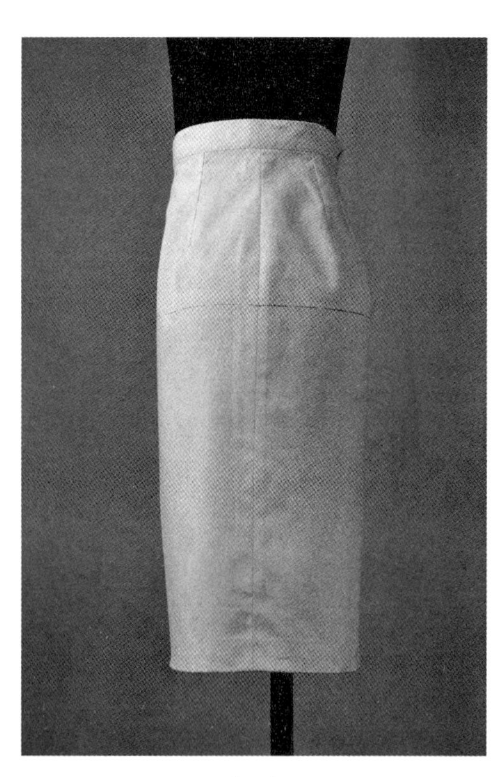

（15）

图 3–3　直身裙的操作步骤

（五）直身裙操作技术要点

1. 裙片做到横平竖直，臀围线水平，裙身丝绺竖直。

2. 放松量适当，腰围一般放 0~2cm，臀围放 4~6cm 左右。

3. 腰省省位、省长合适，别合腰省要顺挺，不要扭转。

4. 在腰围线以上，裙片侧缝线和人台侧边弧线一致，在腰围线以下裙片侧缝线垂直。

5. 点位准确，结构线圆顺，标注对位记号。

6. 拓印纸样时，保持裁片横竖标志线与纸样横竖基准线一致，保证纸样的准确性。对纸样长度、弧线、对位记号进一步复核修正。

（六）CAD 读样

用 CAD 读图仪读入纸样，如图 3-4 所示。按生产要求制作系列生产样板。

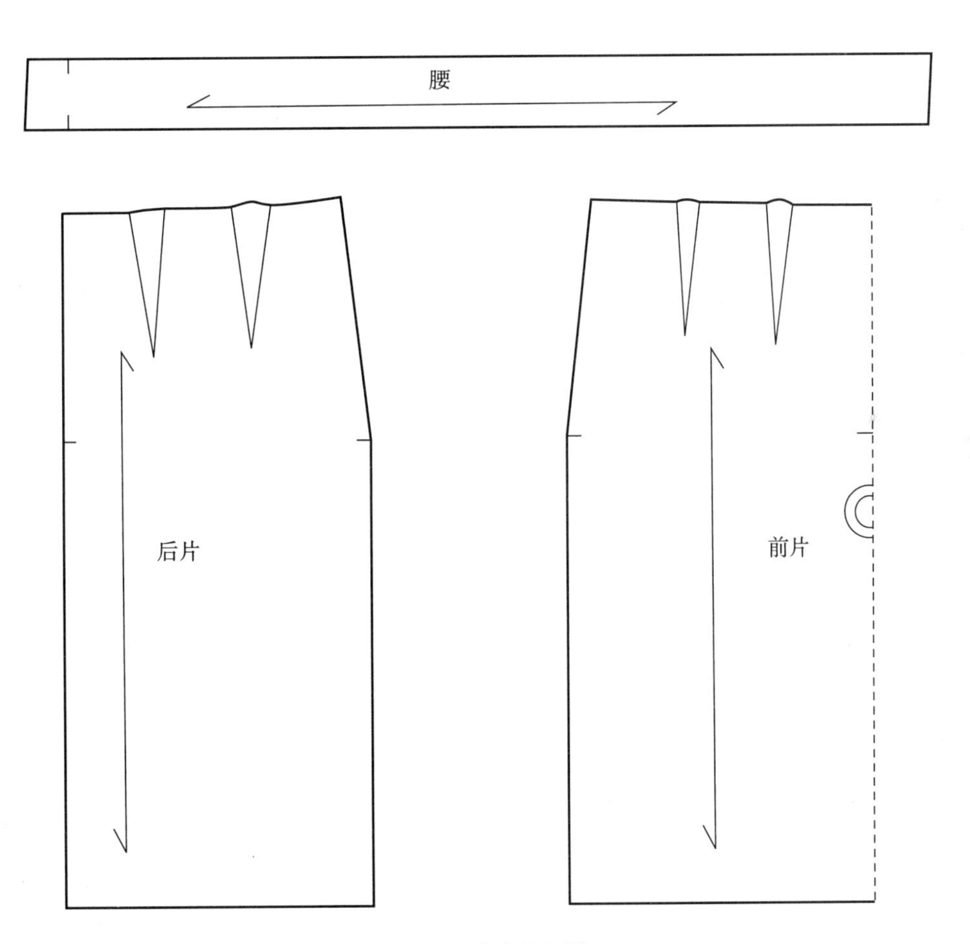

图 3-4　直身裙纸样

二、斜褶裙

（一）款式图（图 3-5）

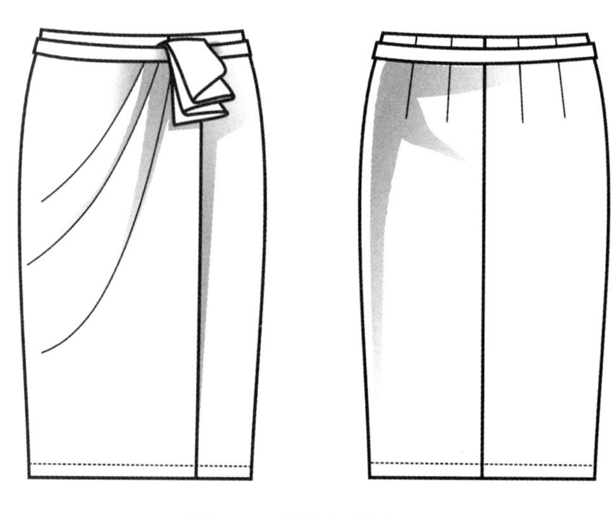

图 3-5　斜褶裙款式图

（二）款式分析

裙身造型为直裙。前身双层设计，里层为基本直裙，加覆右外层片，右外层为自然斜褶设计，并穿过腰头，呈左右不对称动感效果；后片为基本直裙结构，绱腰设计。裙子长度及膝，基本直裙的臀围放松量为 4cm 左右。适合选择斜纹绸等略有骨感的真丝面料或仿真丝面料。

（三）坯布准备

将坯布熨烫平整、归正，参考图 3-6 的尺寸取料，并按虚线在坯布上标出标志线。

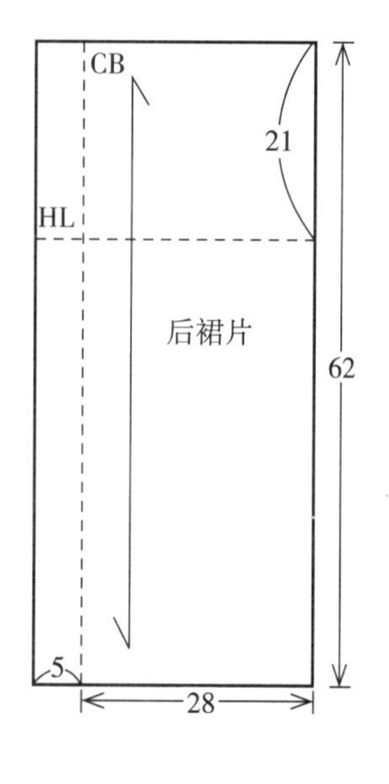

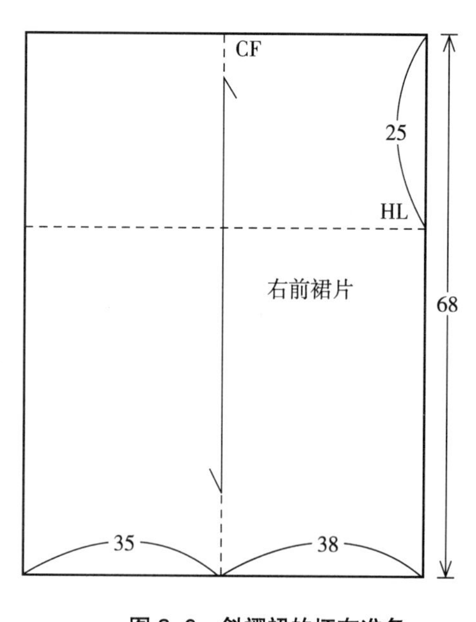

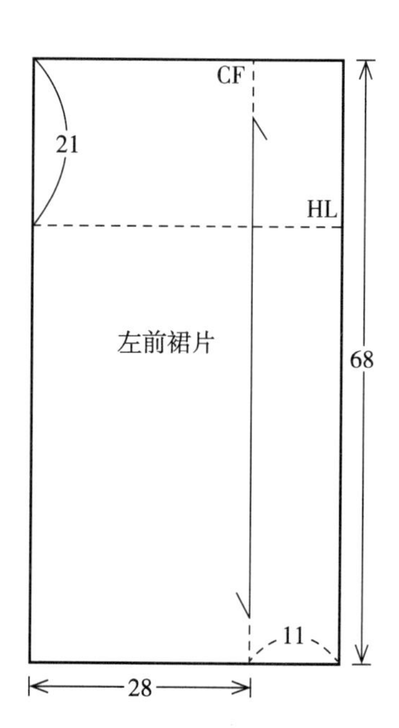

图 3-6　斜褶裙的坯布准备

（四）操作步骤（图 3–7）

1. 左前裙片操作。将裙片的前中心线对准人台前中线，裙片臀围线对准人台臀围线，如图 3–7（1）所示。

2. 臀围线上加 1cm 放松量，如图 3–7（2）所示。

3. 距侧缝线 3cm 处，从臀围线向上捋直丝绺，往侧缝方向捋平腰部面料。推出 2 个腰省量，如图 3–7（3）所示。

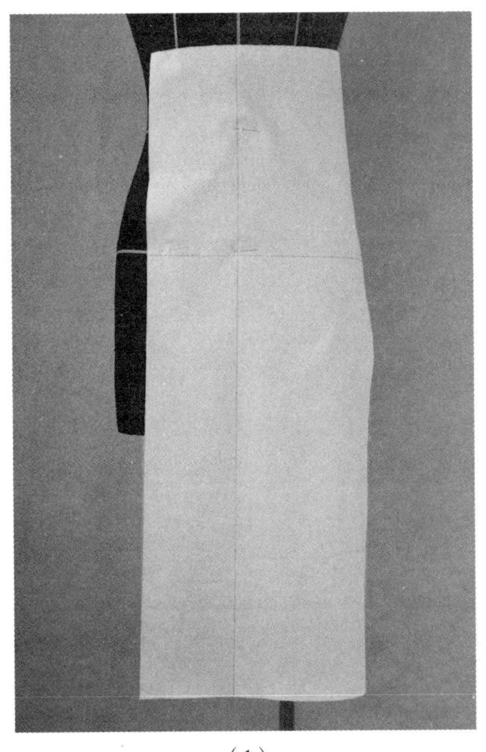

（1）

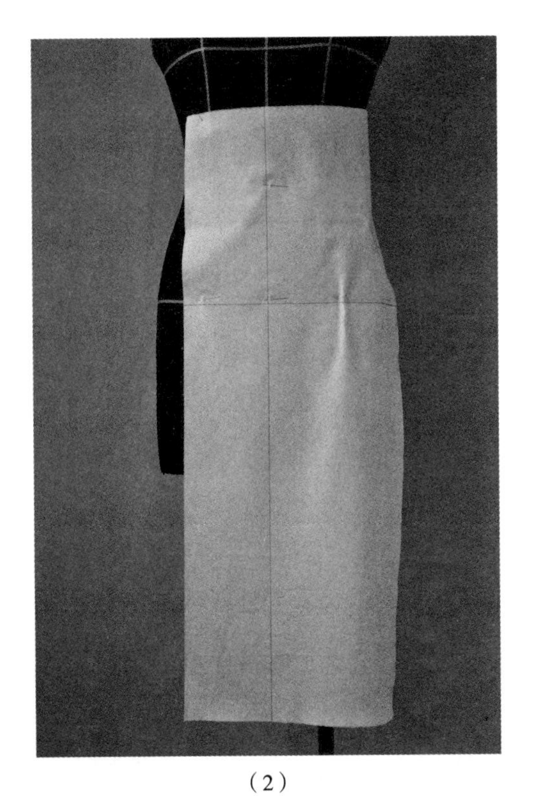

（2）

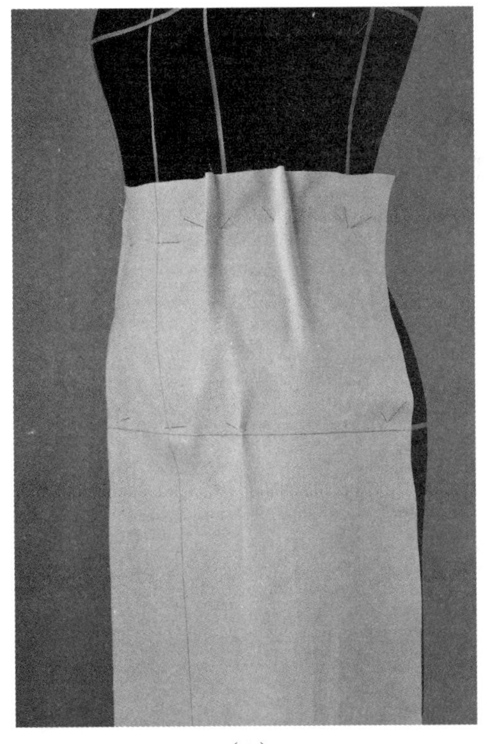

（3）

图 3–7

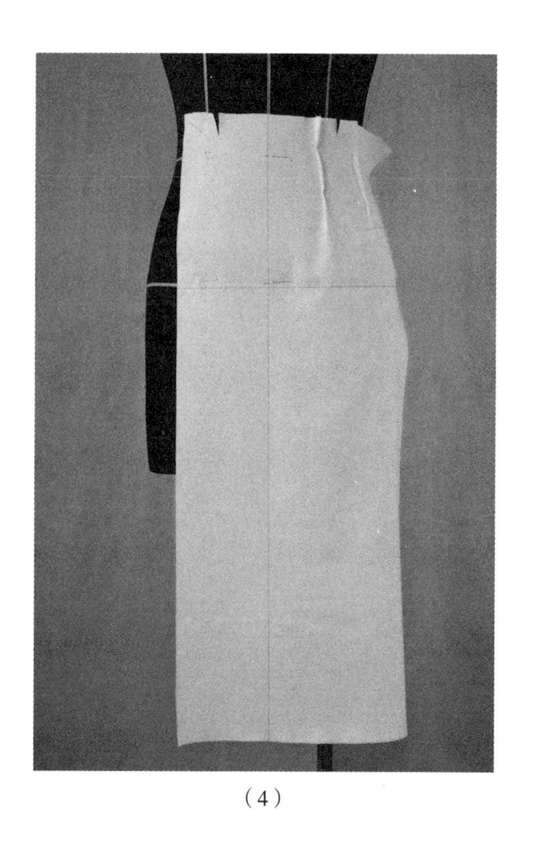

（4）

4. 收 2 个腰省，注意腰省的位置和大小，如图 3–7（4）所示。

5. 右前裙片立裁。将裙片的中心线对准人台中心线，裙片的臀围线对准人台臀围线，如图 3–7（5）所示。

6. 臀围线上加 1~1.5cm 放松量，如图 3–7（6）所示。

7. 根据款式造型，作前片第一个斜褶裥，右侧缝捋平，如图 3–7（7）所示。

8. 制作第二个褶裥，控制好大小和方向，如图 3–7（8）所示。

9. 把腰线以上褶裥的量往下翻，作垂下造型。修剪门襟多余布料，折边往内，如图 3–7（9）所示。

10. 用标志线把裙子的腰围和下摆标出，修剪出前片垂下褶裥的造型，如图 3–7（10）所示。

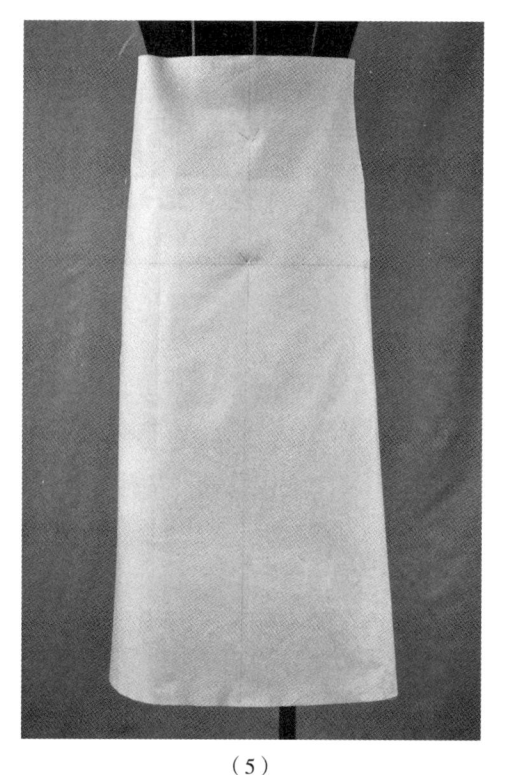

（5）

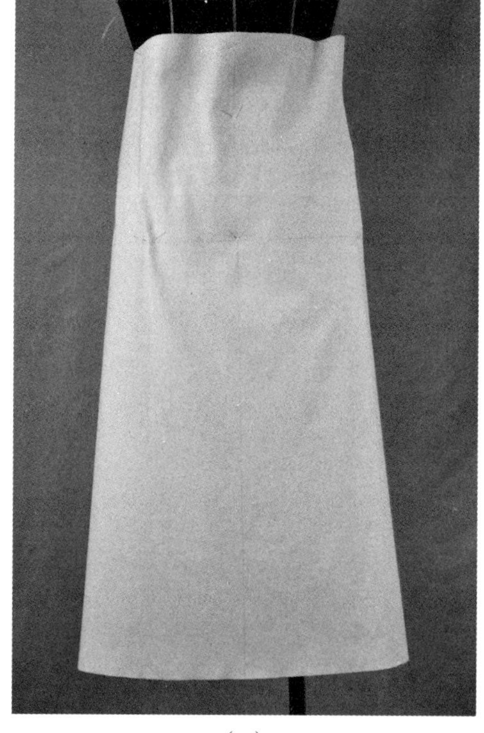

（6）

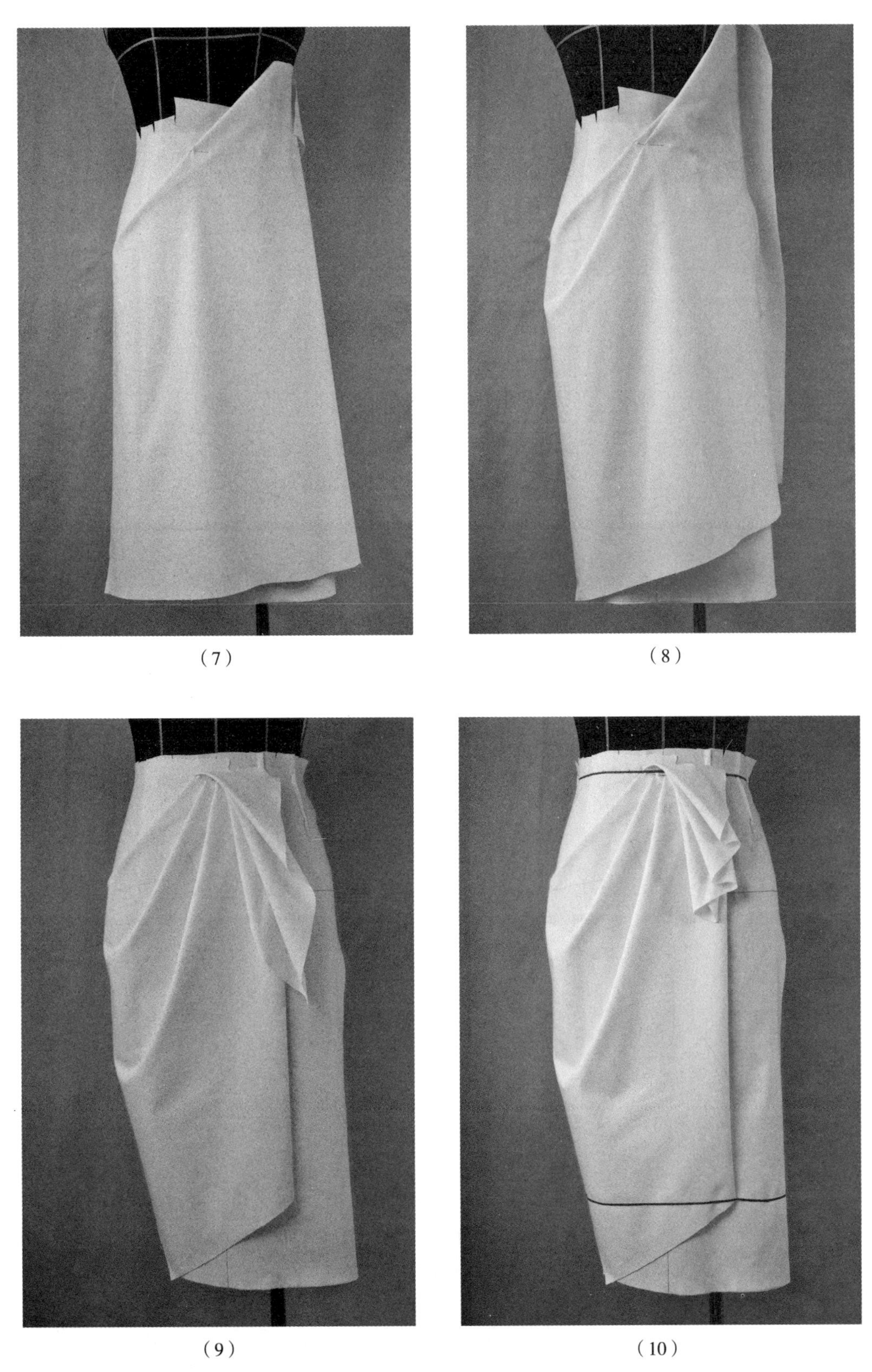

（7） （8）

（9） （10）

图 3–7

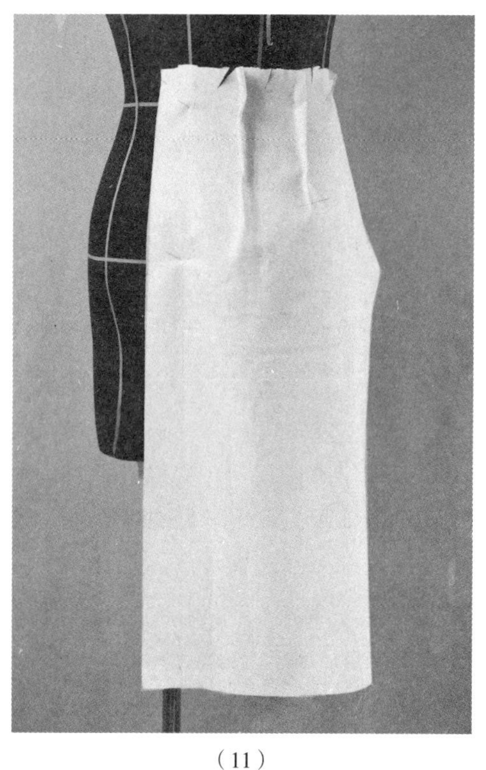

（11）

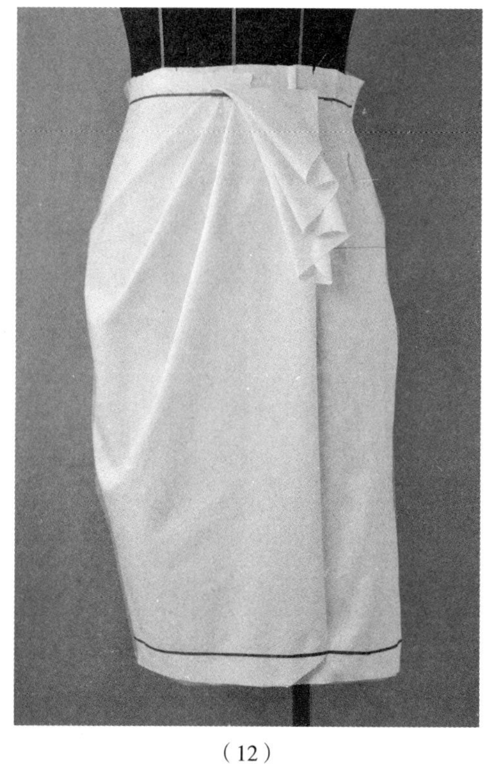

（12）

11. 后片立体裁剪。后片的立体裁剪方法和基本裙的方法相同，保持丝缕顺直，臀围加 1~1.5cm 放松量，如图 3–7（11）所示。

12. 抓合前后片侧缝，修剪裙子下摆，如图 3–7（12）所示。

13. 点位记录裙片结构，如图 3–7（13）所示。

14. 假缝试样，检查裙子造型、放松量，核对前后片裙长，如图 3–7（14）所示。

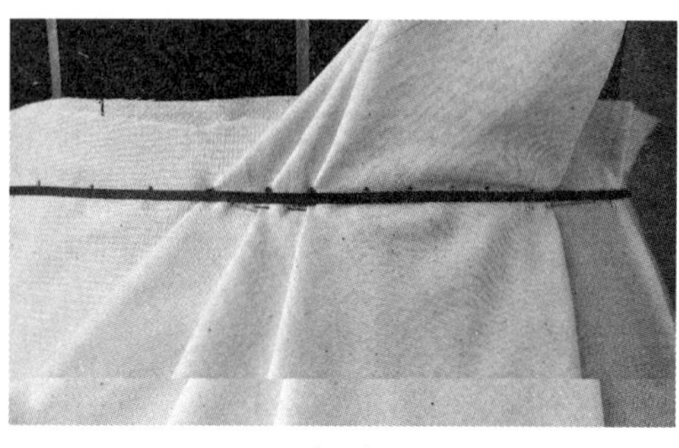

（13）

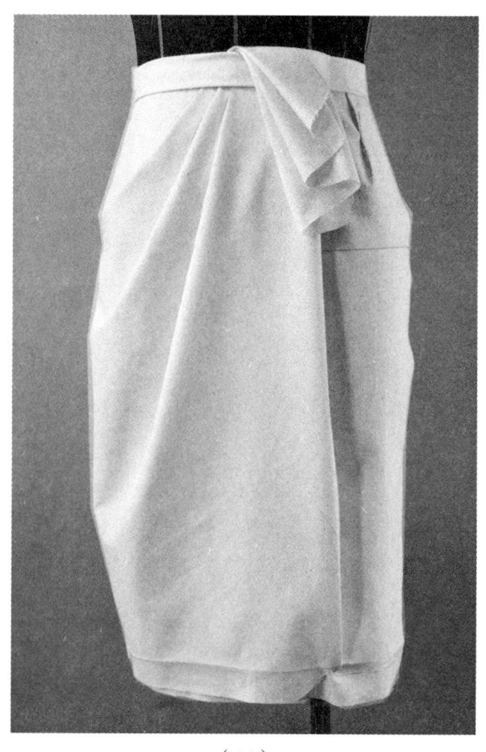

（14）

15. 取得的裙子前片裁片。后片和基本裙一致，如图 3–7（15）所示。

16. 完成样衣。斜褶裙正面效果如图 3–7（16）所示，斜褶裙侧面效果如图 3–7（17）所示，斜褶裙后面效果如图 3–7（18）所示。

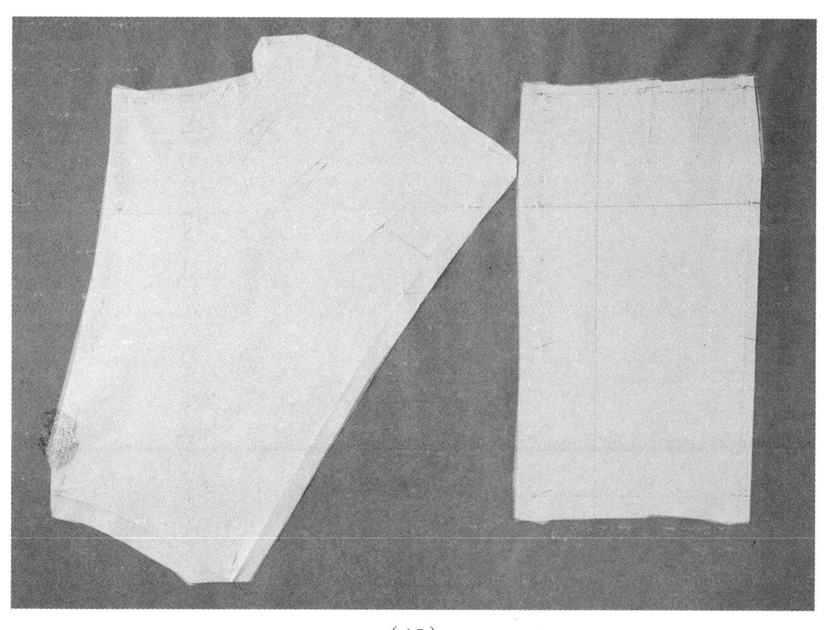

（15）

（16）

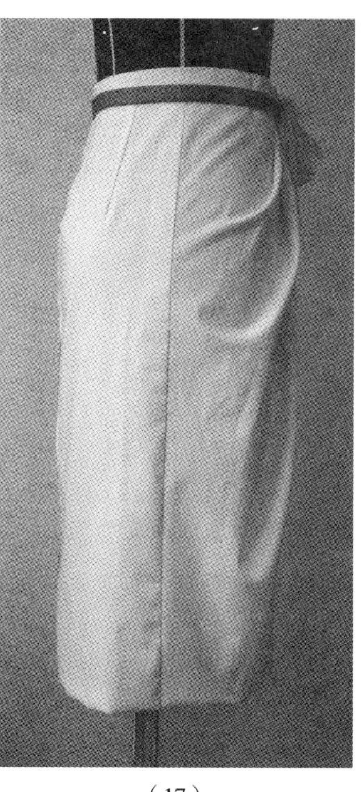

（17）

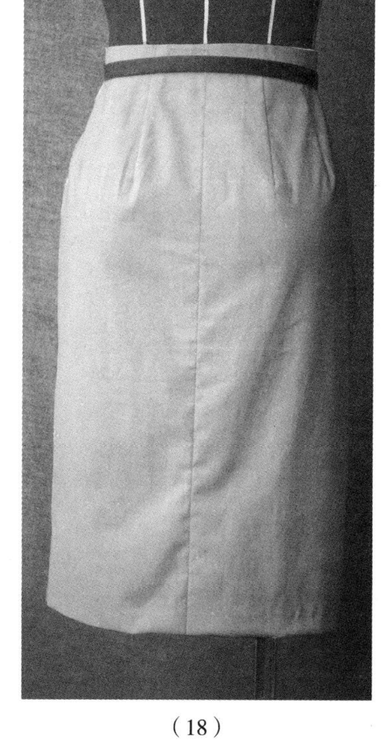

（18）

图 3–7 斜褶裙的操作步骤

（五）斜褶裙操作技术要点

1. 左前裙片和后裙片操作与基本裙一致，做到横平竖直，臀围线水平，裙身丝绺竖直。
2. 放松量适当，臀围的放松量为 4cm 左右。
3. 右前裙片操作，注意斜褶的大小和位置，斜褶尖在右侧缝消失，右侧缝平服。
4. 右前裙片盖过前中心线 10cm 左右。
5. 处理好斜褶垂下部分的造型和层次。

（六）CAD 读样

用 CAD 读图仪读入纸样，如图 3–8 所示。按生产要求制作系列生产样板。

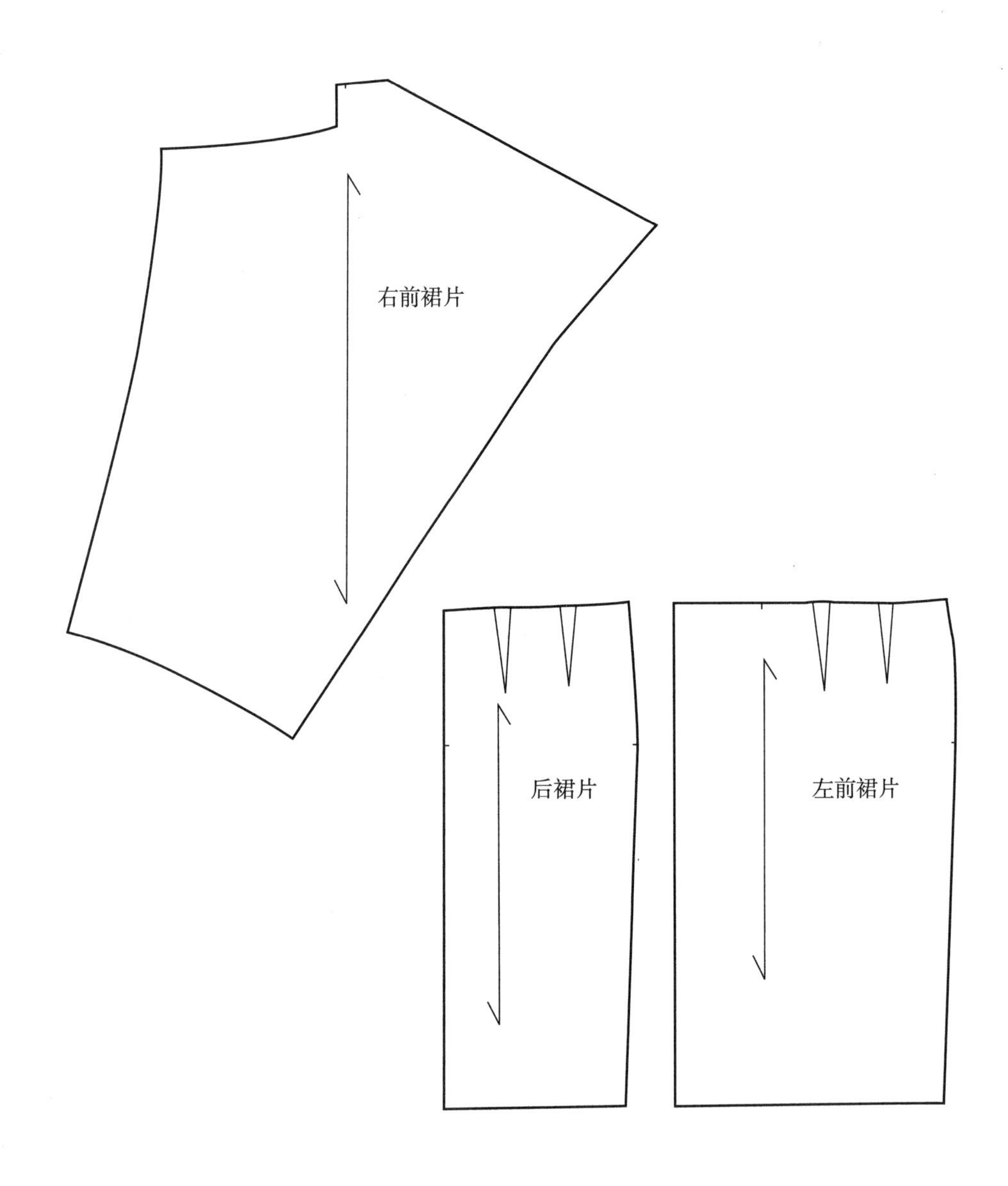

图 3–8　斜褶裙纸样

三、褶边裙

（一）款式图（图 3-9）

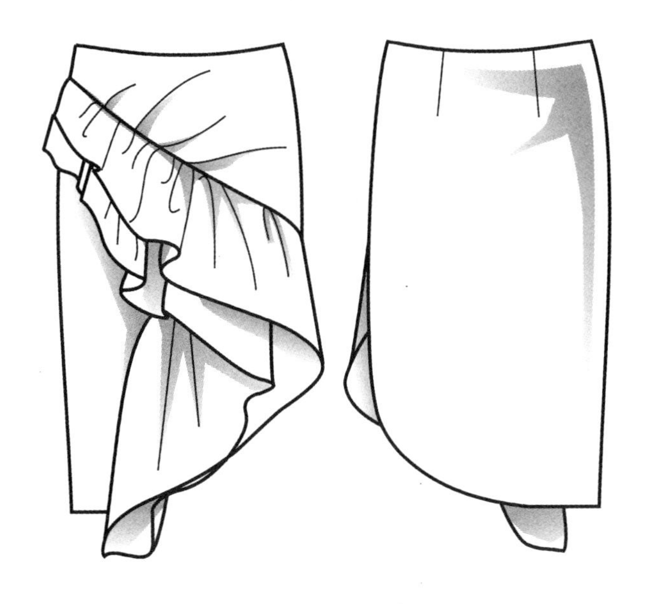

图 3-9 褶边裙款式图

（二）款式分析

裙身造型为直裙。前身斜向分割，下摆为不对称斜摆，从分割线到下摆，双层褶边装饰；后身为基本直裙结构，斜下摆；低腰、无腰设计，内绱贴边。裙子长度及膝，基本直裙的臀围放松量为 2cm。推荐选择略有弹力、组织紧密、平滑的涤纶针织面料。

（三）坯布准备

将坯布熨烫平整、归正，参考图 3-10 的尺寸取料，并按虚线在坯布上标出标志线。

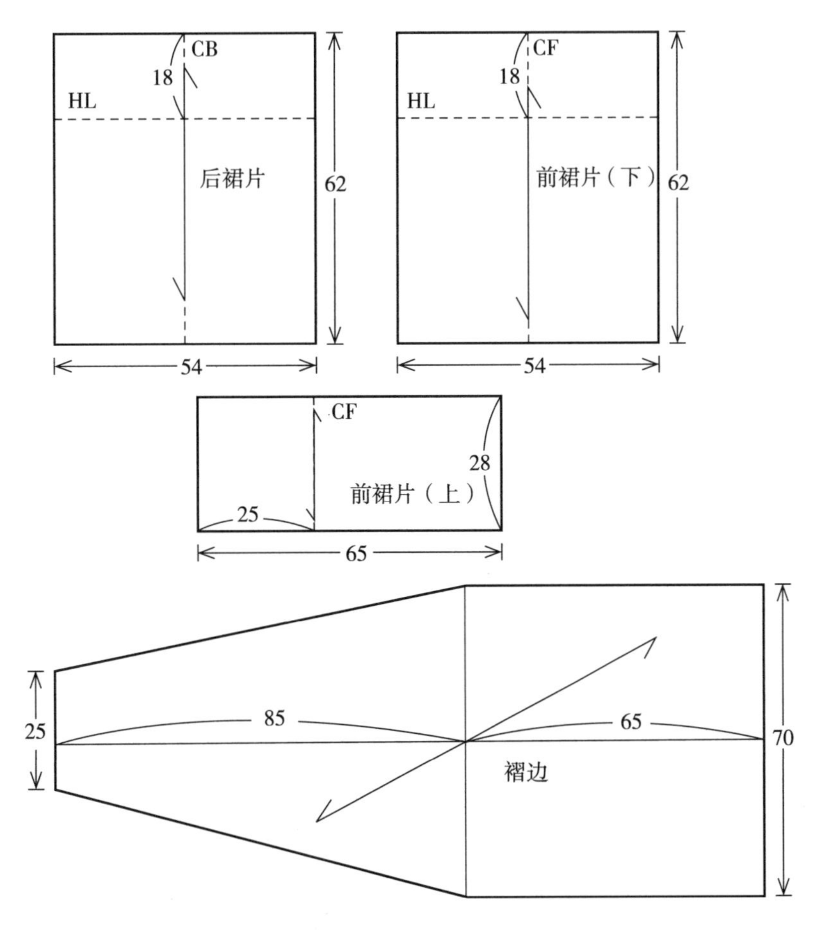

图 3-10 褶边裙的坯布准备

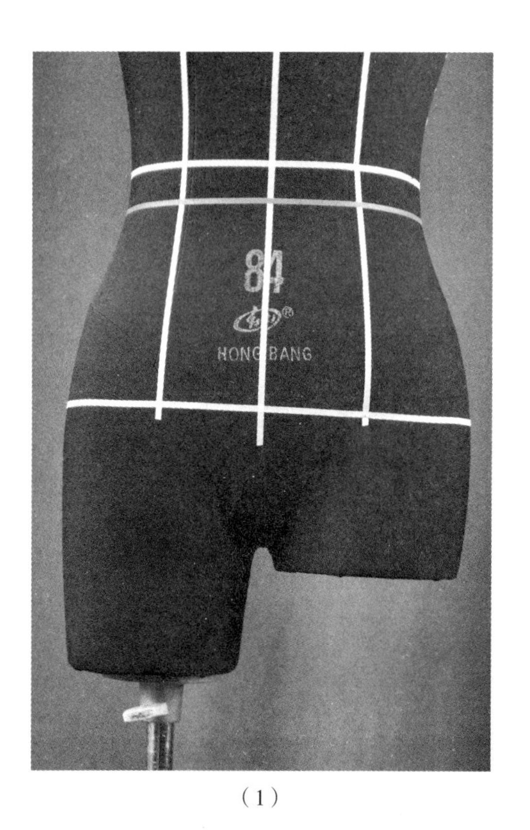

（1）

（四）操作步骤（图 3-11）

1. 在人台腰围线下 3cm，用粘带标出低腰围线，如图 3-11（1）所示。

2. 前裙片立裁操作。由于是左右不对称裙，需要整个前片立裁。先做基本裙。将前裙片（下）的中心线对准人台前中心线，裙片的臀围线对准人台臀围线，如果用有弹力的紧密针织面料做裙子，臀围处不加放松量；如果用机织面料做裙子，则推出 1cm 的放松量。左右臀围线侧缝处用大头针固定，如图 3-11（2）所示。

3. 靠近侧缝处从臀围线往上推裙片与腰部贴合，腰部左右各收 1 个省，如图 3-11（3）所示。

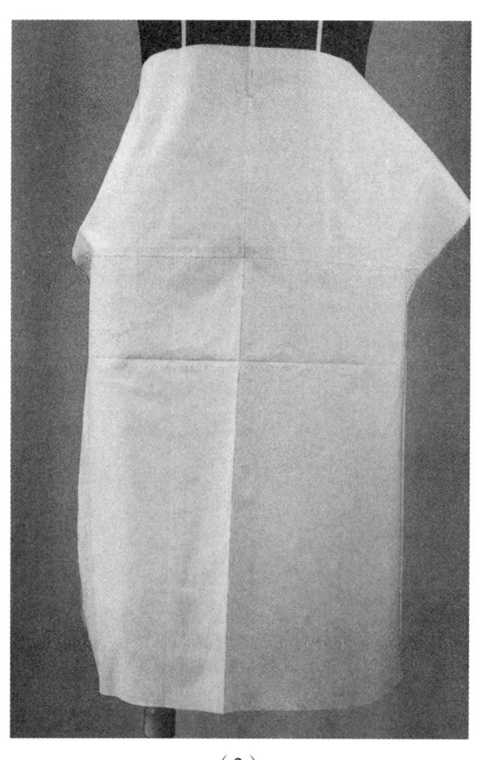
（2）

（3）

4. 根据款式造型，用粘带标出分割斜线，斜线要直，方便成衣批量生产，如图 3–11（4）所示。

5. 分割斜线上方留 2cm 左右缝头，修剪掉其他余量，如图 3–11（5）所示。

6. 将前裙片（上）中心线对准人台前中心线，裙片上边高过腰线 12cm 左右，如图 3–11（6）所示。

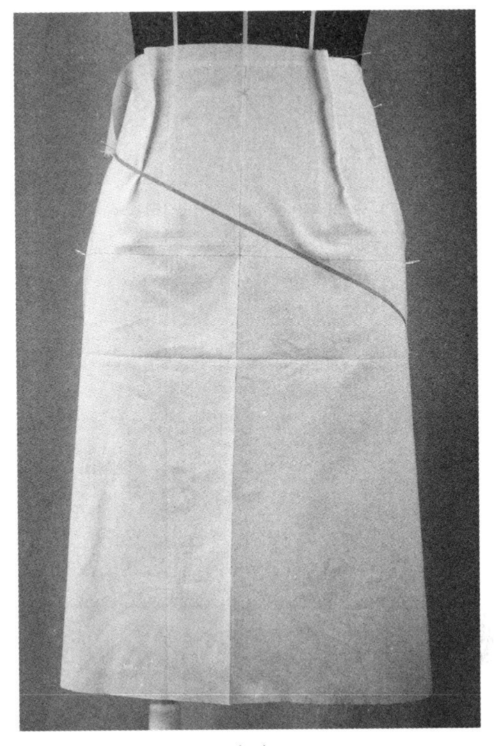

（4）

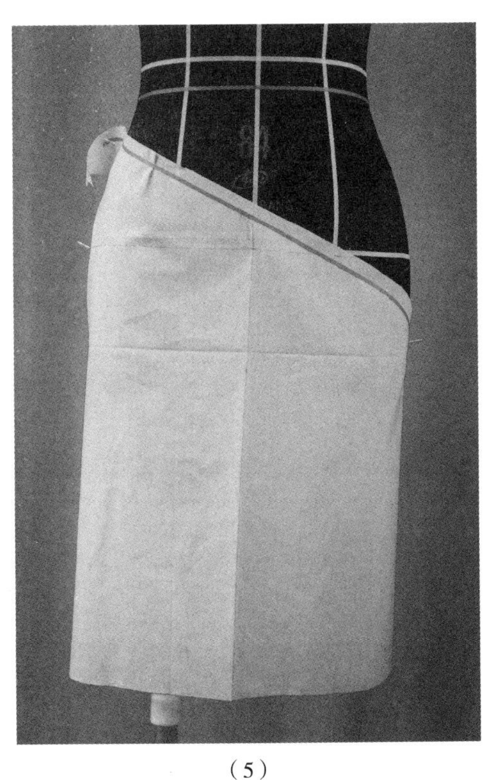

（5）

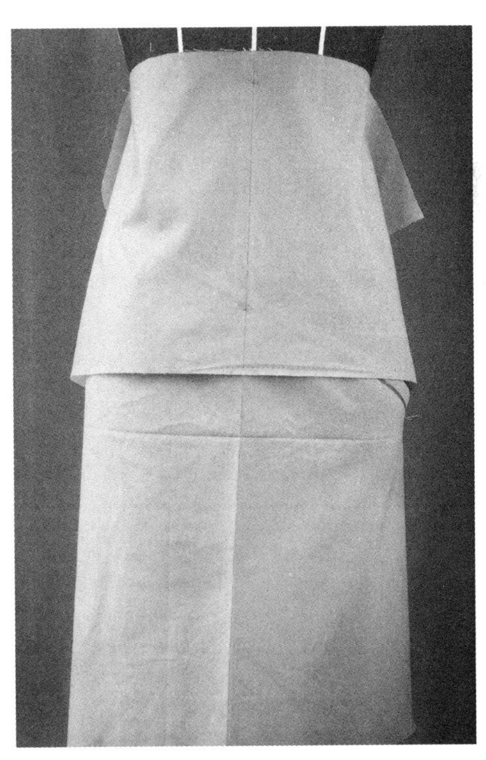

（6）

图 3–11

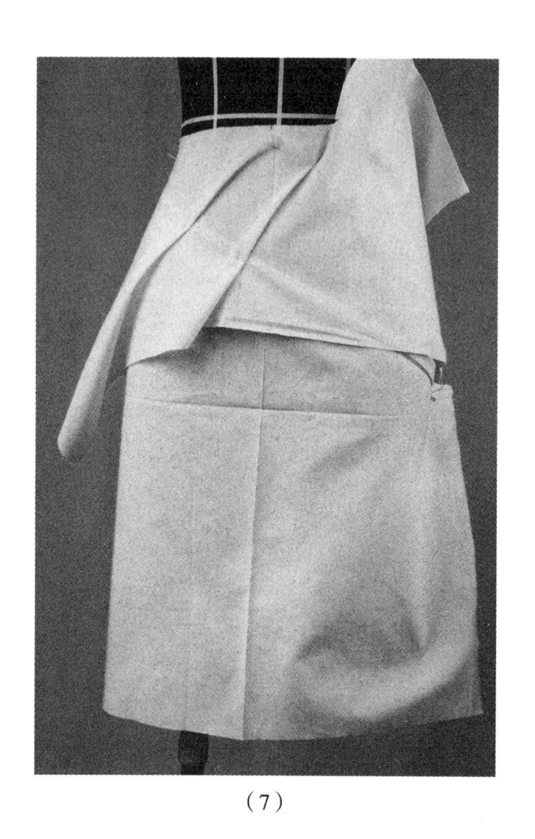

（7）

7. 收斜褶，分割线处褶量大，腰线处褶逐渐消失。边做褶，边修剪腰围线上多余的面料，如图 3–11（7）所示。

8. 依次收 3 个斜褶，如图 3–11（8）所示。

9. 修剪分割线下多余的面料。后裙片的立体裁剪操作参照直身裙，如图 3–11（9）所示。

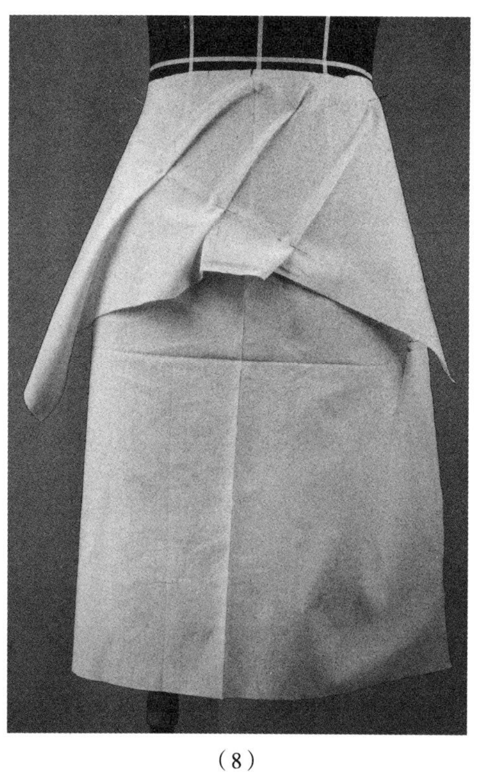

（8）

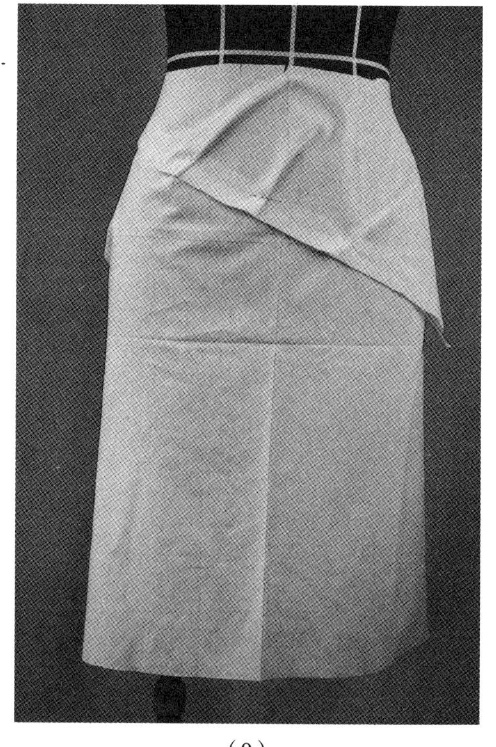

（9）

10. 根据造型修剪出斜下摆，用粘带标出褶边的位置，如图 3–11（10）所示。

11. 做褶边的面料丝绺 45° 正斜，双层对折。留出适量坠褶，从裙前中心线开始，沿标志线别褶边至左侧缝，如图 3–11（11）所示。

12. 沿分割斜线继续别褶边，至裙右侧，调整好褶皱的疏密节奏，如图 3–11（12）所示。

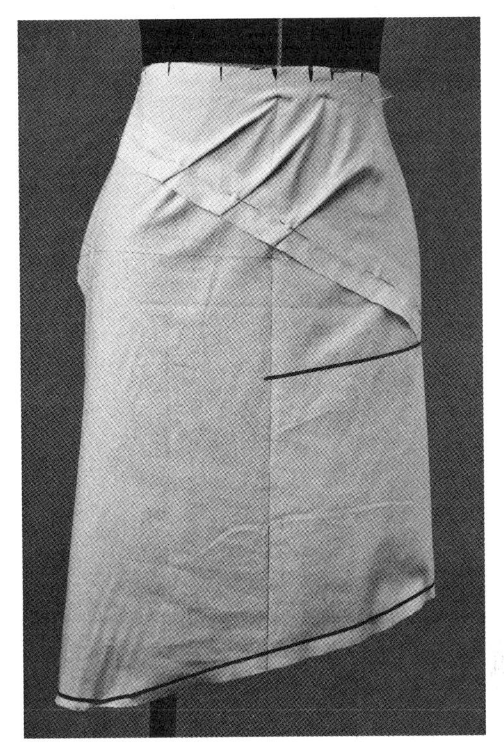

（10）

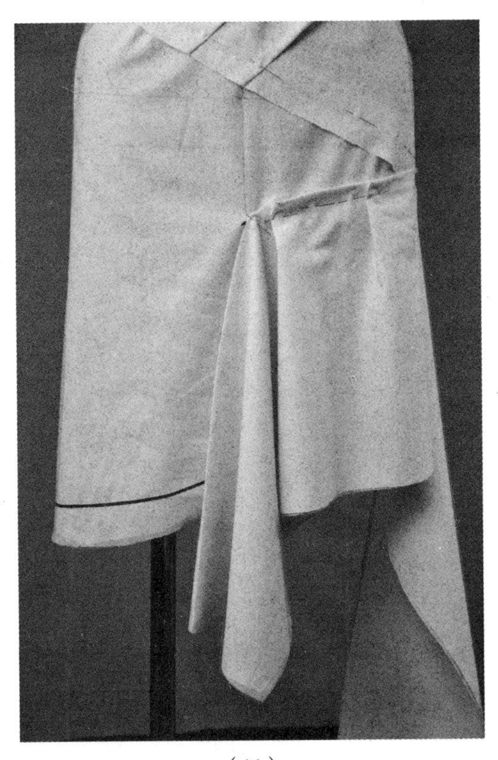

（11）

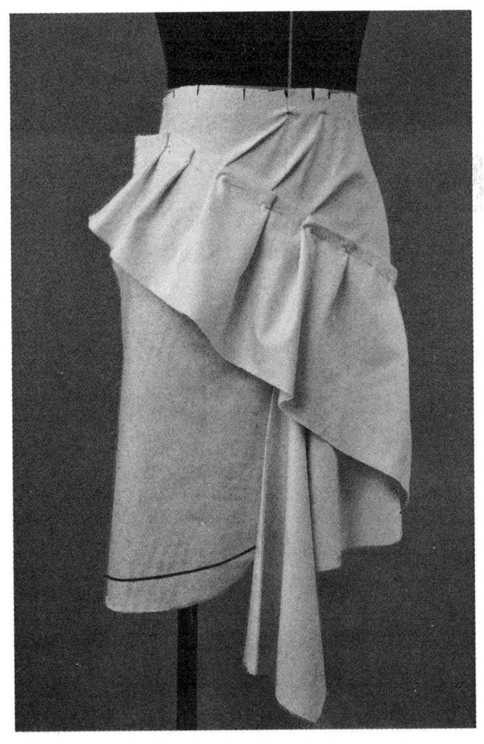

（12）

图 3–11

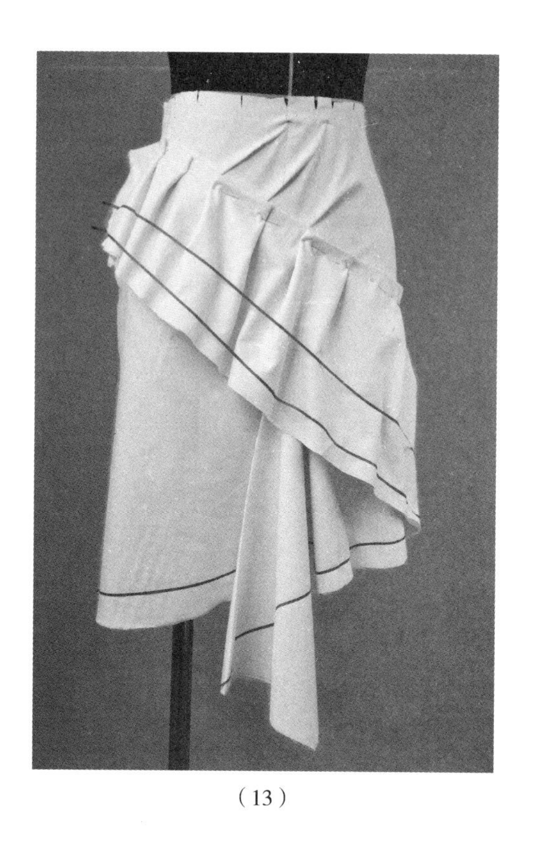

（13）

13. 用粘带标出两层的褶边宽度，斜上方标志线为上层褶边，斜下方标志线为下层褶边，并依标志线分别修剪出上下两层褶边。进行褶边、褶子整体造型的检查调整，如图 3–11（13）所示。

14. 点位，记录裙片结构，做对位记号，如图 3–11（14）所示。

15. 取得裁片,如图 3–11(15)所示。

16. 假缝。用折叠针法假缝裙片，检查整体造型，如图 3–11（16）所示。

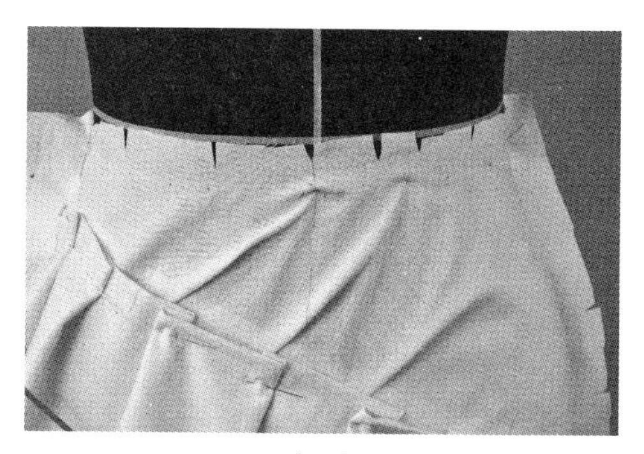

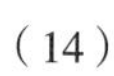

（14）

（15）

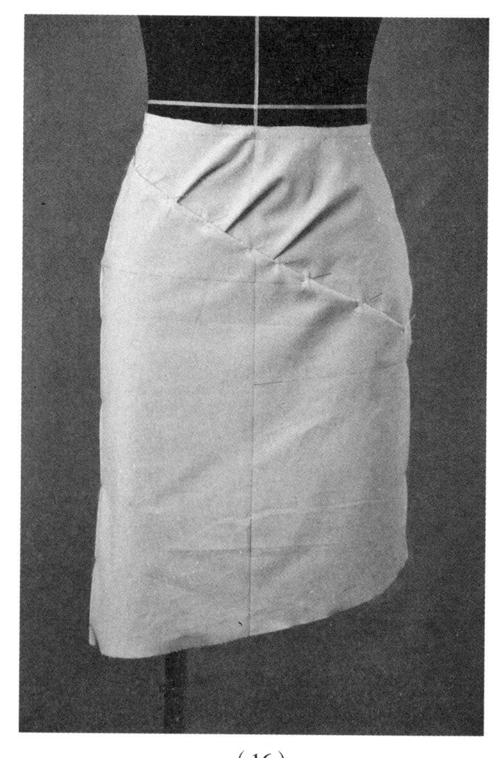

（16）

17. 根据假缝试样修正裁片，并拓印纸样，如图 3–11（17）所示。

18. 完成样衣效果。褶边裙正面效果如图 3–11（18）所示，褶边裙侧面效果如图 3–11（19）所示，褶边裙后面效果如图 3–11（20）所示。

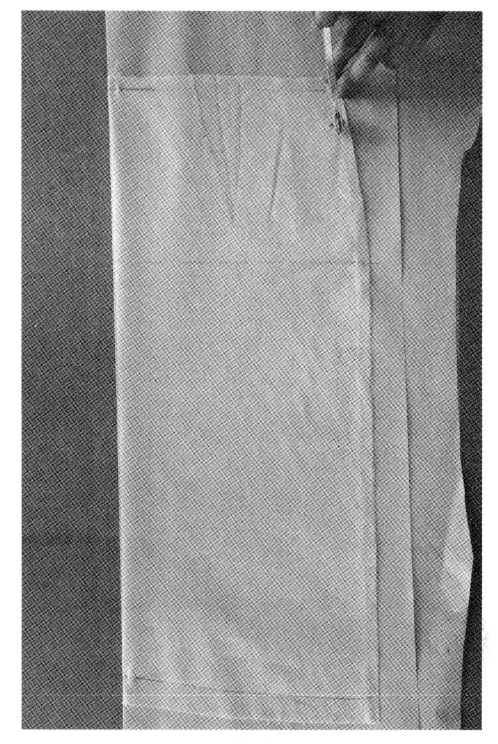

（17）

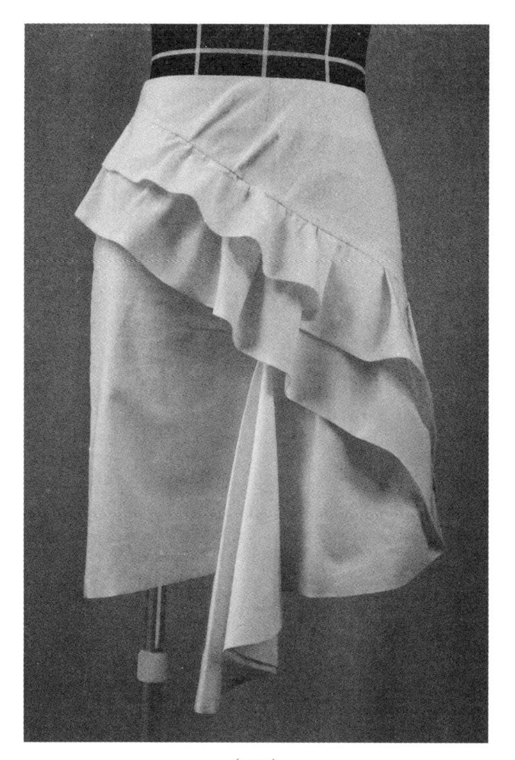

（18）

（19）

图 3–11

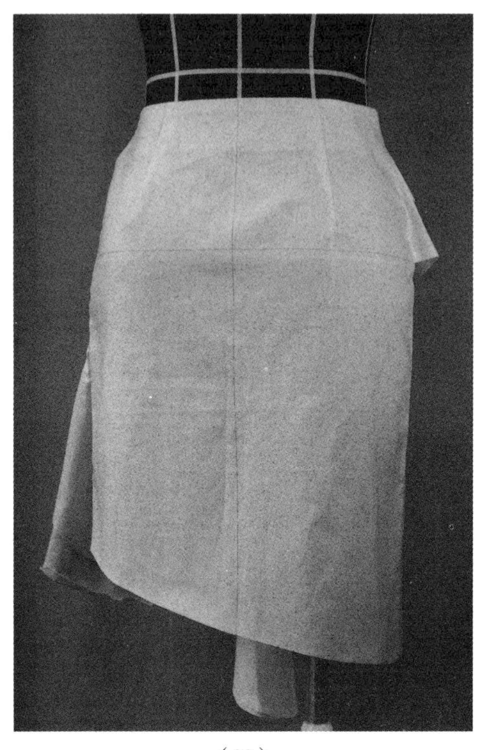

（20）

图 3–11　褶边裙的操作步骤

（五）褶边裙操作技术要点

1. 前片先做基本裙，针织面料臀围不加放松量。

2. 分割斜线要直，斜褶从分割线向腰线逐步消失。

3. 褶边宽度渐变，疏密要有节奏感。

（六）CAD 读样

用 CAD 读图仪读入纸样，如图 3–12 所示。按生产要求制作系列生产样板。

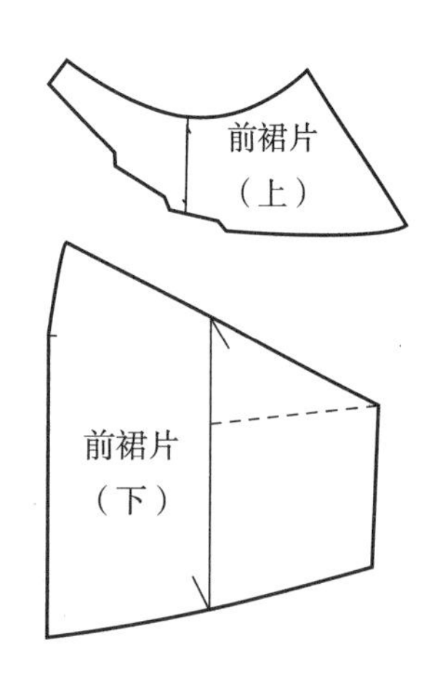

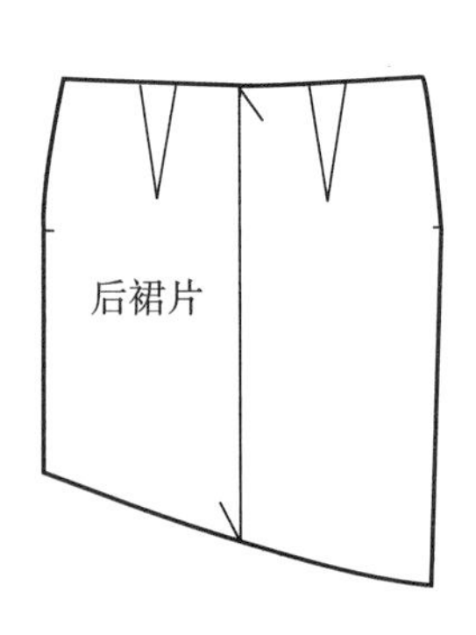

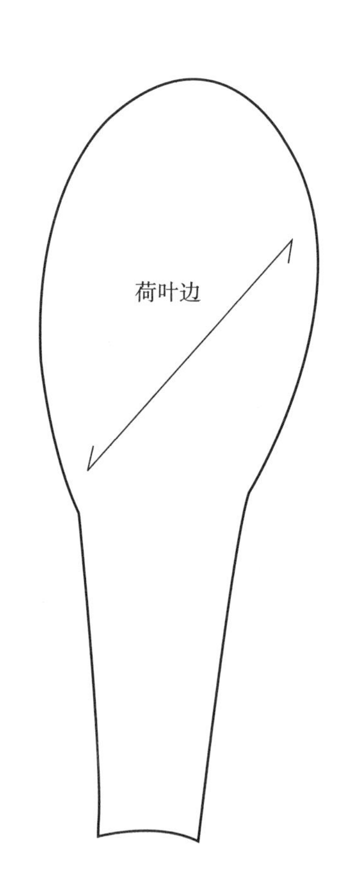

图 3–12　褶边裙的纸样

四、布结裙

（一）款式图（图 3–13）

（二）款式分析

以直身短裙为基础，裙两侧装抽褶的宽飘带，前中心打大蝴蝶结。直身短裙前身设 2 个腰省，后身设 4 个腰省。裙子长度在膝上 10cm，腰围放松量 0~2cm，臀围放松量为 4cm。一般选择悬垂性好的重磅真丝面料。

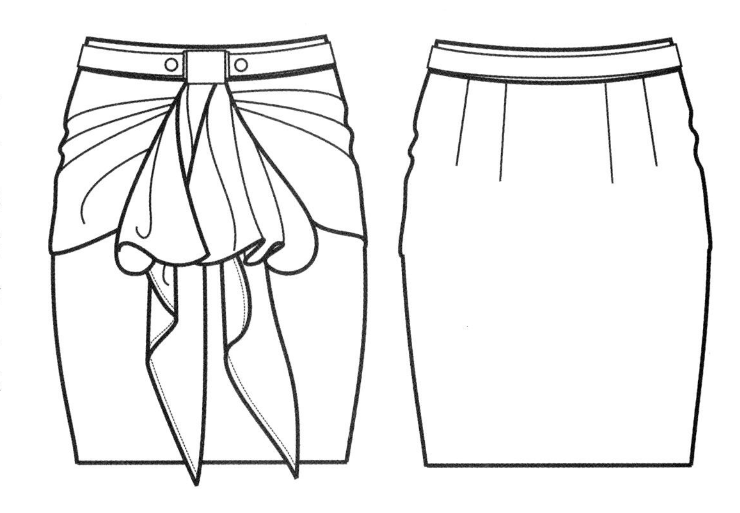

图 3–13　布结裙款式图

（三）坯布准备

将坯布熨烫平整、归正，参考图 3–14 的尺寸取料，并按虚线在坯布上标出标志线。

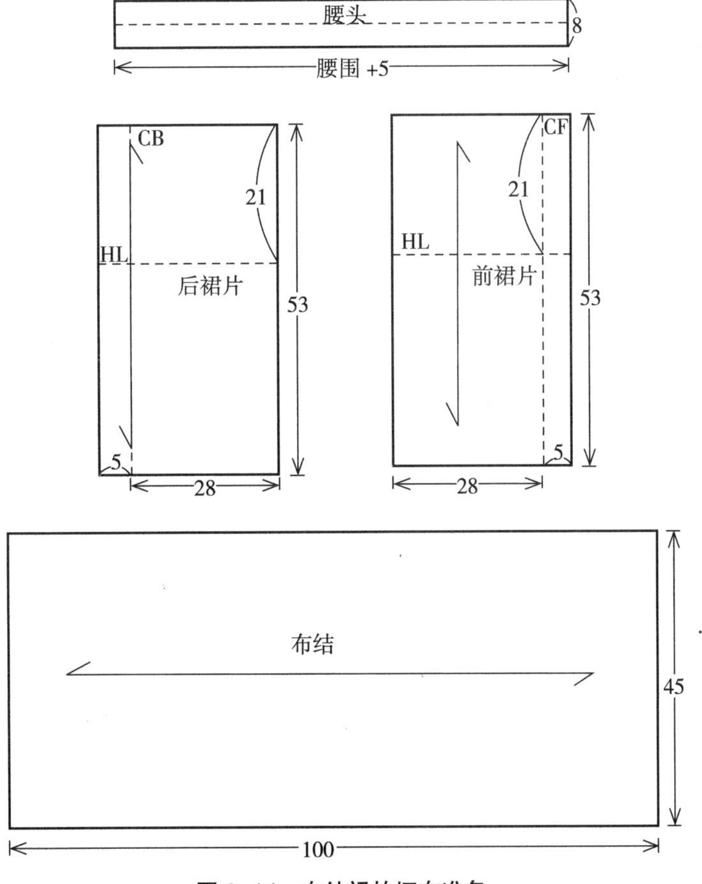

图 3–14　布结裙的坯布准备

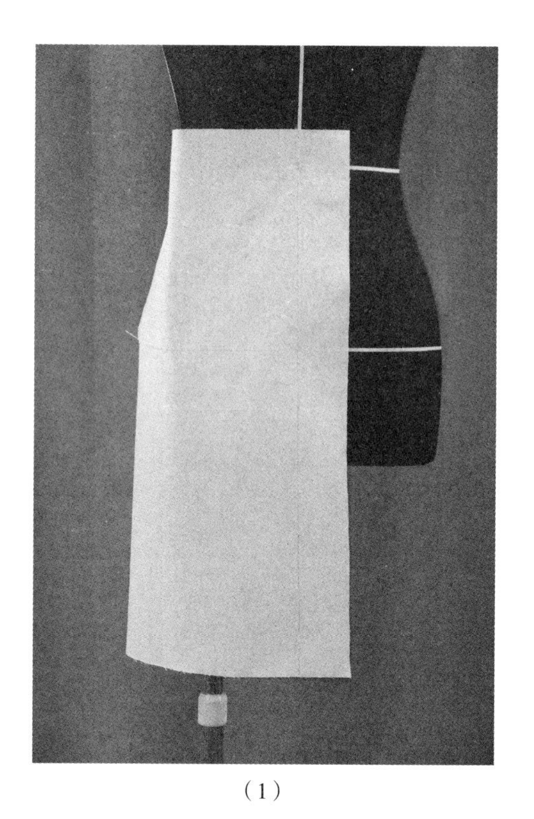
（1）

（四）操作步骤（图 3-15）

1. 前裙片立裁操作。将裙片的前中心线对准人台前中心线，裙片的臀围线对准人台臀围线，臀围处推出 1cm 放松量，如图 3-15（1）所示。

2. 收前腰省 1 个，如图 3-15（2）所示。

3. 后裙片立裁操作。操作手法与前片一致，将裙片中心线对准人台后中心线，裙片的臀围线对准人台臀围线，臀围处推出 1cm 放松量，收后腰省 2 个，如图 3-15（3）所示。

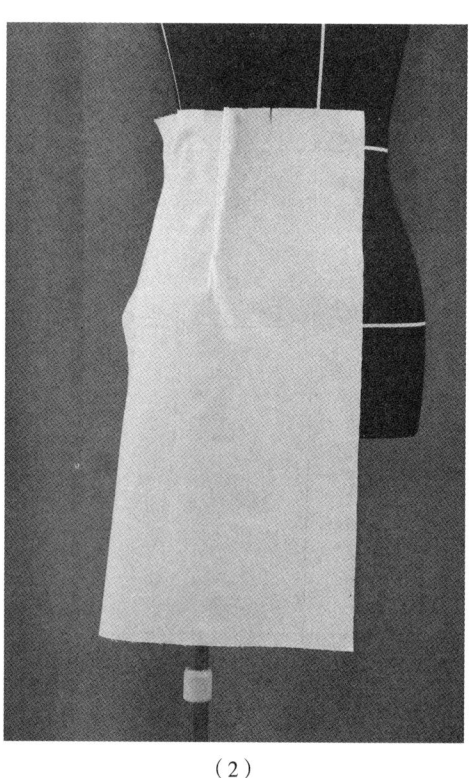
（2）

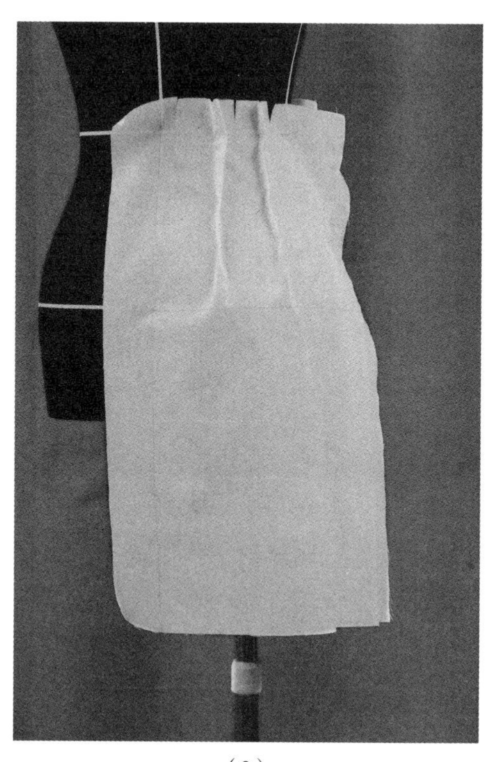
（3）

4. 检查调整腰围、臀围尺寸，用抓合针法合侧缝，如图 3–15（4）所示。

5. 放上做布结的面料，与腰围留 1cm 距离，如图 3–15（5）所示。

6. 依次在裙侧缝和前中心做褶，侧缝褶疏，面料在前中心逐渐收拢，如图 3–15（6）所示。

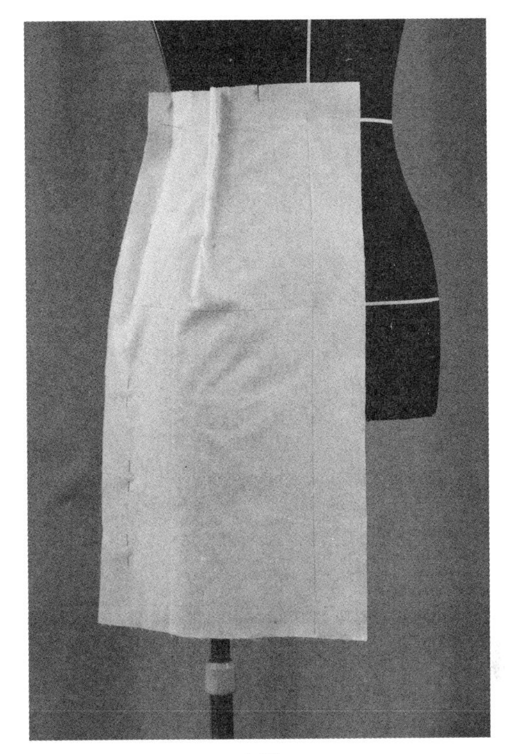

（4）

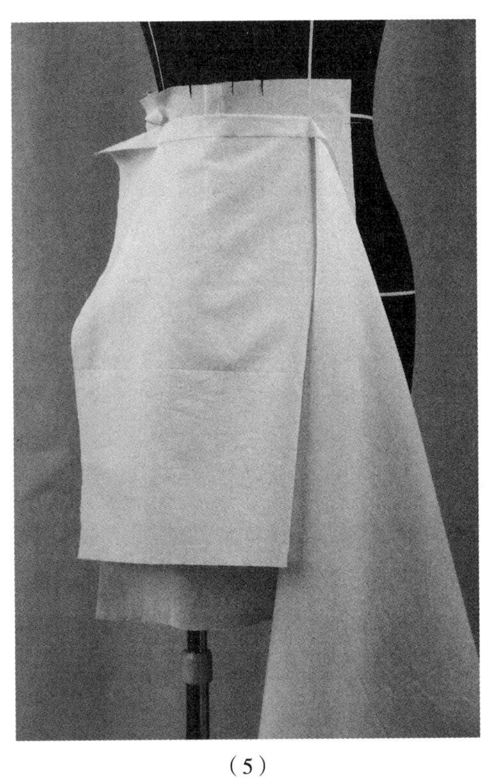

（5）

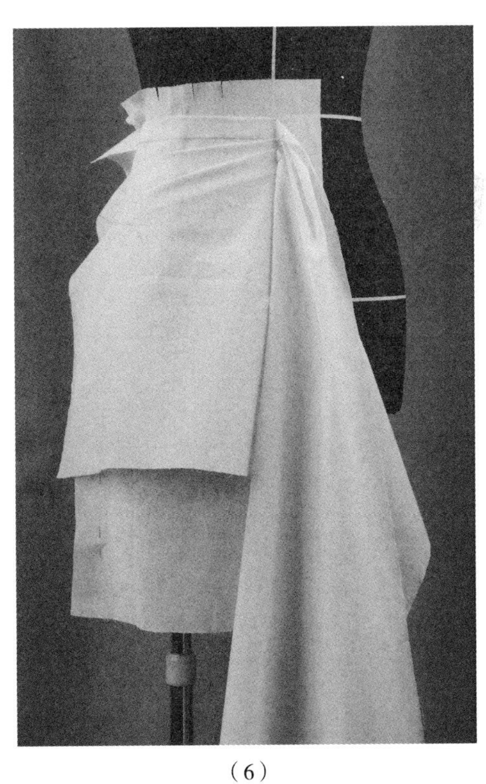

（6）

图 3–15

（7）

7. 布结面料在前中心收拢，修剪侧缝，如图 3-15（7）所示。

8. 做布结初步造型，修剪布结飘带形状，整体调整裙子造型，如图 3-15（8）所示。

9. 点位记录裙片结构，取得裁片。假缝试样，修正裁片，并拓印成纸样，如图 3-15（9）所示。

10. 完成样衣效果。布结裙正面效果如图 3-15（10）所示，布结裙侧面效果如图 3-15（11）所示。

（五）布结裙操作技术要点

1. 在基本裙基础上做布结。

2. 放松量适当，腰围放 1cm 左右，臀围放 4cm 左右，丝绺顺直。

3. 布结从侧缝往前中心收拢，注意布结与基本裙的比例。

（8）

（9）

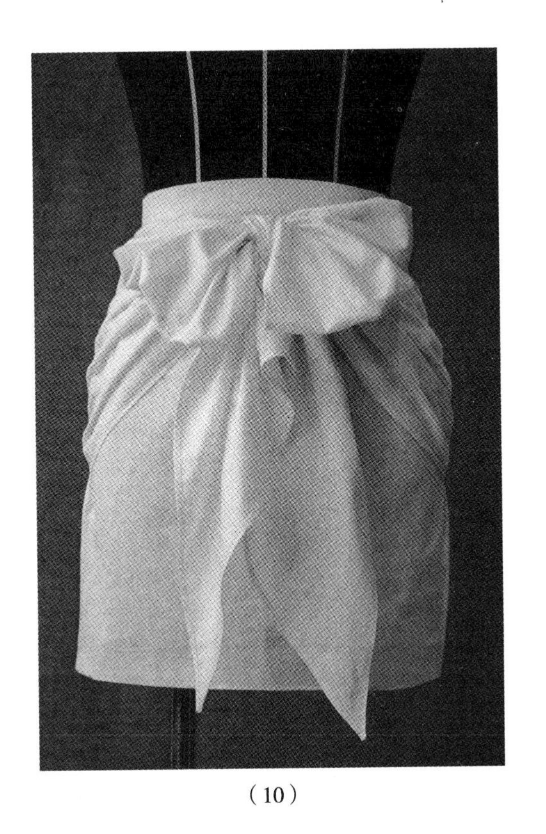

（10）

（11）

图 3–15 布结裙的操作步骤

（六）CAD 读样

用 CAD 读图仪读入纸样，如图 3–16 所示。按生产要求制作系列生产样板。

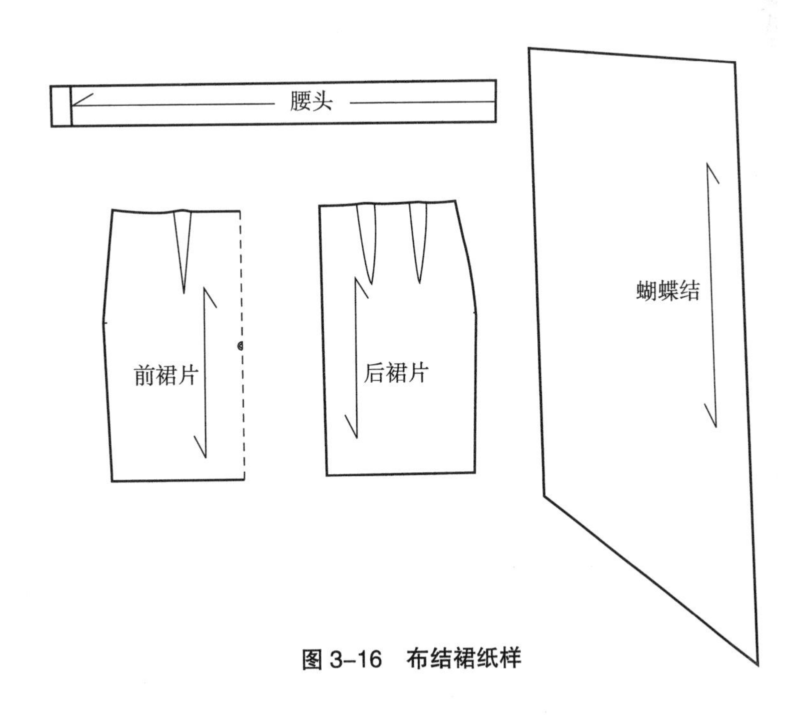

图 3–16 布结裙纸样

五、解构A裙

（一）款式图（图 3–17）

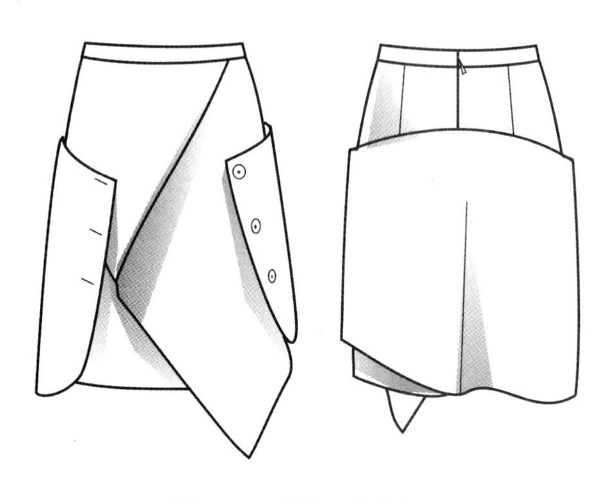

图 3–17　解构 A 裙款式图

（二）款式分析

A 裙廓型。具有明显层次感的三层结构，最里层为基本 A 裙，平下摆，中间层是带斜裥的 A 字造型前片，偏左尖下摆，最外面一层是仿马甲门襟设计的围裙，从后面围到前面。马甲门襟左右分别有纽眼和纽扣装饰。后中绱隐形拉链，裙子长度及膝。基本 A 裙臀围放松量为 8~10cm。可选择三种不同肌理效果、比较挺括的面料，表现层次效果。

（三）坯布准备

将坯布熨烫平整、归正，参考图 3–18 的尺寸取料，并按虚线在坯布上标出标志线。

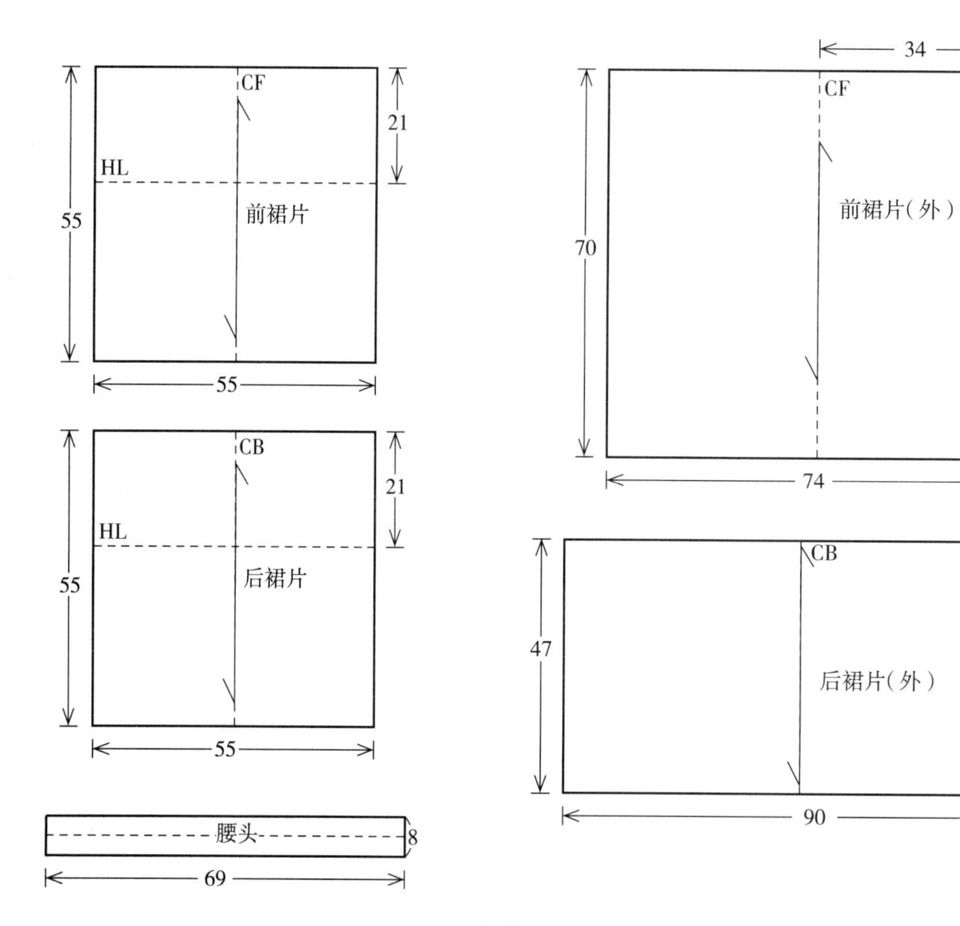

图 3–18　解构 A 裙的坯布准备

（四）操作步骤（图 3–19）

1. 先立裁里层裙。前裙片立裁操作，将裙片的前中心线对准人台前中心线，如图 3–19（1）所示。

2. 臀围处推出 1.5cm 臀围放松量，收 1 个前腰省，腰侧捋平。后裙片操作手法与前片一致，如图 3–19（2）所示。

3. 检查调整腰围、臀围放松量，用抓合针法抓合裙侧缝，点位记录基本裙结构，如图 3–19（3）所示。

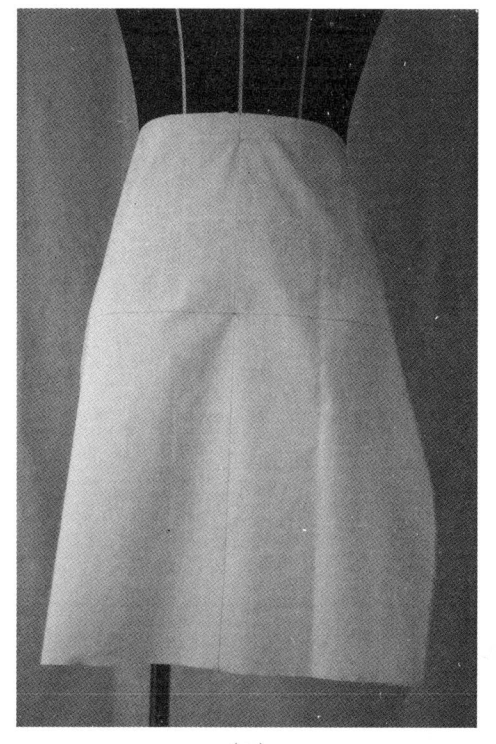

（1）

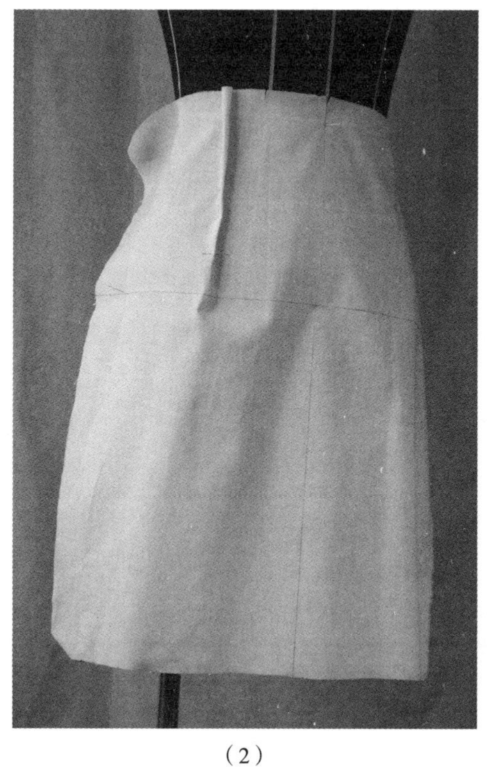

（2）

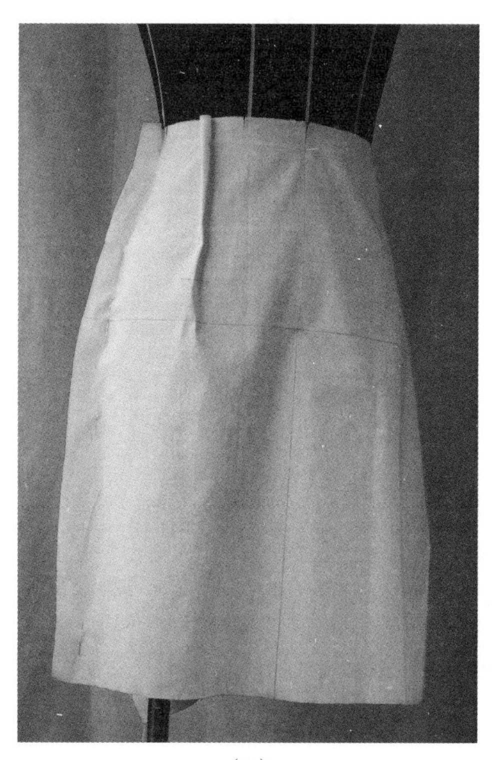

（3）

图 3–19

（4）

4. 里层裙假缝，如图 3–19（4）所示。

5. 做第二层裙。对准前中心线和臀围线，用大头针固定，臀部放出放松量，如图 3–19（5）所示。

6. 根据款式在前裙片做斜褶裥，注意褶裥的大小和位置，如图 3–19（6）所示。

7. 粘带标出第二层裙的尖下摆造型，尖下摆往左偏，如图 3–19（7）所示。

8. 修剪多余布料，如图 3–19（8）所示。

9. 立裁外层裙。将裙片上边折 5cm，贴合臀部往前身围，如图 3–19（9）所示。

10. 外层裙从裙后面围到裙前面，喇叭造型，如图 3–19（10）所示。

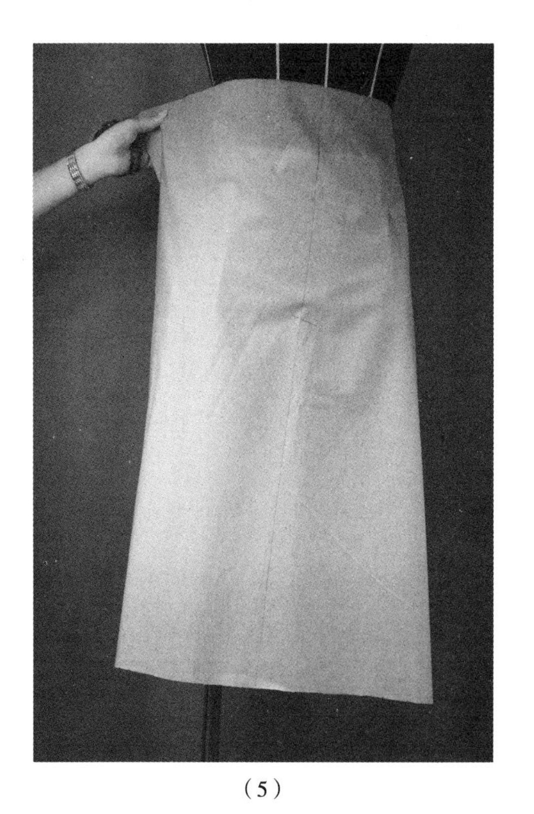

（5）

（6）

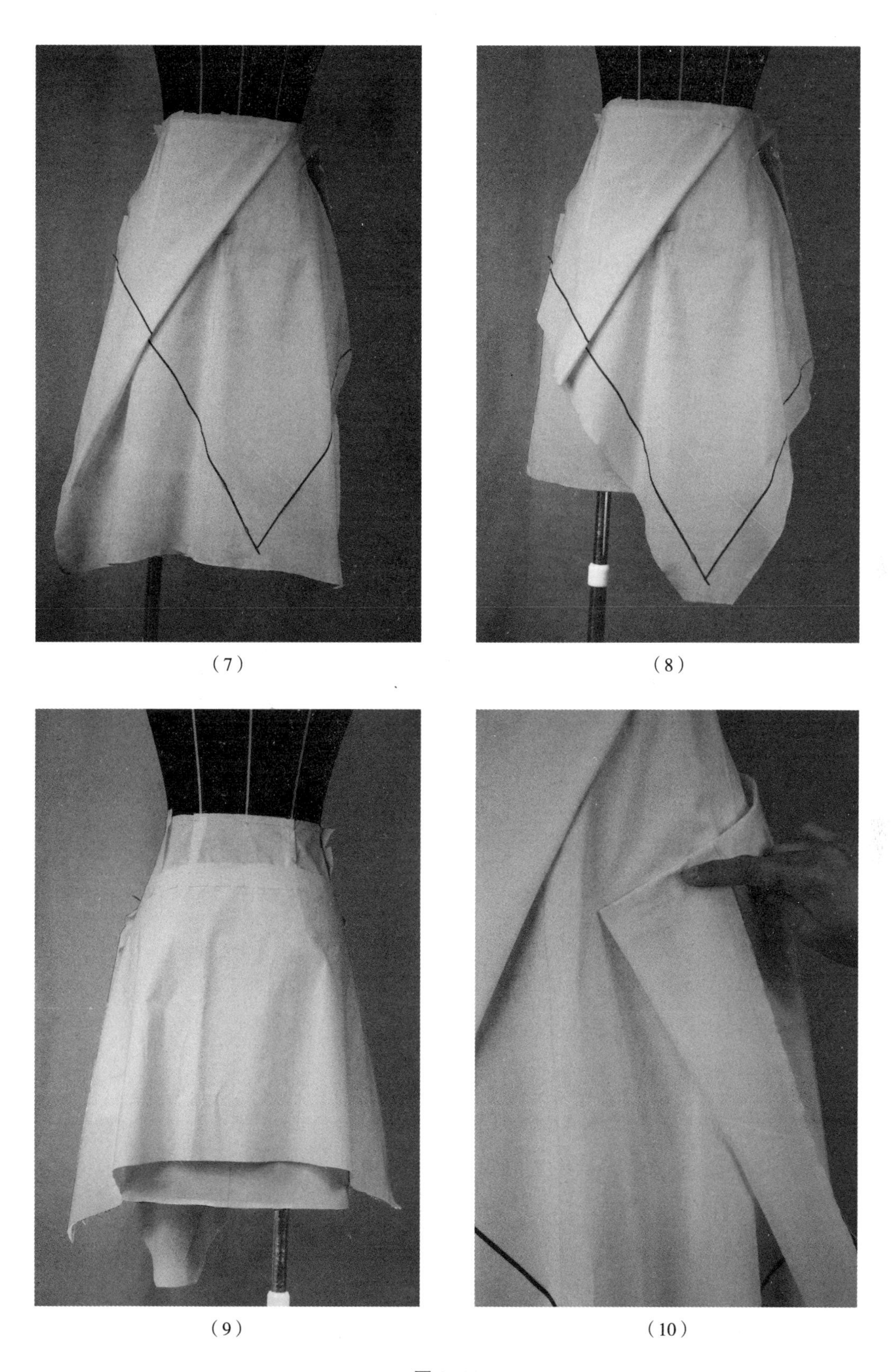

（7）

（8）

（9）

（10）

图 3–19

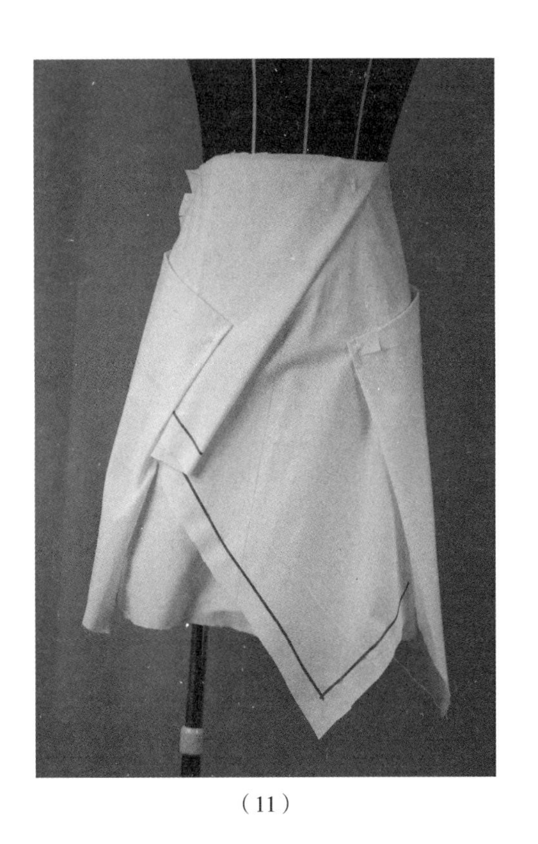

（11）

11. 处理好里外层裙的上下、松紧、造型比例等关系，如图 3–19（11）所示。

12. 参照马甲门襟和圆弧下摆，用粘带标出造型，如图 3–19（12）所示。

13. 观察调整整体造型，点位记录裙片结构，如图 3–19（13）所示。

14. 取得裁片，如图 3–19（14）所示。

15. 完成样衣效果。解构 A 裙正面效果如图 3–19（15）所示，解构 A 裙后面效果如图 3–19（16）所示，解构 A 裙侧面效果如图 3–19（17）所示。

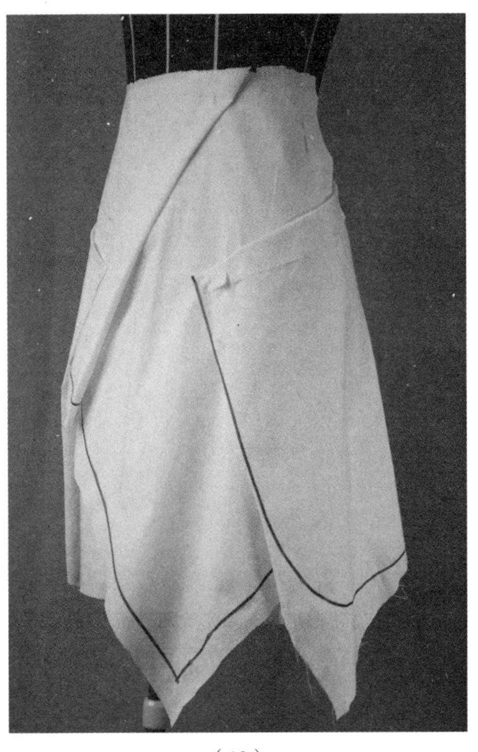

（12）

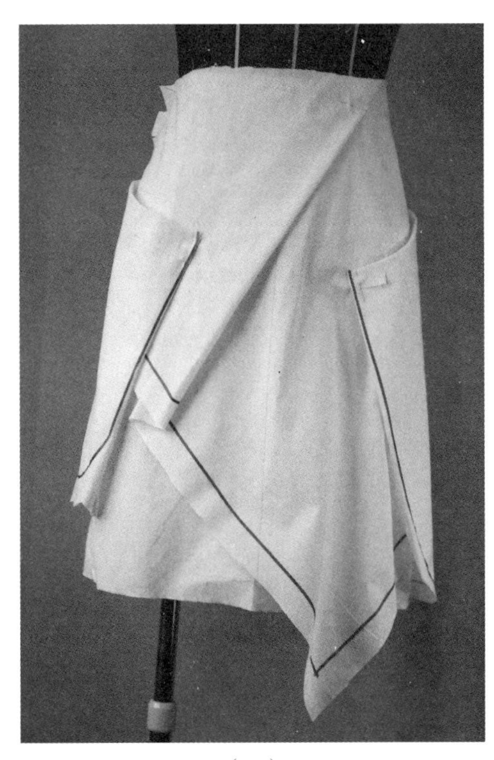

（13）

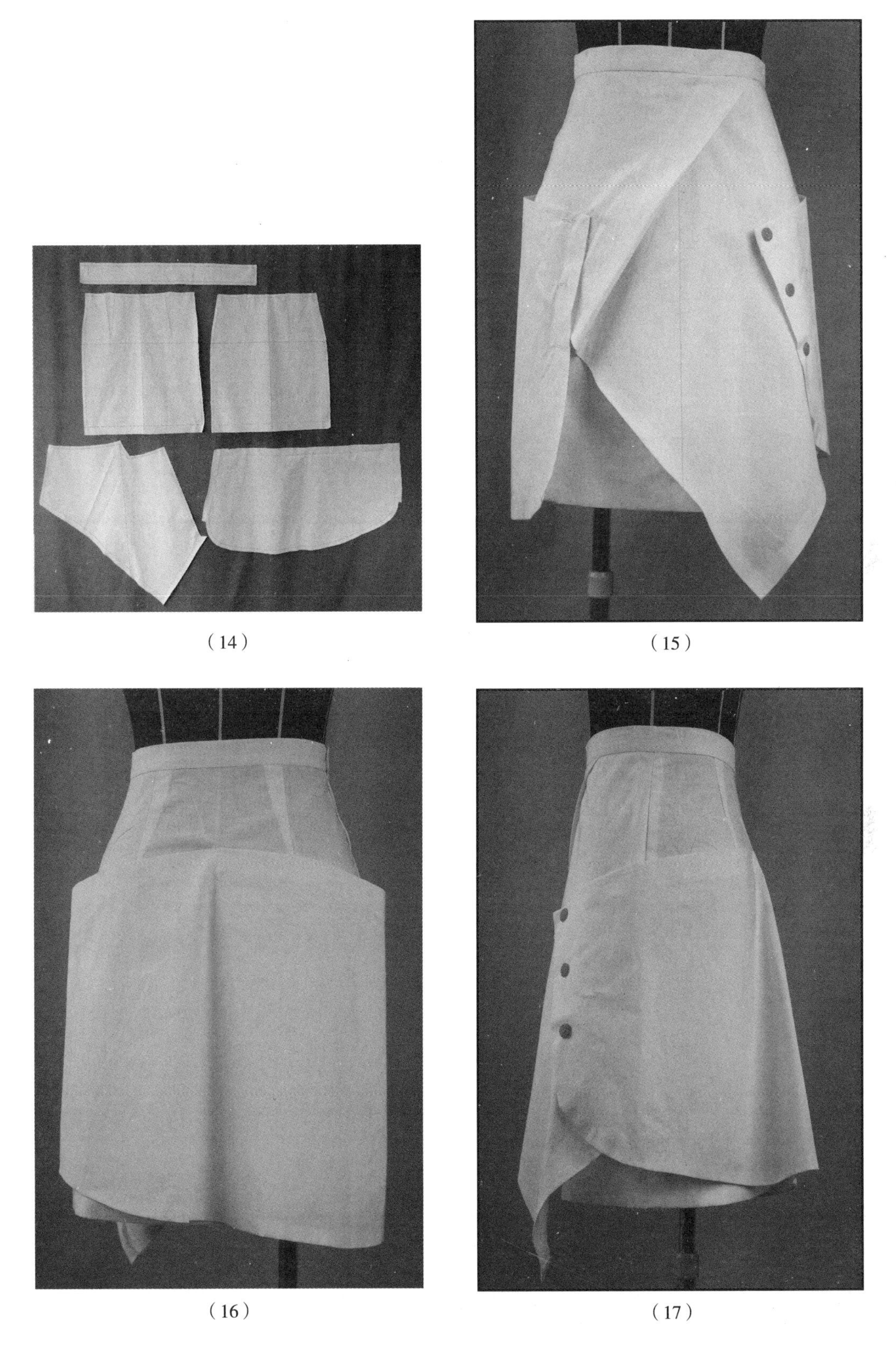

（14）　（15）

（16）　（17）

图 3–19　解构 A 裙的操作步骤

（五）解构 A 裙操作技术要点

1. 先做里层裙，再做中间层、外层裙。
2. 喇叭裙造型，臀围放松量适当。
3. 处理好里外层裙的比例、松紧、造型等关系。

（六）CAD 读样

用 CAD 读图仪读入纸样，如图 3–20 所示。按生产要求制作系列生产样板。

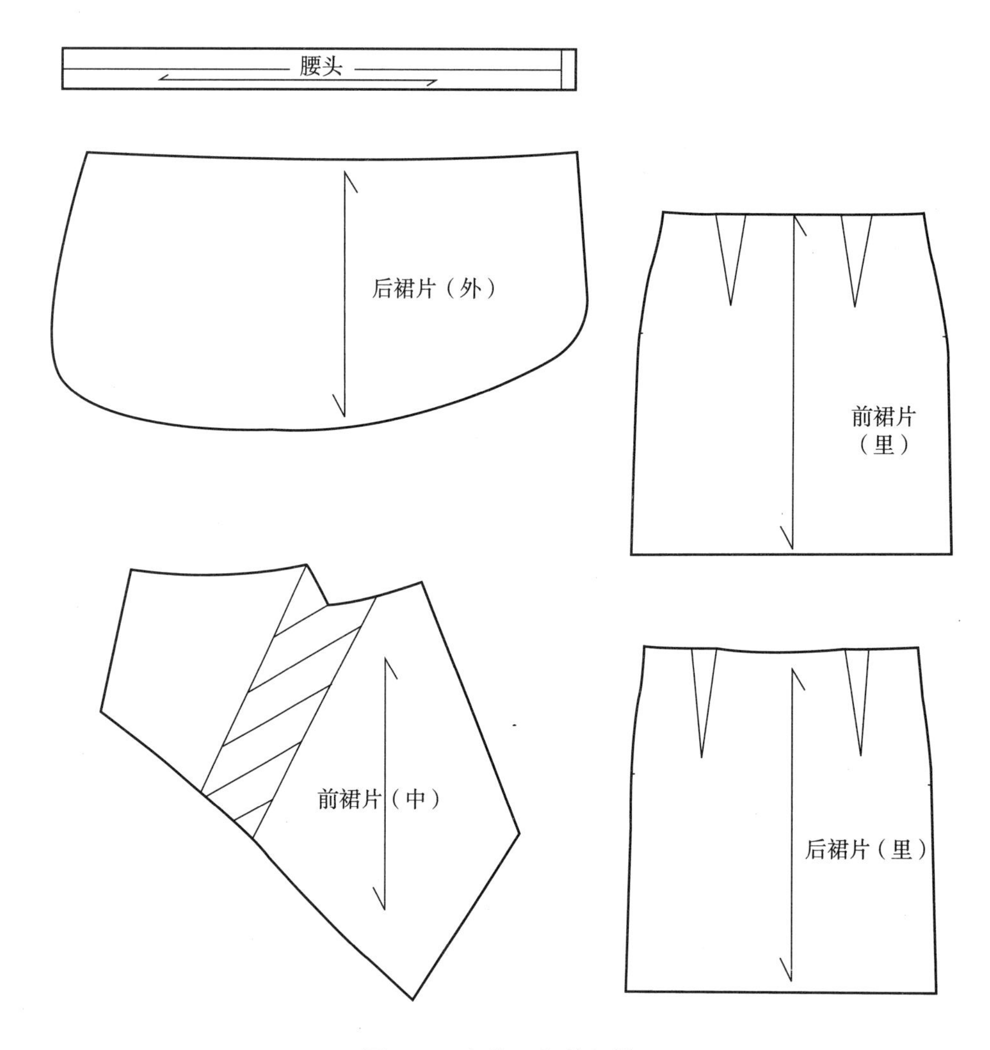

图 3–20　解构 A 裙的纸样

六、层叠裙

（一）款式图（图3-21）

（二）款式分析

上下四层裙结构。里裙是带育克的基本A裙，育克外面抽褶装饰，在A裙基础上装三层长短不一的裙摆，裙摆缩缝有疏密，部分裙角坠落，设计具有节奏感和坠落的美感。可选择棉布，或者具有较好悬垂性的真丝、化纤仿绸等面料。

（三）坯布准备

将坯布熨烫平整、归正，参考图3-22的尺寸取料，并按虚线在坯布上标出标志线。

图3-21　层叠裙款式图

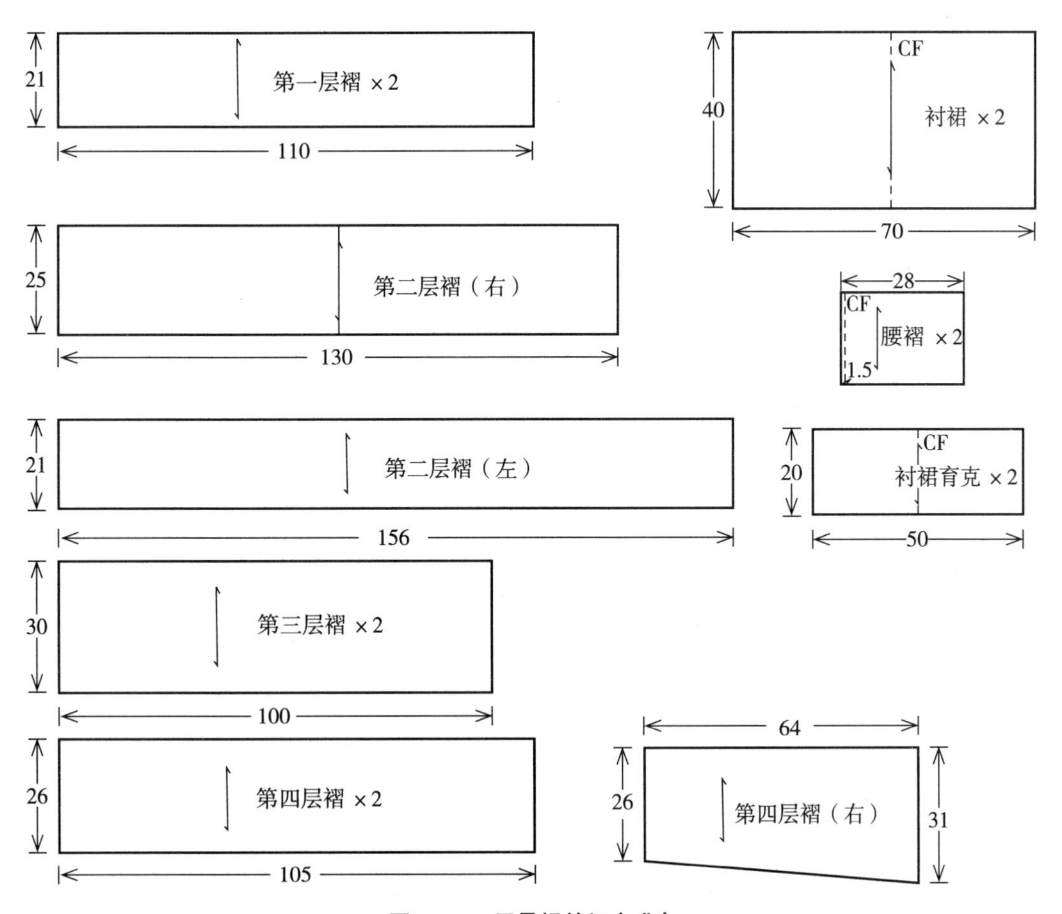

图3-22　层叠裙的坯布准备

（四）操作步骤（图 3-23）

1. 在人台中臀围处，粘弧线标志线，如图 3-23（1）所示。

2. 做基础裙。布片中心线对准人台前中心线，布片中心线上方剪开，裙子左右对称，只操作右片部分，如图 3-23（2）所示。

3. 腰围线上打上剪口，沿腰围线捋平面料，如图 3-23（3）所示。

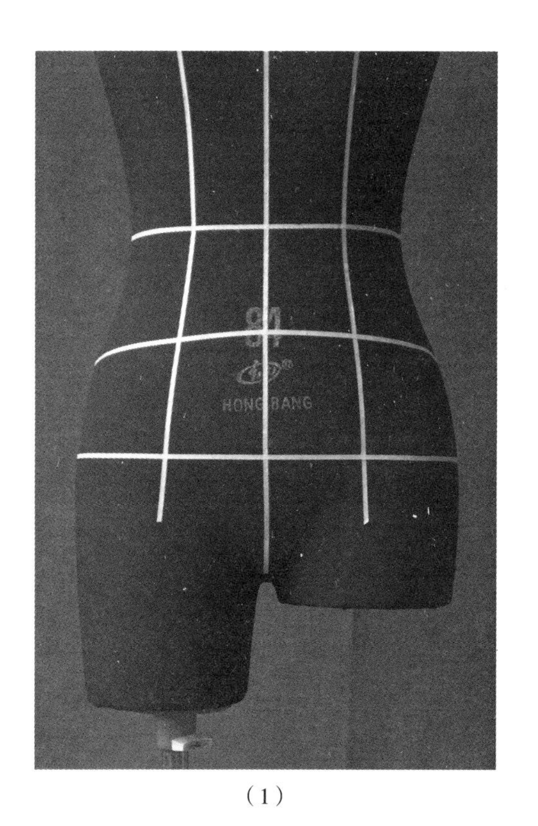

（1）

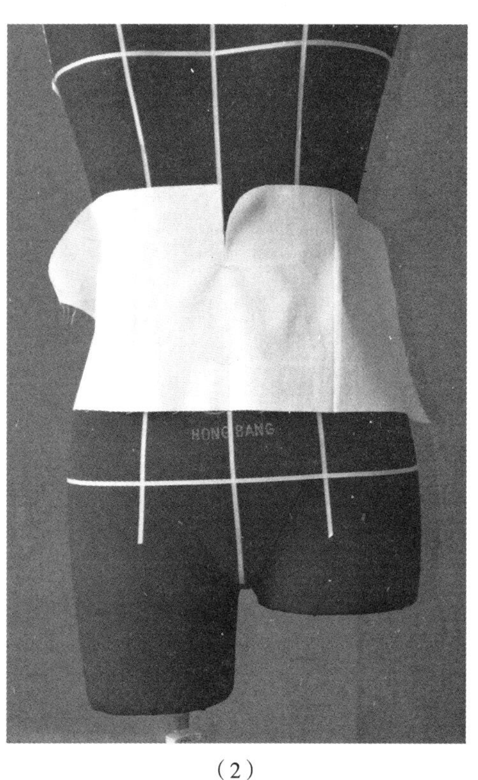

（2）

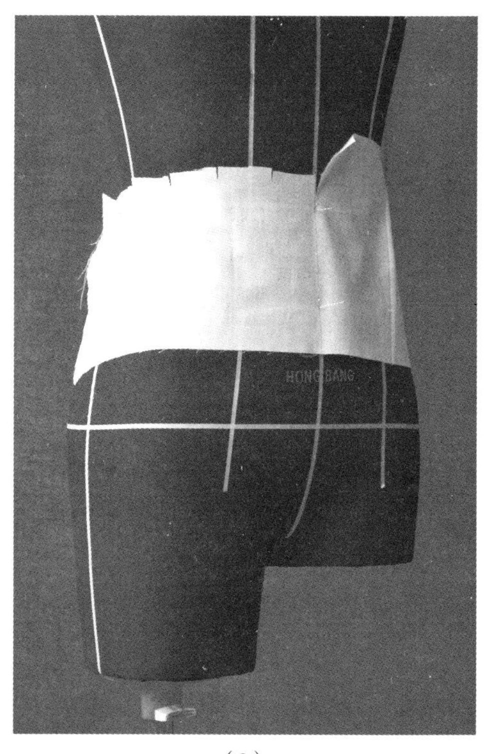

（3）

4. 剪去腰部多余的面料，用粘带标出腰部育克的分割线，前中心线育克宽约 8cm，如图 3–23（4）所示。

5. 下裙片的中心线与上裙片（育克）中心线重合，做喇叭裙造型，如图 3–23（5）所示。

6. 沿粘带标志线，用折叠针法别合上下裙片，如图 3–23（6）所示。

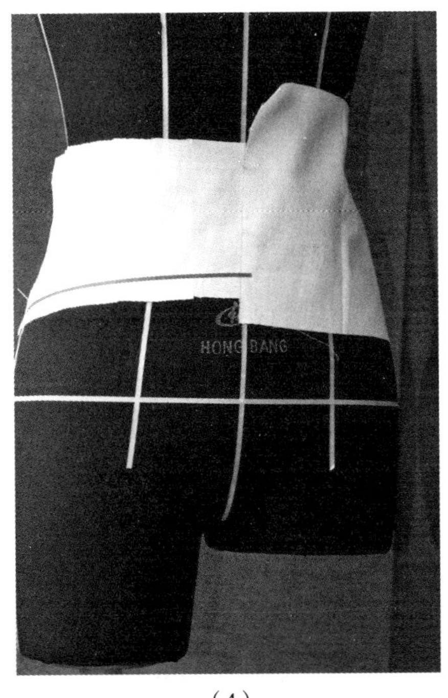

（4）

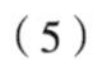

（5）

（6）

图 3–23

（7）

7. 臀围处推约 2cm 放松量。后片操作步骤和前片一样。抓合侧缝，修剪侧缝，如图 3-23（7）所示。

8. 取裙长 38cm，留缝份和折边的余量，修剪下摆。点位记录裙片结构，如图 3-23（8）所示。

9. 取得喇叭裙的裁片，如图 3-23（9）所示。

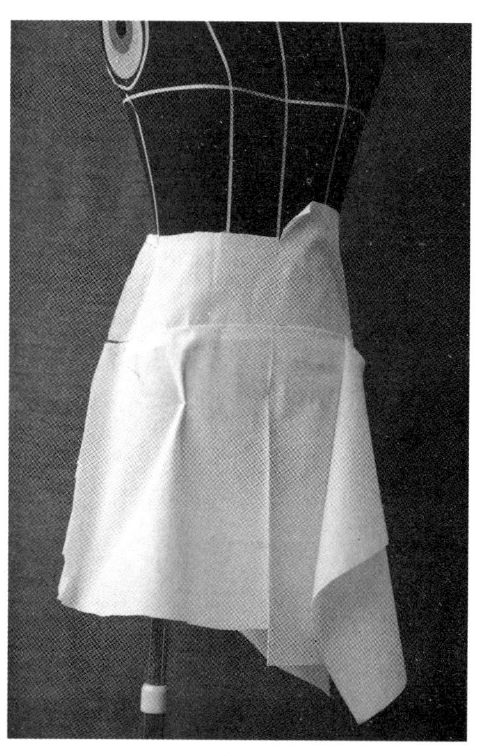

（8）

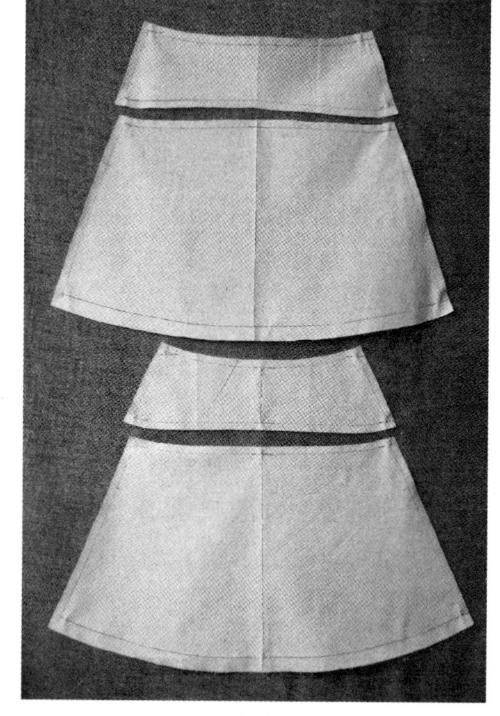

（9）

10. 假缝喇叭裙。分割线往下间距9cm、10cm分别粘2条水平标志线，确定层裙的位置，如图3–23（10）所示。

11. 从最下的第四层开始操作。喇叭裙摆中心线偏左的位置作起点，裙片前端20cm长作自然坠落，沿裙片缝份别合在喇叭裙摆上，如图3–23（11）所示。

12. 别合第四层裙，褶皱有适当的疏密变化，按设计造型修剪长度，如图3–23（12）所示。

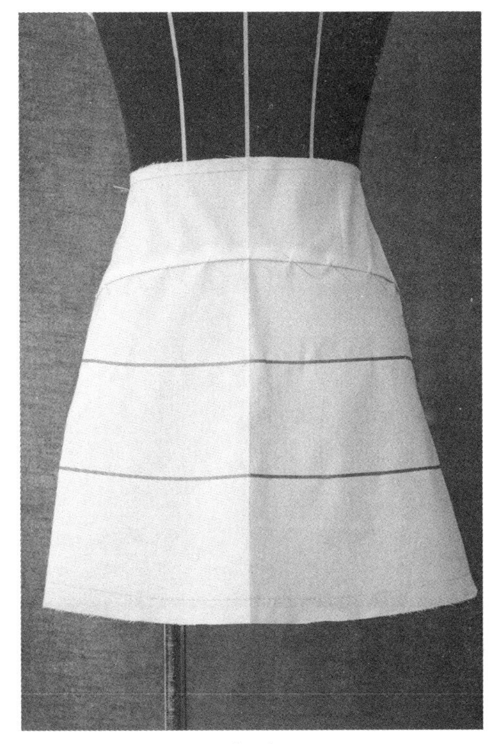

（10）

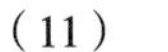

（11）

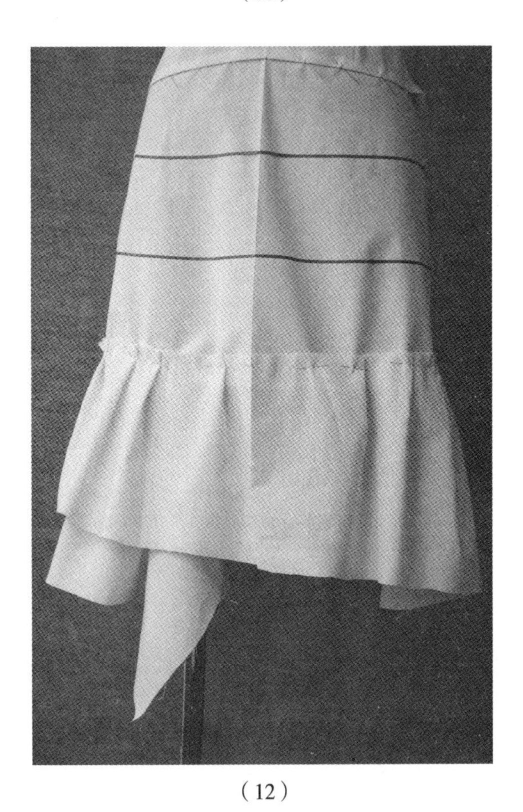

（12）

图3–23

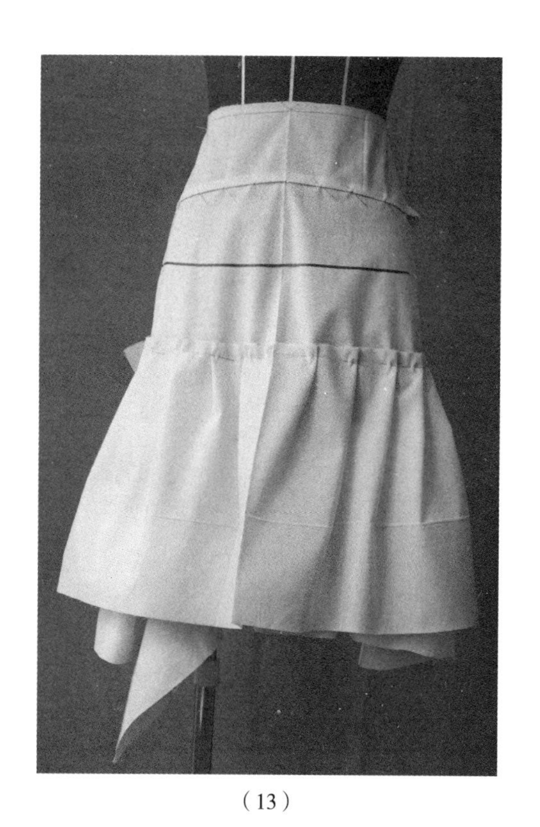

（13）

13. 沿标志线别第三层裙，如图 3-23（13）所示。

14. 修剪第三层裙长，如图 3-23（14）所示。

15. 别第二层裙。以喇叭裙摆中心线偏左 8cm 的位置作起点，层裙片前面一部分自然坠落，如图 3-23（15）所示。

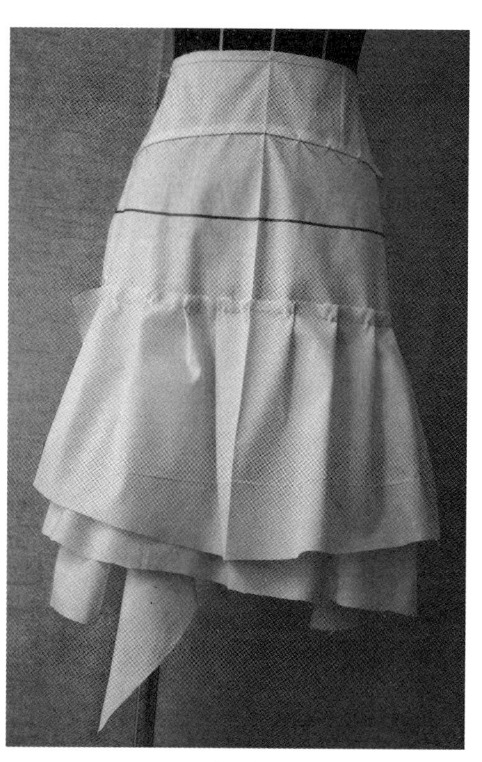

（14）

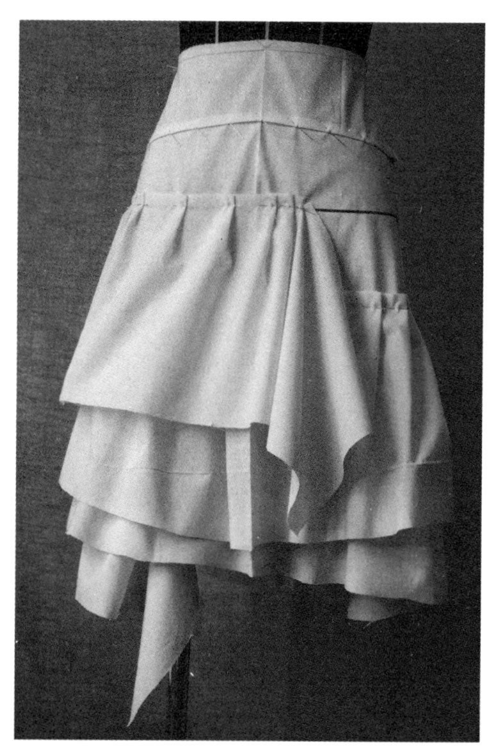

（15）

16. 分割线位置，用粘带标出水平标志线，如图 3–23（16）所示。

17. 别第一层裙。根据标志线，将第一层裙片水平抽褶，用大头针定位，如图 3–23（17）所示。

18. 对应里层喇叭裙分割线，用粘带在外贴标志线，如图 3–23（18）所示。

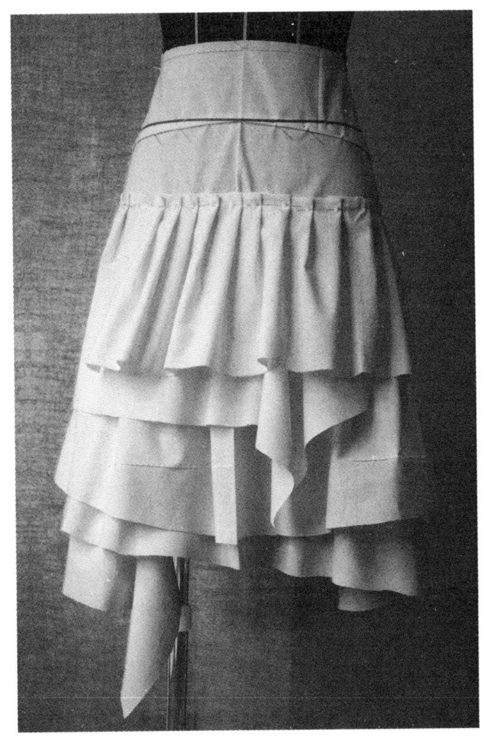

（16）

（17）

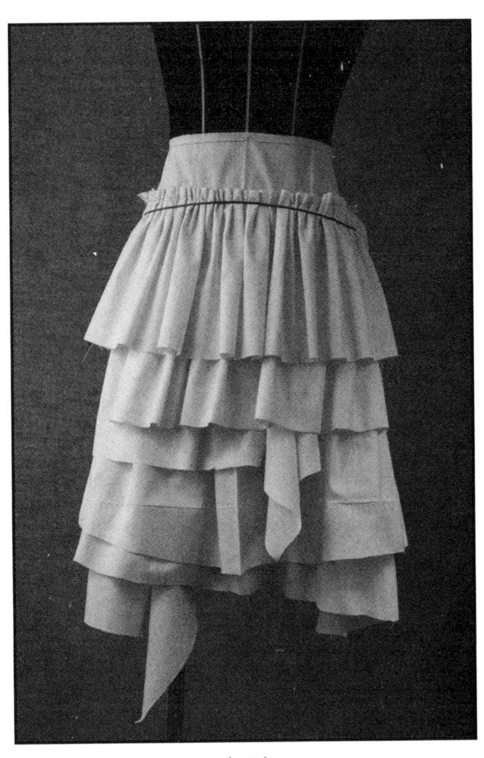

（18）

图 3–23

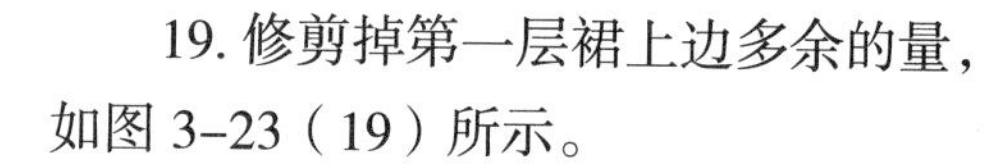

19. 修剪掉第一层裙上边多余的量，如图 3–23（19）所示。

20. 在育克上别褶皱外层，如图 3–23（20）所示。

21. 修剪褶皱外层的多余面料。整体观察造型，修剪层次，如图 3–23（21）所示。

22. 点位，取得裁片，如图 3–23（22）、（23）所示。

23. 完成样衣。层叠裙正面效果如图 3–23（24）所示，层叠裙后面效果如图 3–23（25）所示。

（19）

（20）

（21）

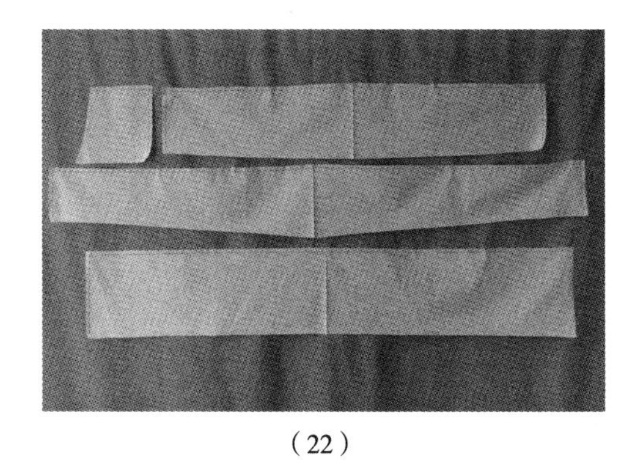

（22）

（23）

（24）

（25）

图 3–23　层叠裙的操作步骤

（五）层叠裙操作技术要点

1. 先做里层带育克的 A 裙，做基本裙。
2. 处理好各层裙的上下位置和长度。
3. 部分裙边下坠，体现一种被破坏的美感。
4. 各层裙片长度、疏密安排要有节奏感。

（六）CAD 读样

用 CAD 读图仪读入纸样，如图 3–24 所示。按生产要求制作系列生产样板。

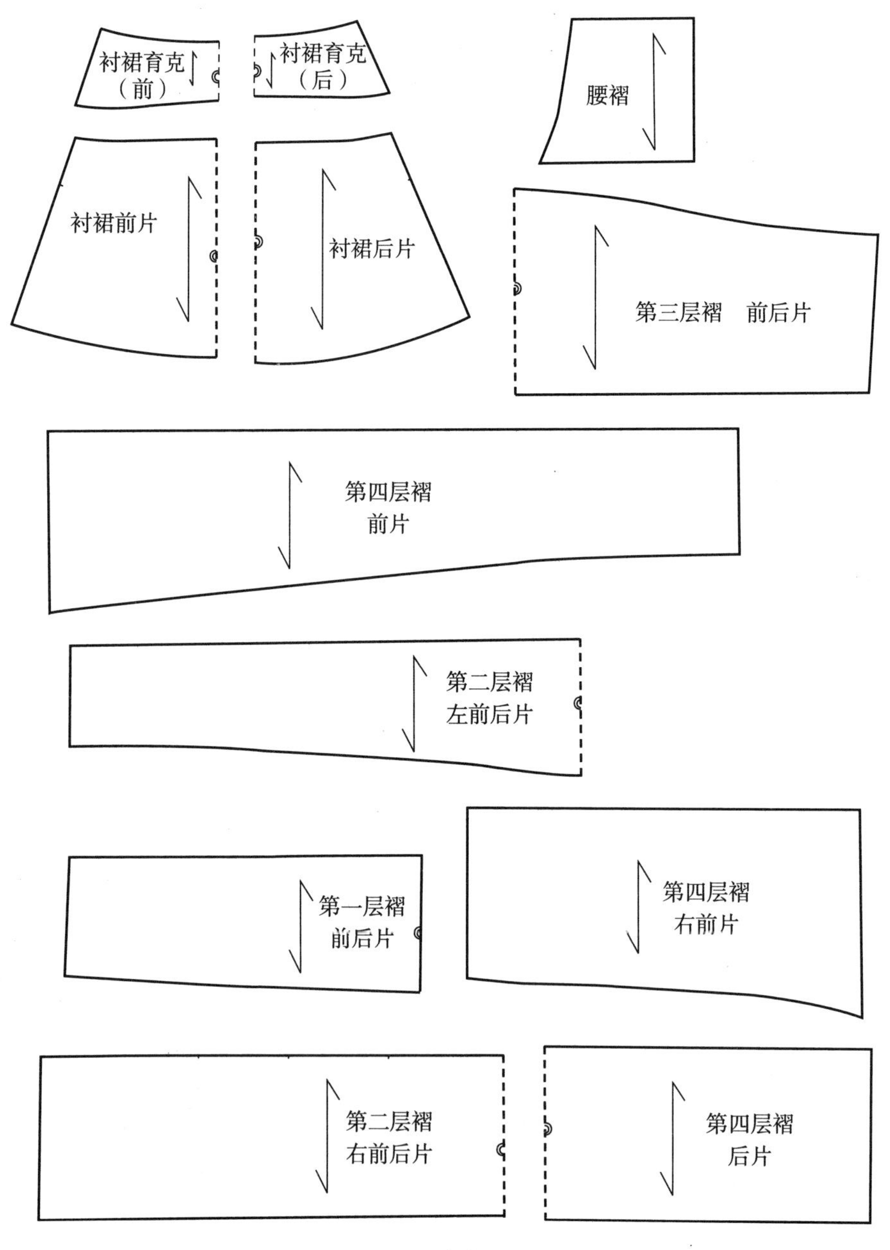

图 3–24　解构 A 裙的纸样

第四章　衬衫、小衫系列的立体裁剪

一、短袖衬衫

（一）款式图（图 4–1）

（二）款式分析

短袖女衬衫的基本款，小翻领，短袖，普通门襟。前片设腋下省和胸腰省，后片设腰背省。整体造型合身，胸围、腰围的放松量在 8cm 左右。可选择棉布、涤 / 棉、真丝等多种面料。

（三）坯布准备

将坯布熨烫平整、归正，参考图 4–2 的尺寸取料，并按虚线在坯布上标出标志线。

图 4–1　短袖衬衫款式图

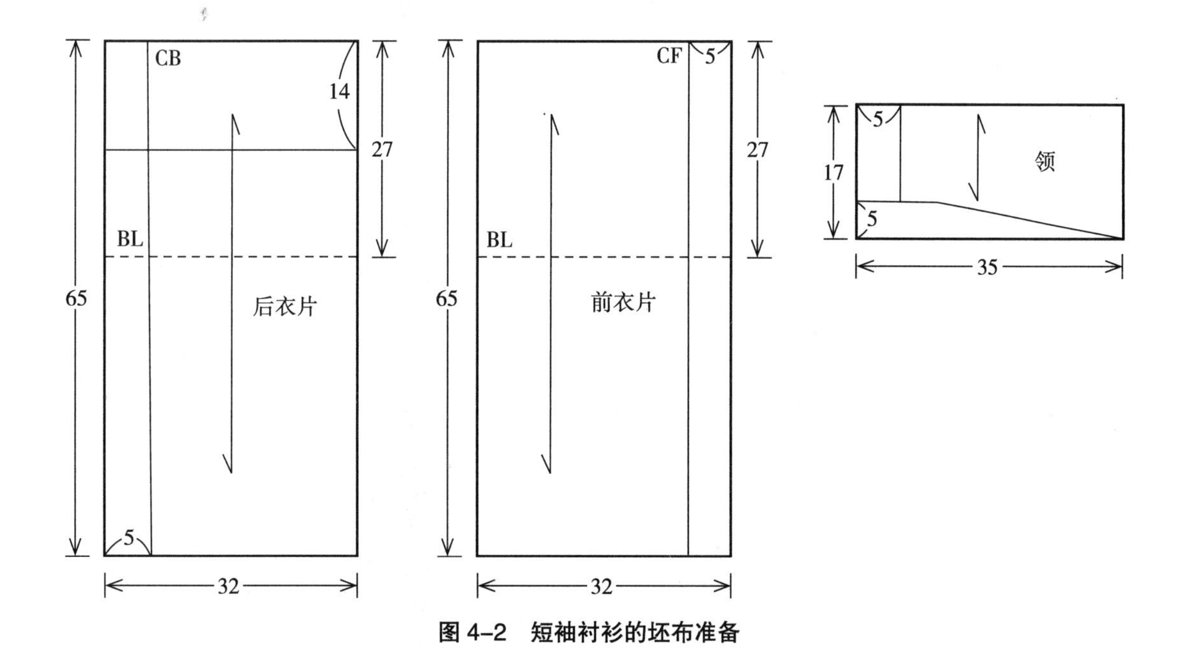

图 4–2　短袖衬衫的坯布准备

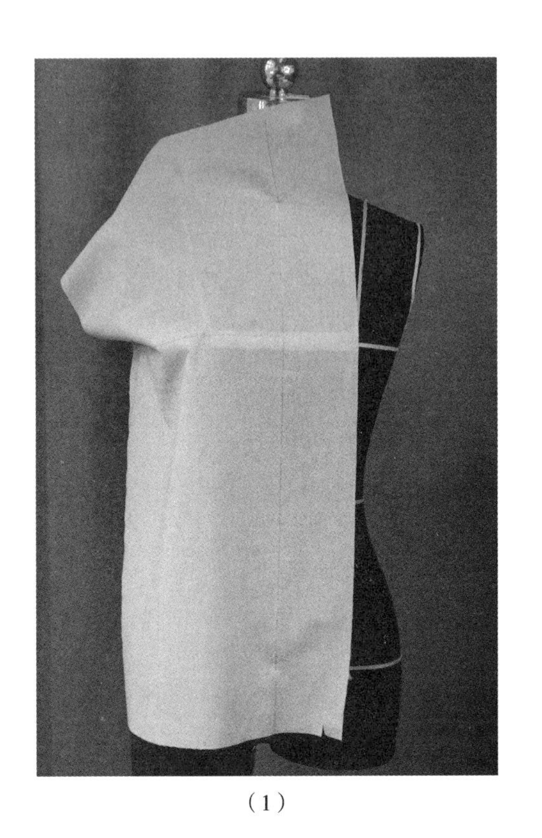

（1）

（四）操作步骤（图 4–3）

1. 衬衫前片立裁操作。将前衣片的前中心线对准人台前中心线，前衣片的胸围线对准人台胸围线，如图 4–3（1）所示。

2. 靠近领围线打剪口，领围稍有松量，预留缝份，剪去多余的面料，颈侧点处用大头针固定面料。前胸宽推出适当放松量，如图 4–3（2）所示。

3. 向肩端点方向捋平面料，在肩端点用大头针固定，剪去肩部多余面料，如图 4–3（3）所示。

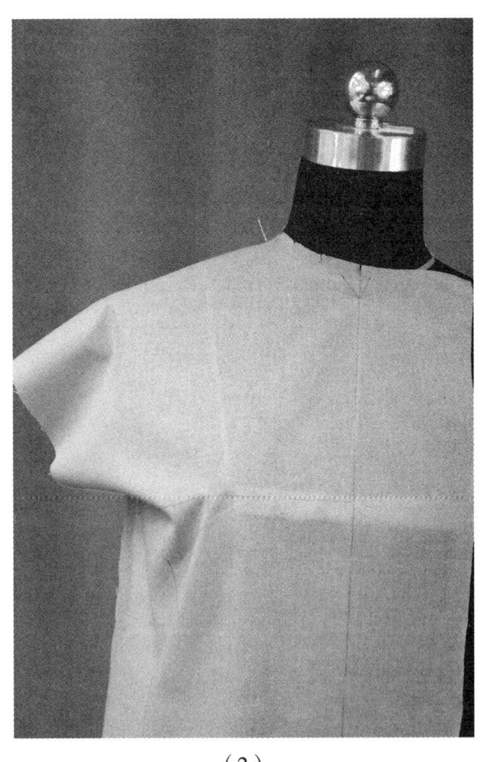

（2）

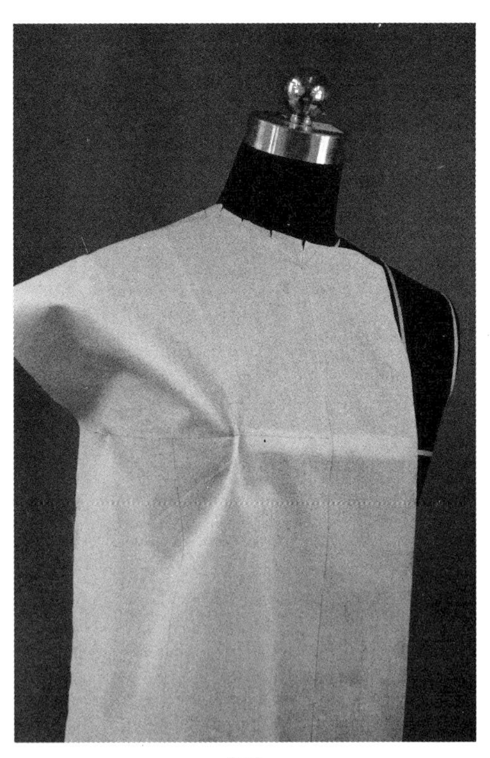

（3）

4. 初步剪出袖窿形状，胸侧标志线保持自然垂直，并用大头针固定。将胸凸余量推到胸围线下，收腋下省，如图 4–3（4）所示。

5. BP 点下 4cm 往下收胸腰省，省道往下略偏侧缝。腰围、腹围留适当松量，如图 4–3（5）所示。

6. 衬衫后片立裁操作。将后片中心线和人台中心线对准，确定肩胛骨位置的标志线水平，如图 4–3（6）所示。

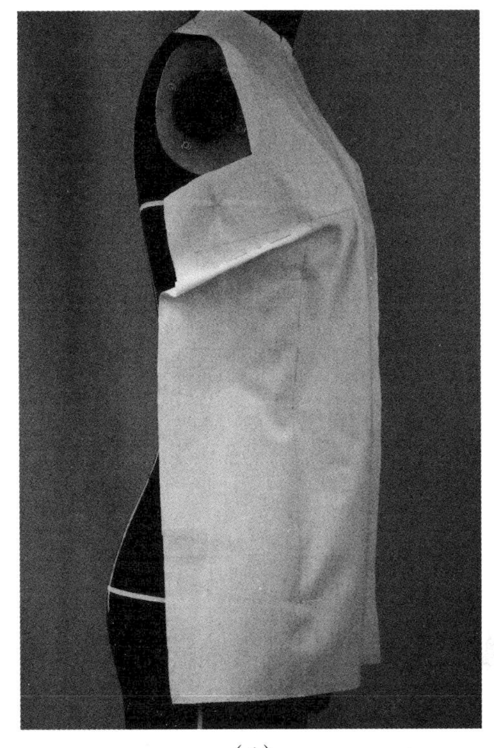

（4）

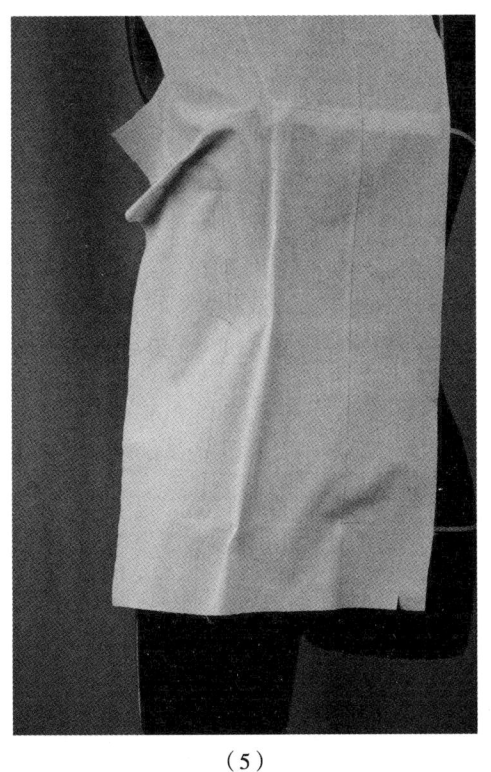

（5）

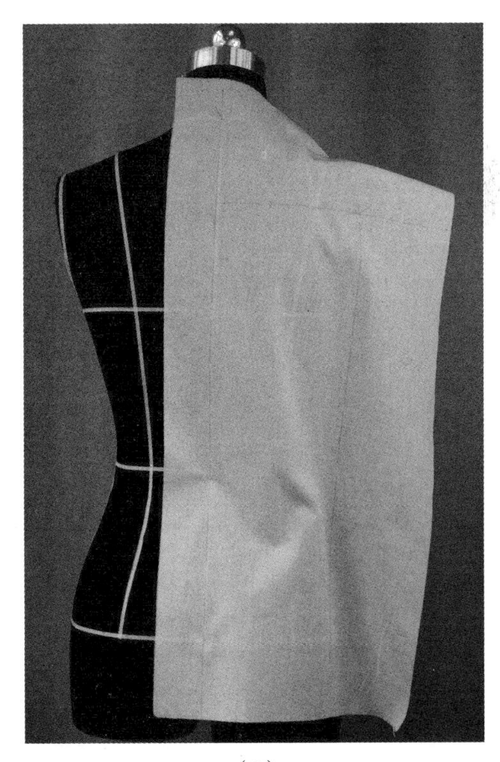

（6）

图 4–3

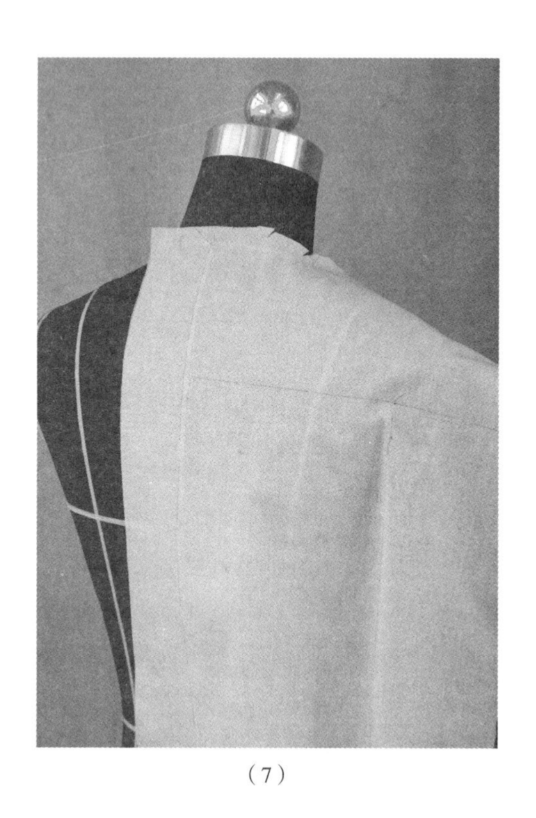

（7）

7. 修剪后领围线上多余的面料，稍留松量。背宽处稍留松量，如图 4–3（7）所示。

8. 将肩胛骨凸出的余量，推到肩部，根据余量多少收肩省或缩缝，如图 4–3（8）所示。

9. 背侧标志线保持自然垂直，并用大头针固定，如图 4–3（9）所示。

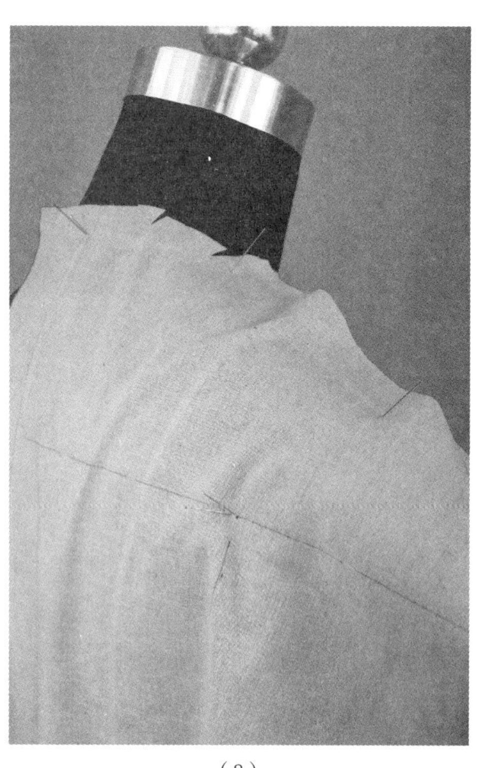

（8）

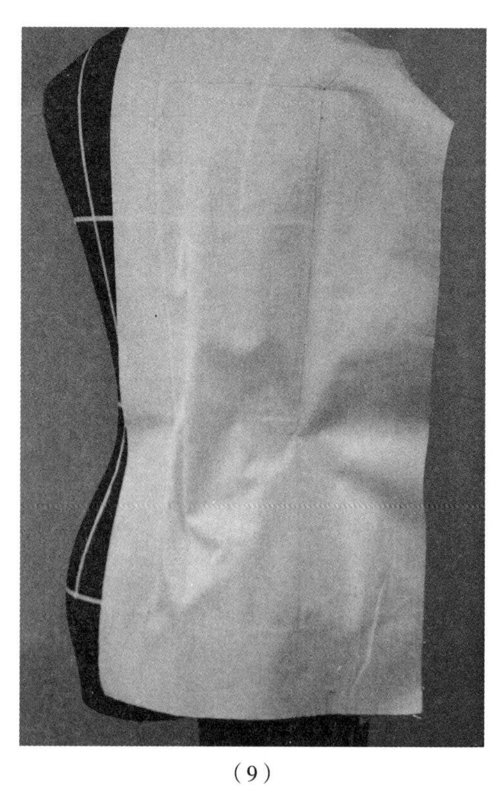

（9）

10. 收腰背省，如图 4–3（10）所示。

11. 前后片在侧缝处各放出胸围、腰围、臀围适量的放松量，抓合侧缝，如图 4–3（11）所示。

12. 后肩缝留出缩缝量，用折叠法合肩缝，如图 4–3（12）所示。

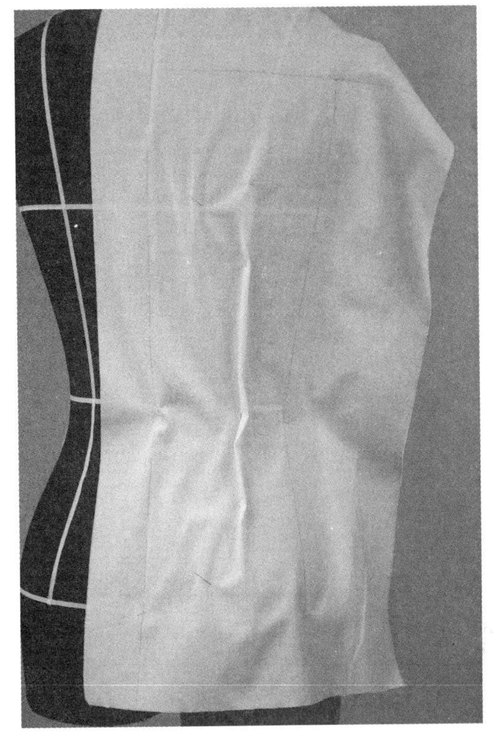

（10）

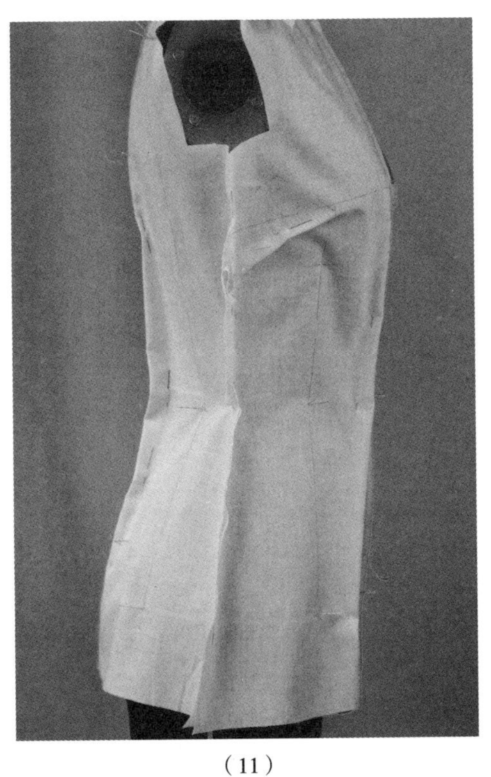

（11）

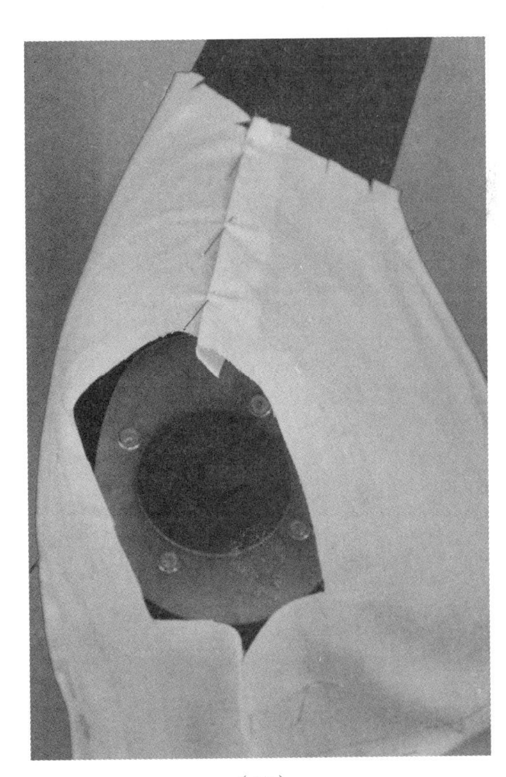

（12）

图 4–3

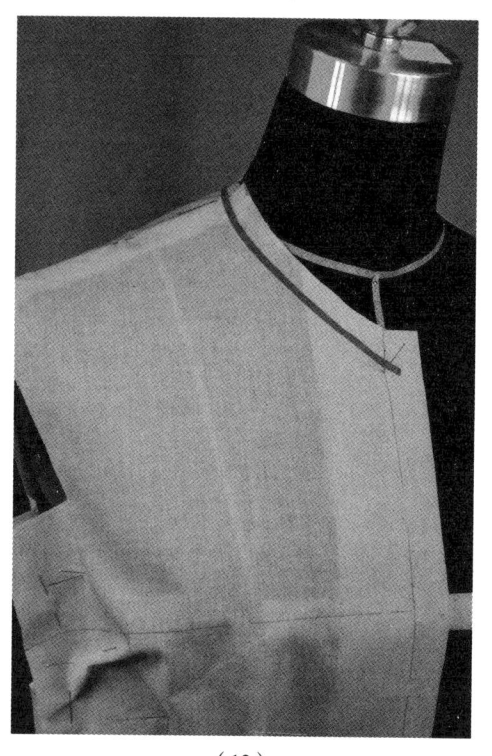

（13）

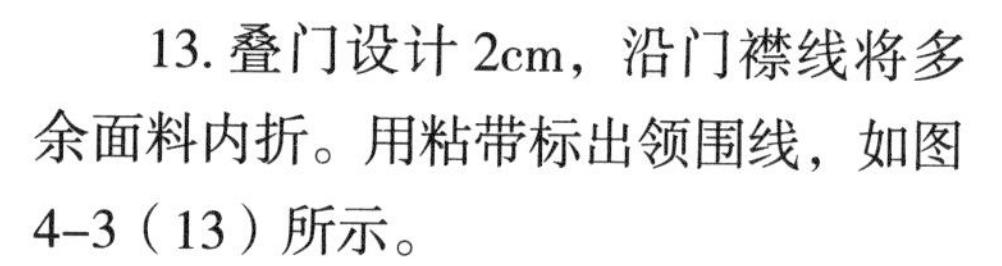

13. 叠门设计 2cm，沿门襟线将多余面料内折。用粘带标出领围线，如图 4–3（13）所示。

14. 取准备的衣领片，水平标志线下留 1cm 的缝份。距中心线 3cm 水平，然后再弧线向下，剪出初步的领下口线。衣领片中心线与后衣片中心线对齐，领下口线对准领口线，距中心线 3cm 处水平地用叠合针法叠合，如图 4–3（14）所示。

15. 在后中心取领座高 3cm 往下折布片，再取领面宽 4.5cm 往上折布片，用大头针在后中固定，如图 4–3（15）所示。

（14）

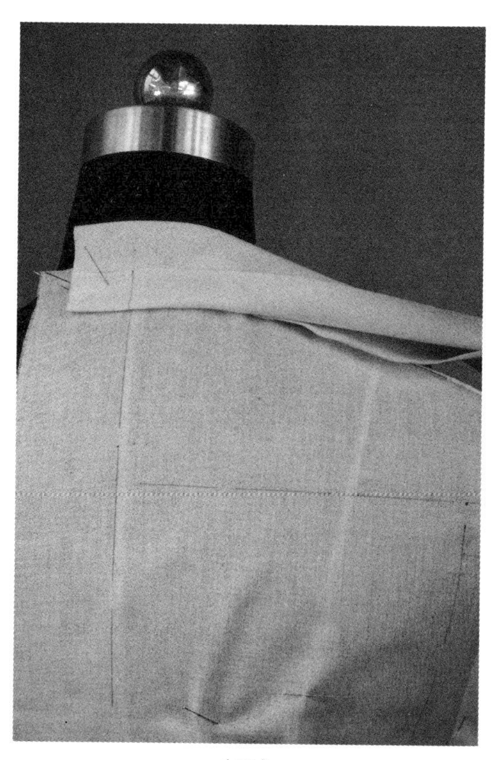

（15）

16. 初步做翻领造型。领子多余的面料折起，使领子外口线紧贴衣身。向前颈点方向，领片逐步往上，使领底线弧线向下，领子翻折线和脖子保持指尖大小松量，如图 4–3（16）所示。

17. 翻起领片，在领底线附近打剪口，进一步调整合适，沿领口线将领片与衣片用大头针固定，确认领底线，如图 4–3（17）所示。

18. 剪去领底线多余的面料，如图 4–3（18）所示。

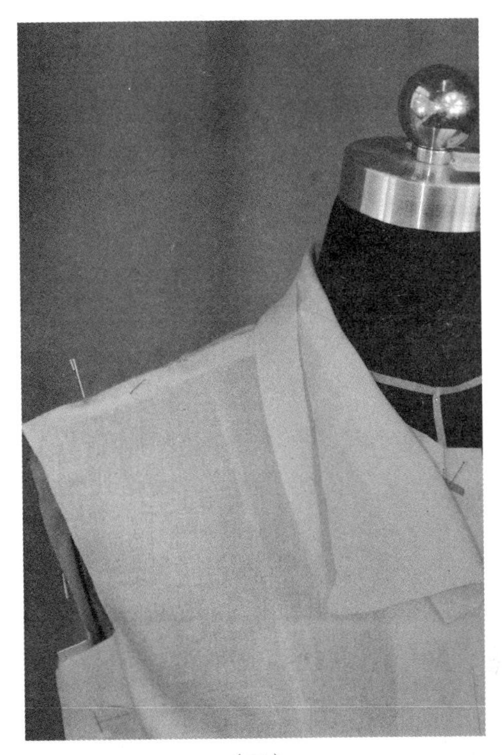

（16）

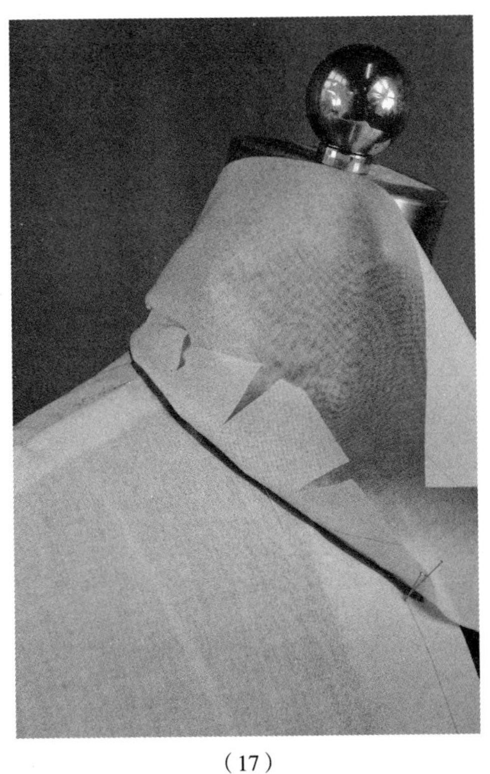

（17）

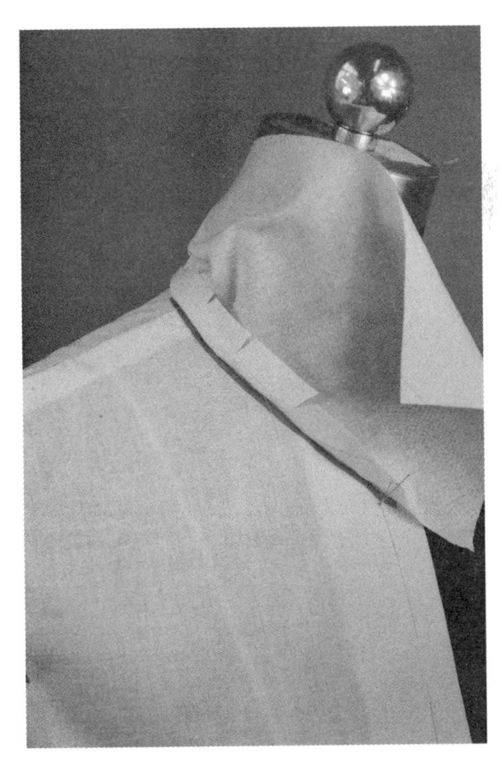

（18）

图 4–3

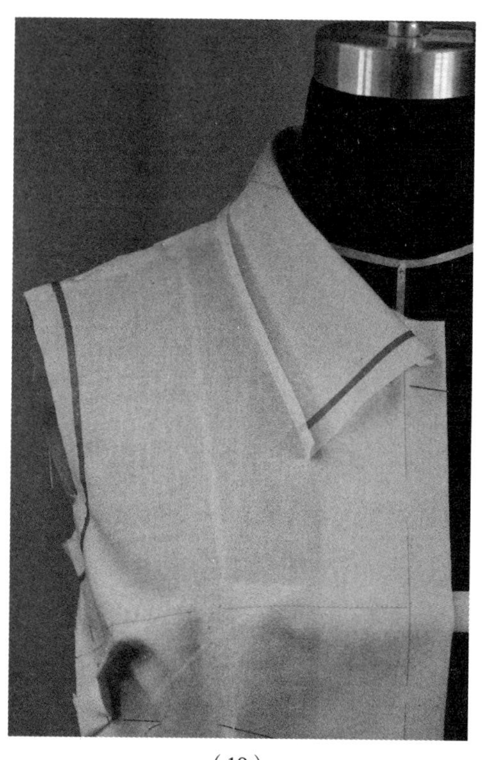
（19）

19. 用粘带贴出领型，修剪领子外口线多余缝份。用粘带贴出袖窿造型，臂根部与袖窿底留 2.5cm 的松量，如图 4–3（19）所示。

20. 用粘带贴出衣摆线，如图 4–3（20）所示。

21. 点位，记录衣片的结构，如图 4–3（21）所示。

22. 假缝衣身，检查结构线、放松量，调整至合适状态。量取领口尺寸，核对、调整领底尺寸。衬衫前面的假缝效果如图 4–3（22）所示，后身的效果如图 4–3（23）所示。

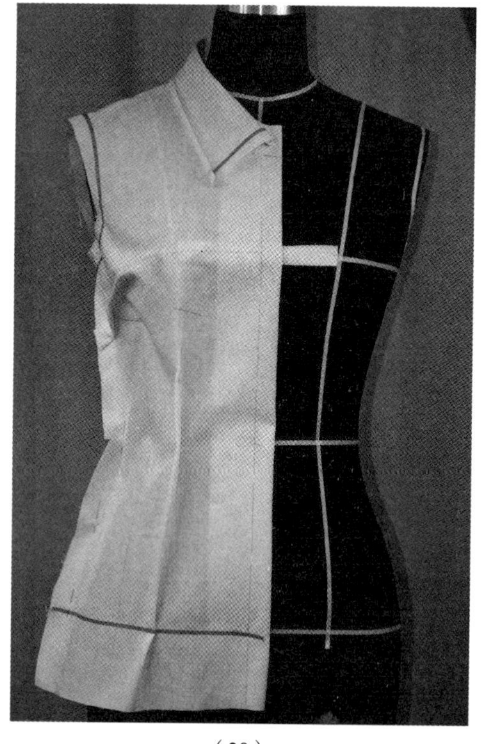
（20）

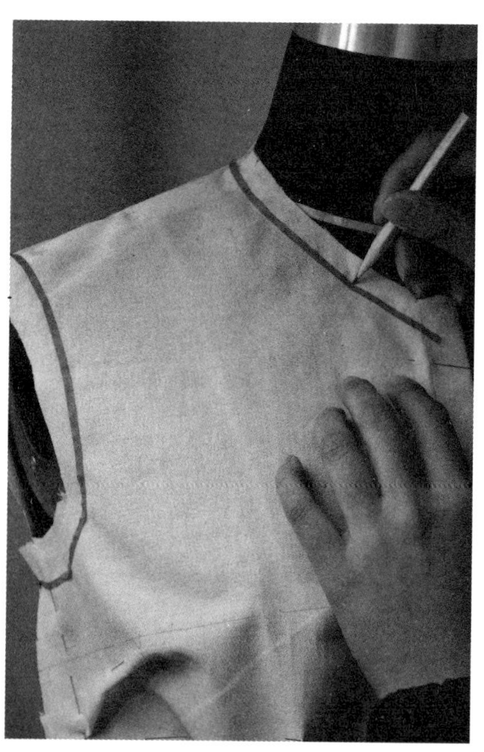
（21）

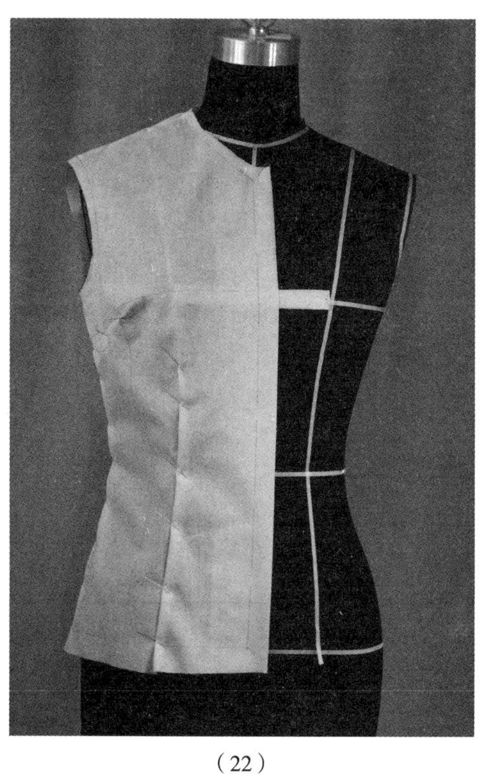

（22）

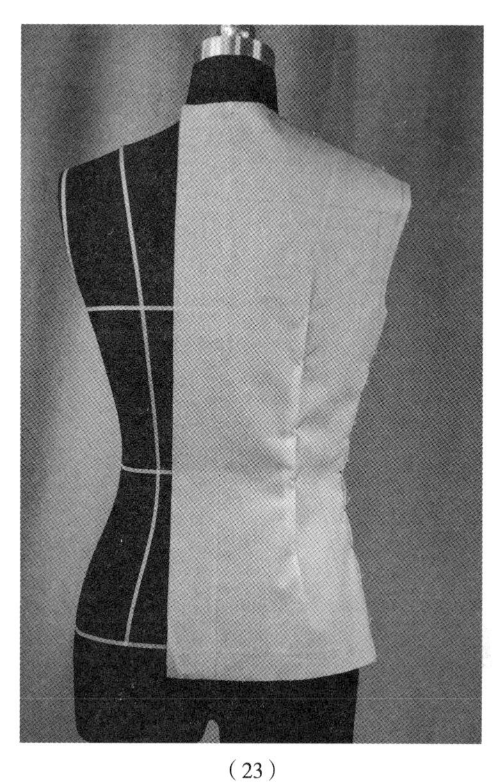

（23）

23. 量取袖窿尺寸，用平面结构制图方法配袖，袖山弧线设计 2~2.5cm 左右的缩缝量，如图 4–3（24）所示。

24. 取得衬衫裁片，如图 4–3（25）所示。

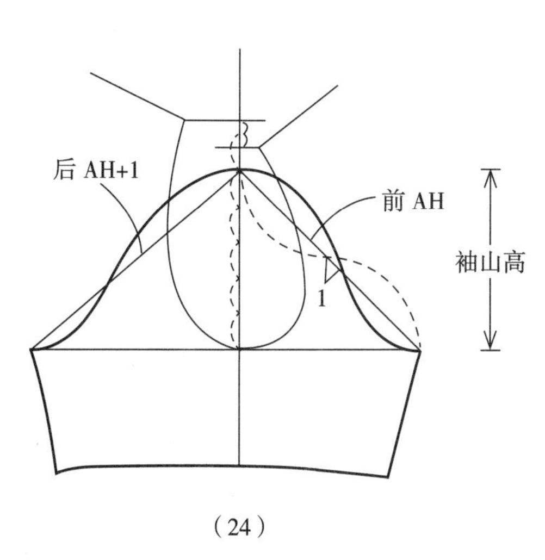

（24）

（25）

图 4–3

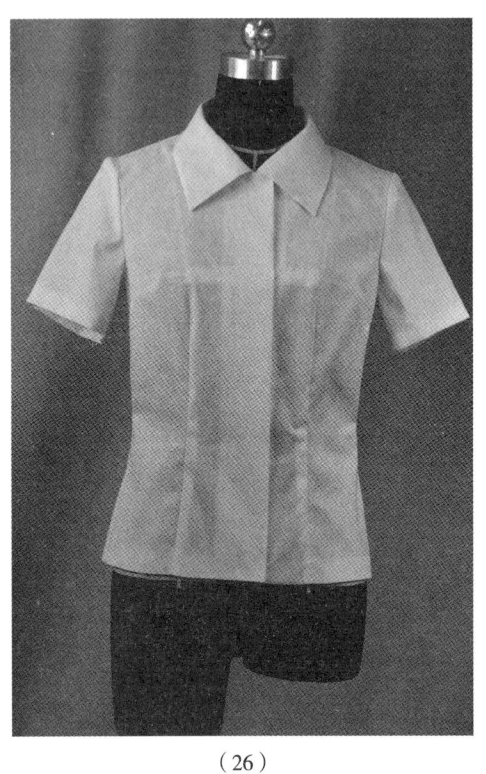

（26）

25. 试样效果。短袖衬衫正面效果如图 4-3（26）所示，短袖衬衫侧面效果如图 4-3（27）所示，短袖衬衫背面效果如图 4-3（28）所示。

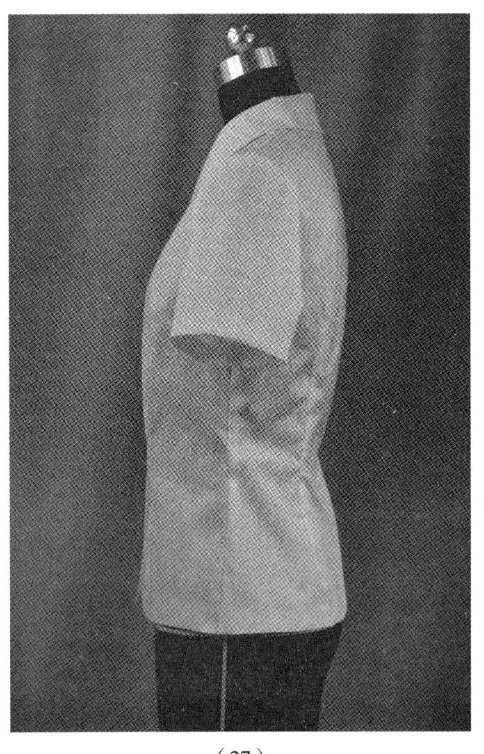

（27）

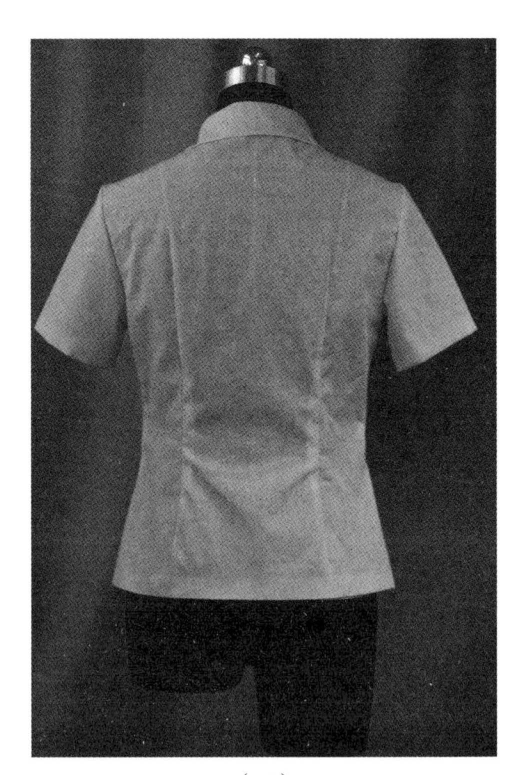

（28）

图 4-3　短袖衬衫的操作步骤

（五）短袖衬衫操作技术要点

1. 衣片放置横平竖直，胸围线水平，衣身丝绺竖直。

2. 放松量适当，胸围、腰围一般各放 8cm 左右。

3. 把胸凸余量推到胸围线下收腋下省。

4. 胸宽处的标志线保持垂直，再确定胸腰省和侧缝吸腰量的大小，使衣身丝绺保持顺直。

5. 领口线和袖窿线圆顺，领底尺寸和领口尺寸一致，袖山弧线含 2~2.5cm 的缩缝量。

6. 各对位记号标注完整。

（六）CAD 读样

用 CAD 读图仪读入纸样，如图 4–4 所示。按生产要求制作系列生产样板。

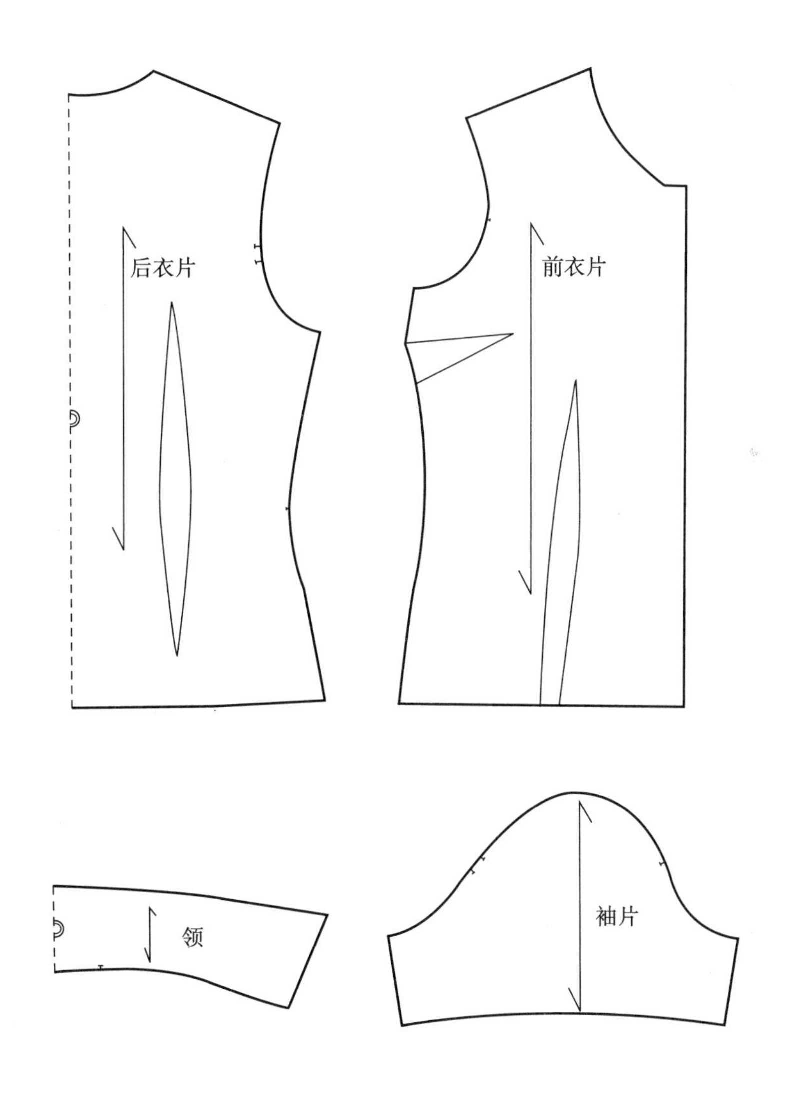

图 4–4　短袖衬衫的纸样

二、交叠抽褶衬衫

（一）款式图（图 4-5）

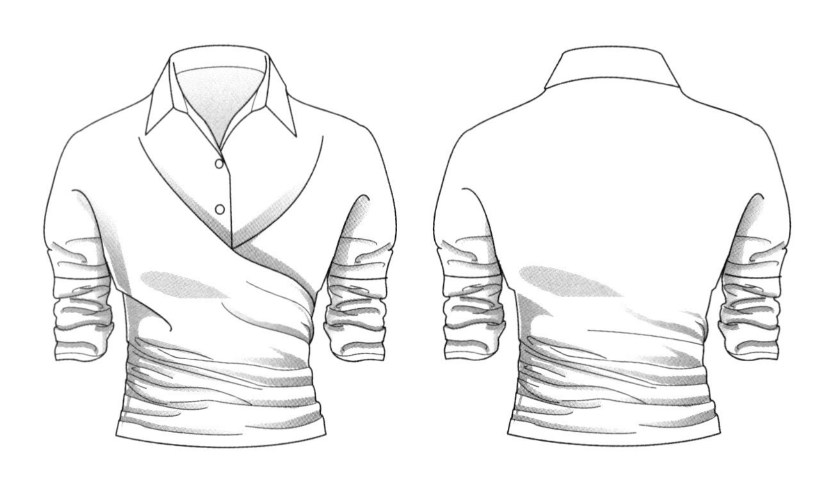

图 4-5　交叠抽褶衬衫效果图

（二）款式分析

前身左右片交叠,衬衫领（立翻领）,左右大斜褶交叠盖住门襟,腰部抽褶,连袖,肘部接袖,袖肘线到袖口部分抽褶。上身合体，腰部紧身。推荐选择高支棉、半透明涤纶纱等面料。

（三）坯布准备

将坯布熨烫平整、归正，参考图 4-6 的尺寸取料，并按虚线在坯布上标出标志线。

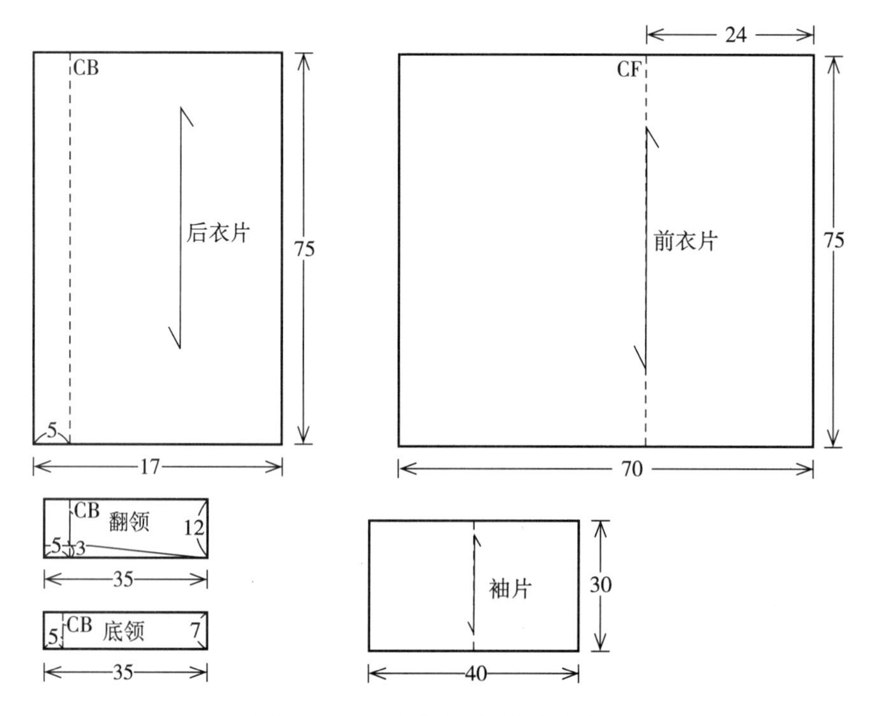

图 4-6　交叠抽褶衬衫的坯布准备

（四）操作步骤（图 4–7）

1. 衬衫前片立裁操作。将前衣片的前中心线对准人台前中心线，如图 4–7（1）所示。

2. 靠近领围线打剪口，领围稍有松量，剪去多余的面料。用粘带贴出叠门宽和门襟长，预留 5cm 折边宽，剪去多余面料，如图 4–7（2）所示。

3. 门襟处内折边，如图 4–7（3）所示。

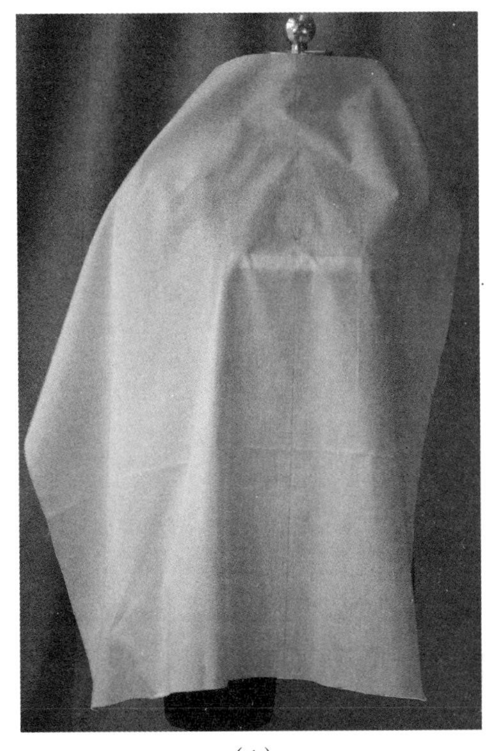

（1）

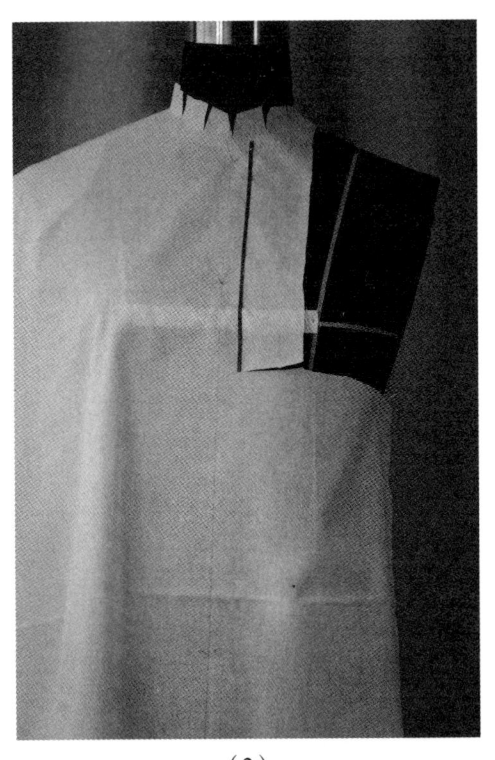

（2）

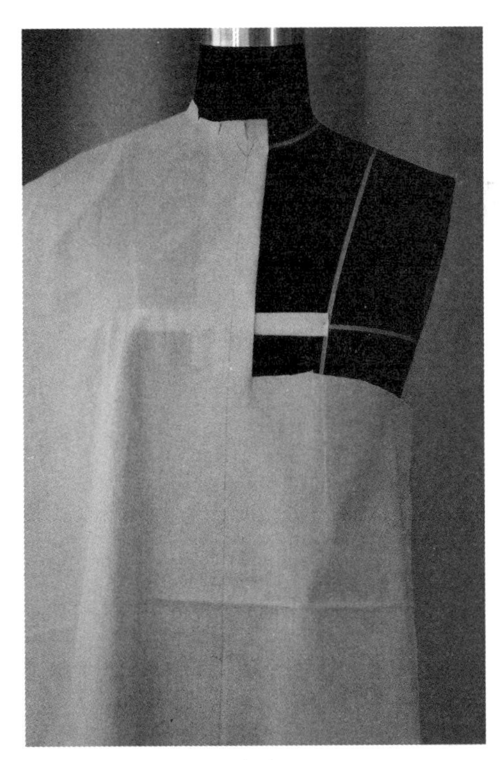

（3）

图 4–7

4. 抬起手臂，呈 45°。用粘带贴出肩线和袖中线，如图 4–7（4）所示。

5. 剪去袖中线多余的面料，如图 4–7（5）所示。

6. 衬衫后片立裁操作。将后片中心线和人台中心线对准，剪去领口线上多余面料，如图 4–7（6）所示。

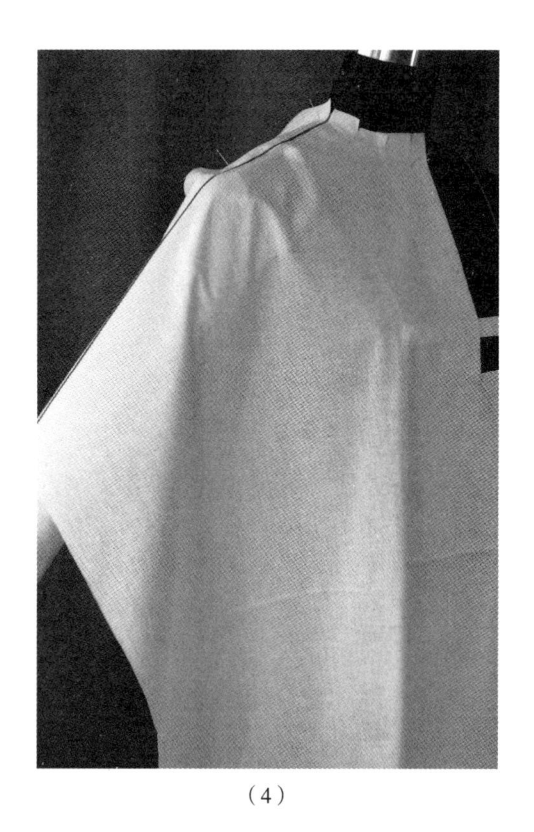

（4）

（5）

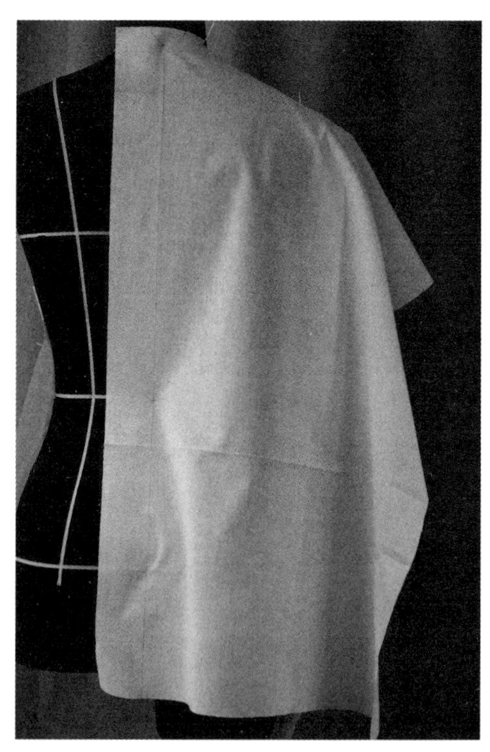

（6）

7. 抬起手臂呈 45°，沿肩线和袖中线，抓合前后片，如图 4–7（7）所示。

8. 考虑适当的袖肥，抓合袖底线。用粘带标出袖中分割线，分割线要圆顺，和袖中线、袖底线的夹角均呈 90°，如图 4–7（8）所示。

9. 从右肩端往左侧面作斜褶，盖住门襟下端，门襟处褶宽 5cm，褶尖在右肩端消失，如图 4–7（9）所示。

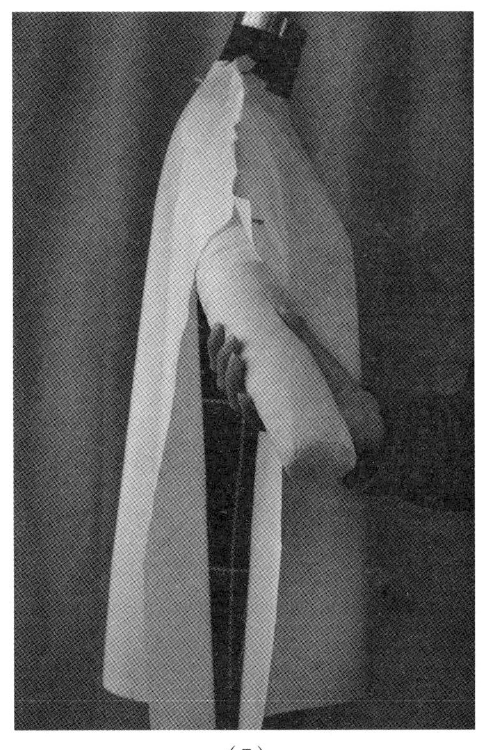
（7）

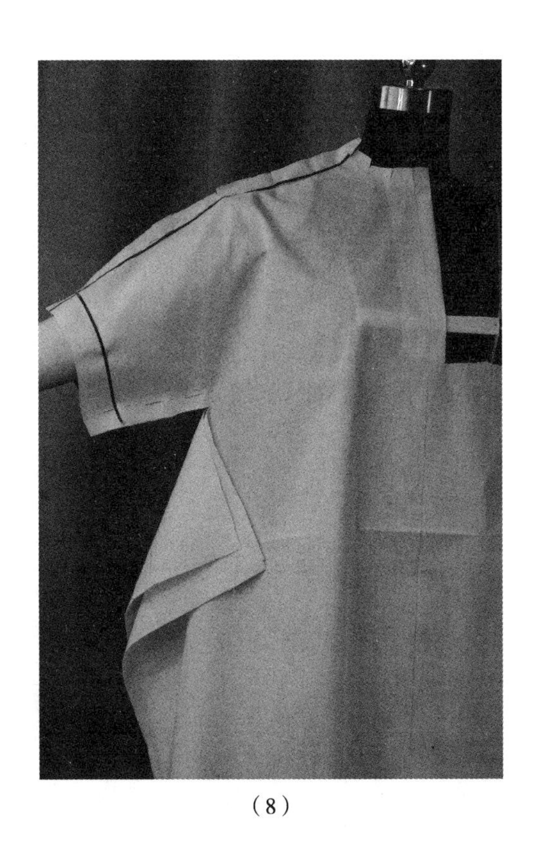
（8）

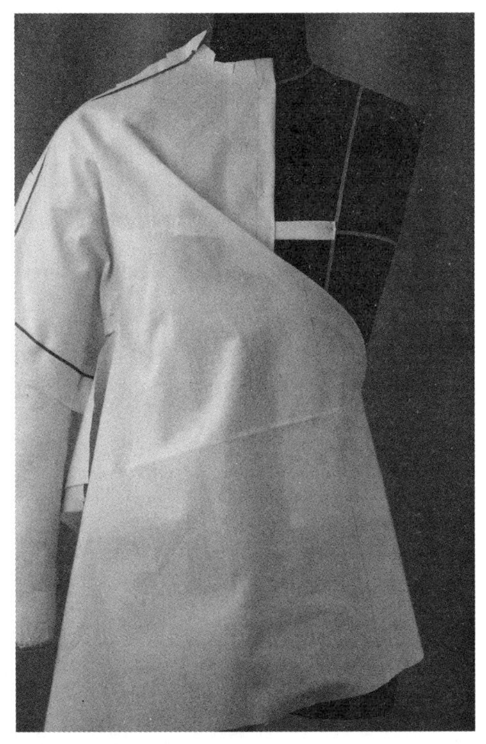
（9）

图 4–7

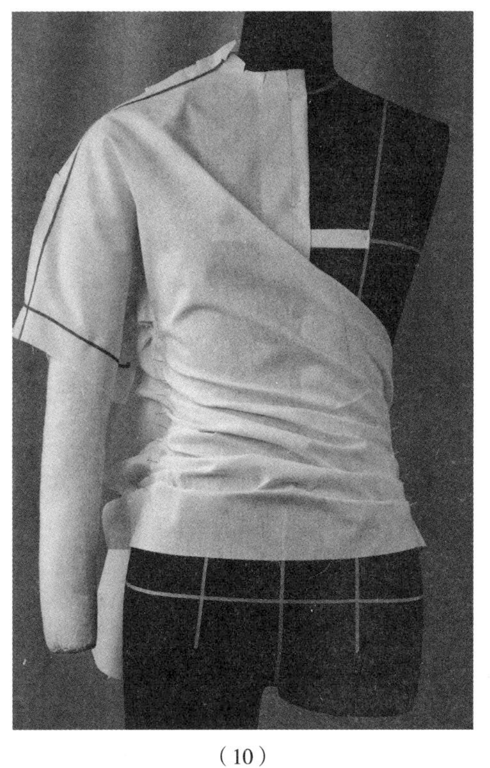

（10）

（11）

10. 腰部抽褶，如图 4–7（10）所示。

11. 修剪侧缝多余面料，如图 4–7（11）所示。

12. 沿袖中分割线，用叠合针法接前袖片，如图 4–7（12）所示。

13. 前端袖片抽褶，调整袖子的宽松程度，如图 4–7（13）所示。

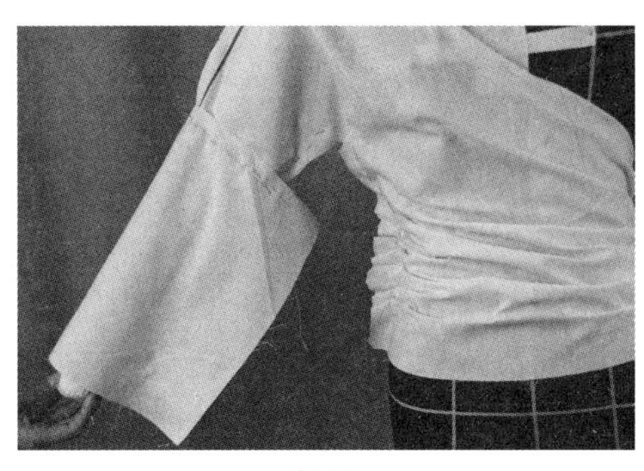

（12）

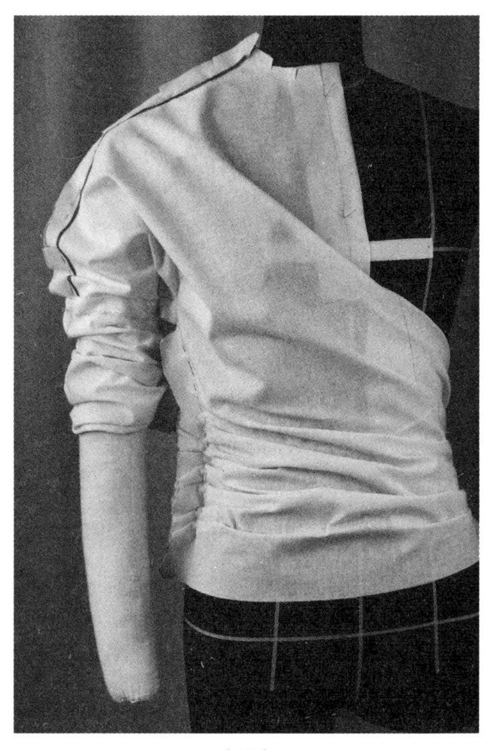

（13）

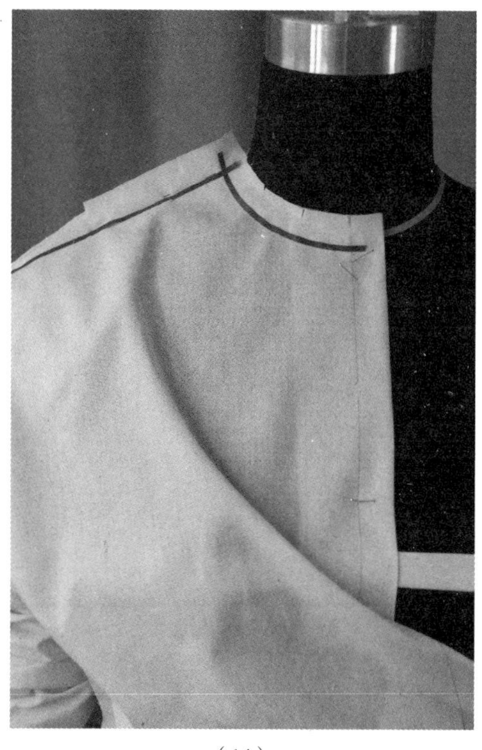
（14）

14. 用粘带标出领口线，如图 4–7（14）所示。

15. 后衣片中心线与底领中心线对齐，领下口线水平与领口水平叠合 3cm，如图 4–7（15）所示。

16. 底领布片沿领口线往前转，布片上口往头颈靠，领下口线缝份上打剪口，沿领口线，用大头针初步别出领下

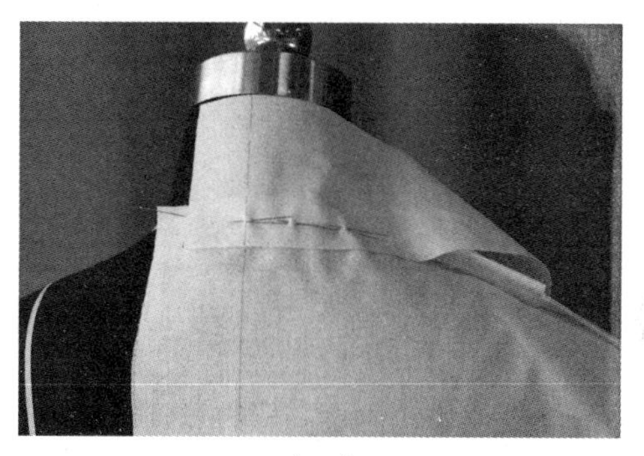
（15）

口线，如图 4–7（16）所示。

17. 确定底领后中与前端的高度，底领上口线留一指松量，用粘带标出底领造型，如图 4–7（17）所示。

18. 做翻领造型。翻领中心线与底领中心线对齐，翻领的装领线与底领上口线水平叠合 5cm，如图 4–7（18）所示。

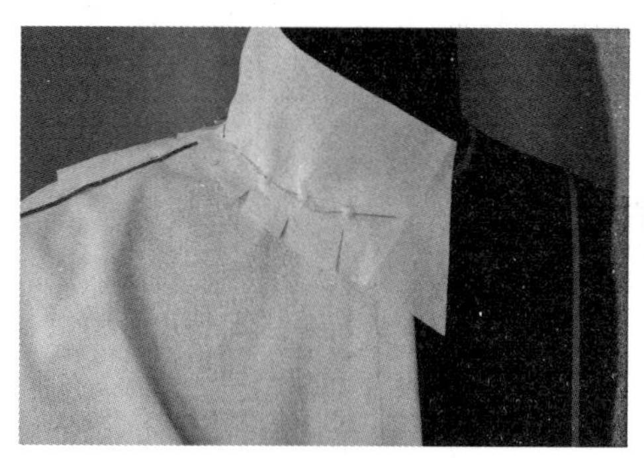
（16）

（17）

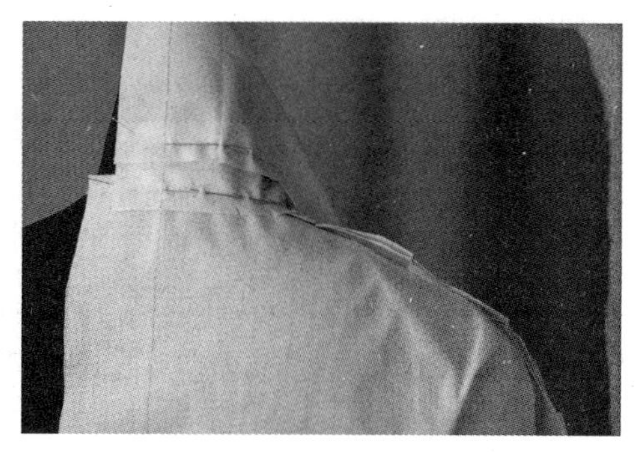
（18）

图 4–7

19. 确定翻领的宽度，翻领的缝份往上折起，如图 4–7（19）所示。

20. 调适翻领，将翻领布片转至前面，用叠合针法固定翻领的装领线与领底上口线，如图 4–7（20）所示。

21. 用粘带贴出翻领造型，修剪领子外口线多余缝份量，如图 4–7（21）所示。

22. 点位，记录衣片的结构，取得裁片，如图 4–7（22）所示。

（19）

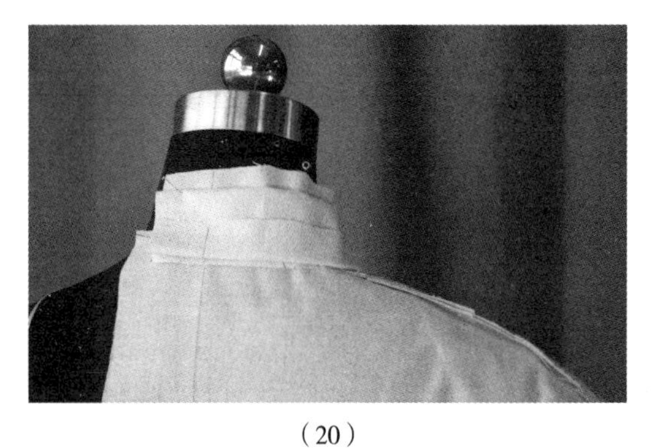

（20）

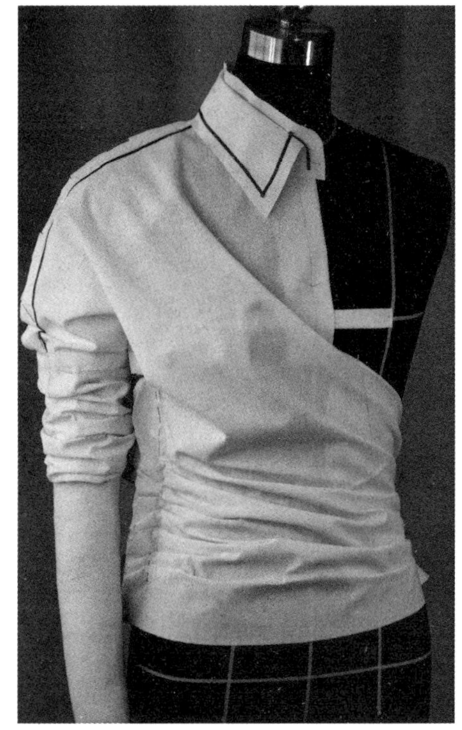

（21）

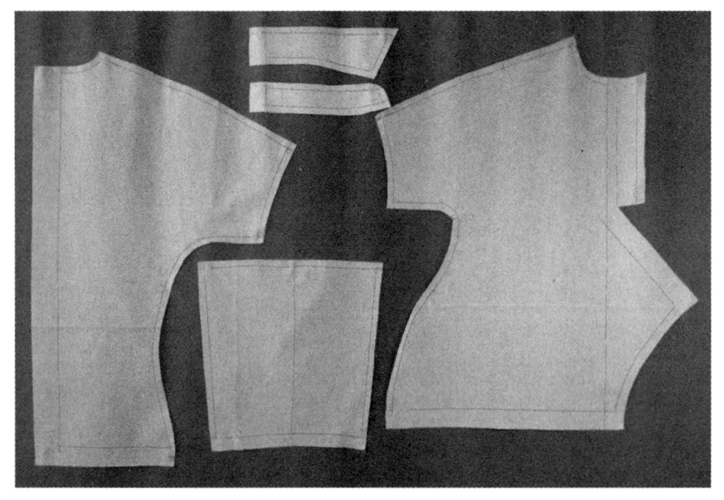

（22）

23. 试样效果。交叠抽褶衬衫正面效果如图 4–7（23）所示，交叠抽褶衬衫侧面效果如图 4–7（24）所示，交叠抽褶衬衫背面效果如图 4–7（25）所示。

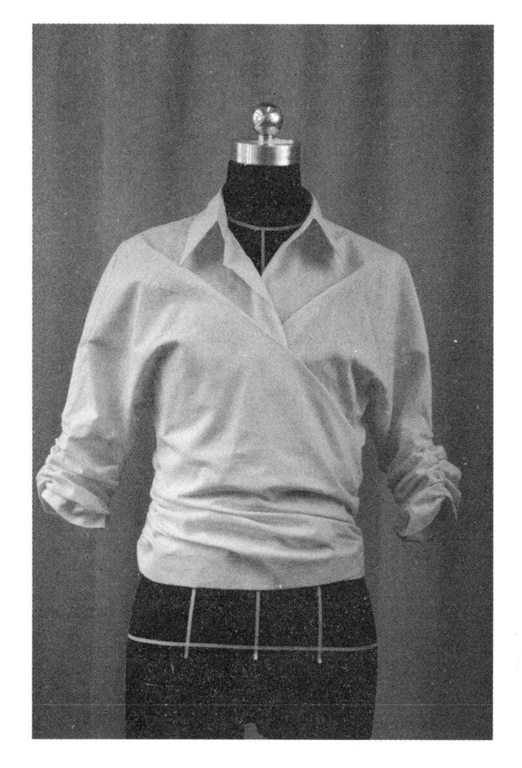

（23）

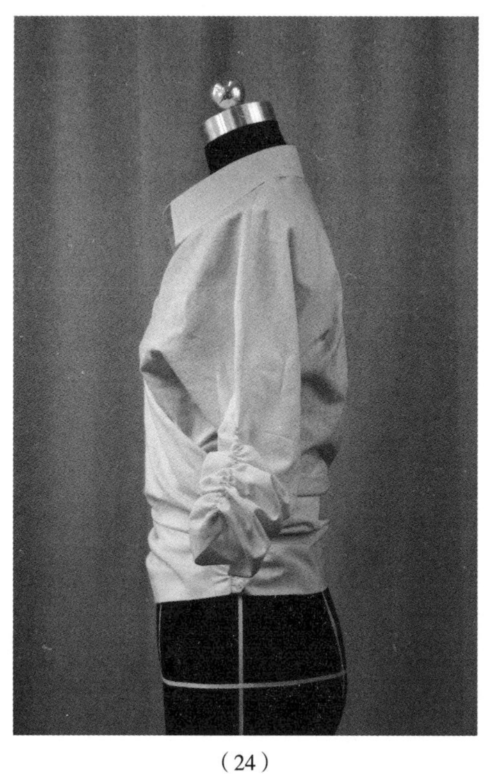

（24）

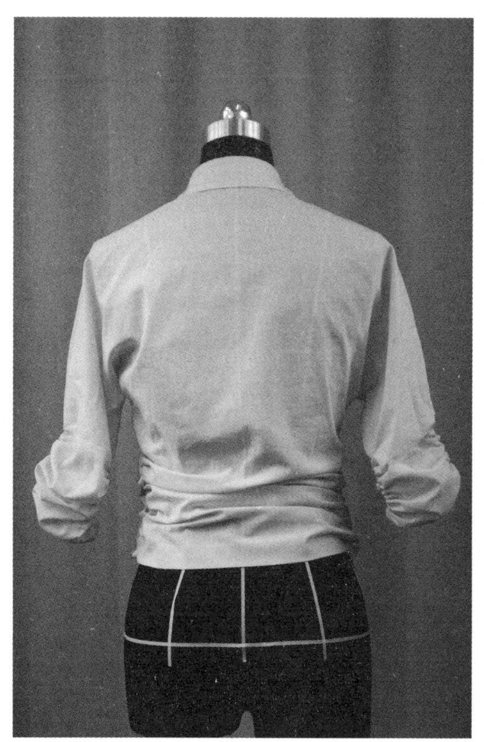

（25）

图 4–7　交叠抽褶衬衫的操作步骤

（五）交叠抽褶衬衫操作技术要点

1. 前门襟长度适当，设计在斜褶位置下 3cm。

2. 斜褶的褶尖从右肩端起，到左侧做褶，前中心的褶宽为 3cm × 2 左右，盖住前门襟。

3. 做连身袖，手臂略往前呈 45°，符合人体手臂前倾的姿态，袖中线在手臂中间，袖底和侧缝连接圆顺。

4. 胸围设计有 10cm 以上放松量，腰部抽褶，腰围略有松量，下摆紧贴胯部。

（六）CAD 读样

用 CAD 读图仪读入纸样，如图 4–8 所示。按生产要求制作系列生产样板。

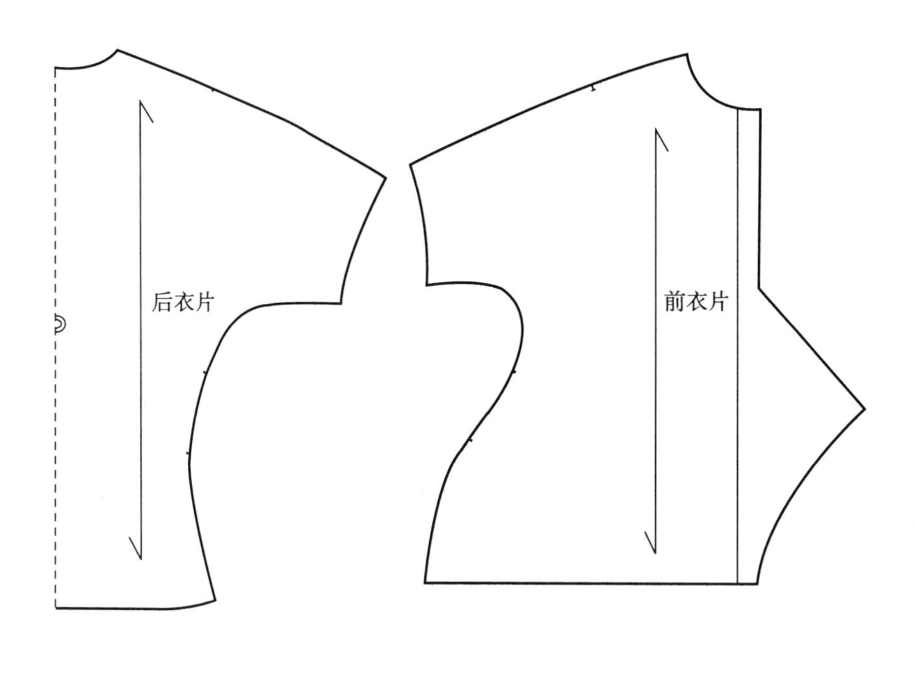

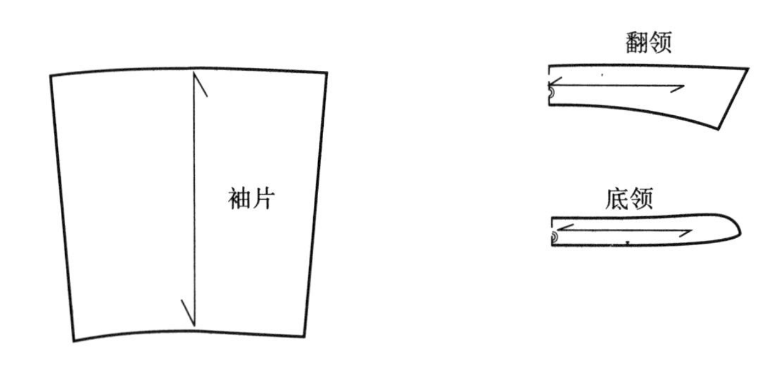

图 4–8　交叠抽褶衬衫的纸样

三、纠结小衫

（一）款式图（图 4-9）

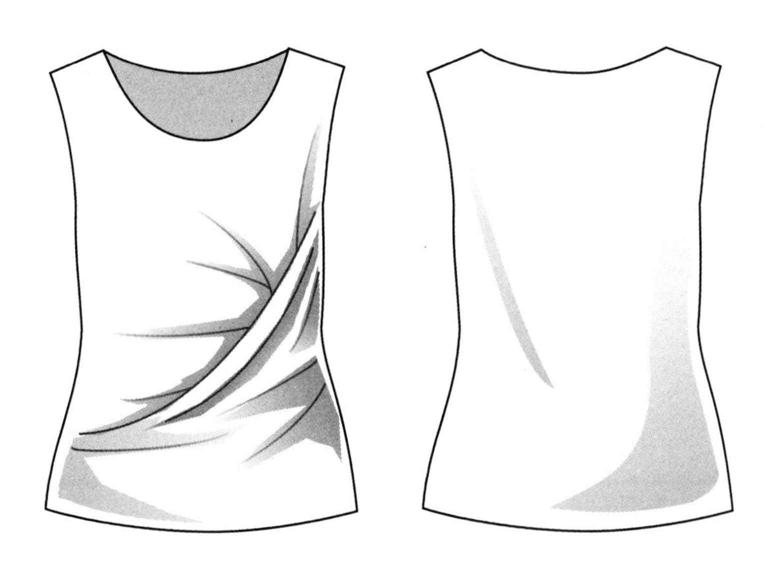

图 4-9 纠结小衫效果图

（二）款式分析

圆领，无袖，右侧缝平服，左侧缝下面褶裥交叠上面褶裥。修身状态，胸围放松量 6cm 左右，腰部不收省，侧缝收腰。推荐选用紧密型的弹力针织面料。

（三）坯布准备

将坯布熨烫平整、归正，参考图 4-10 的尺寸取料，并按虚线在坯布上标出标志线。

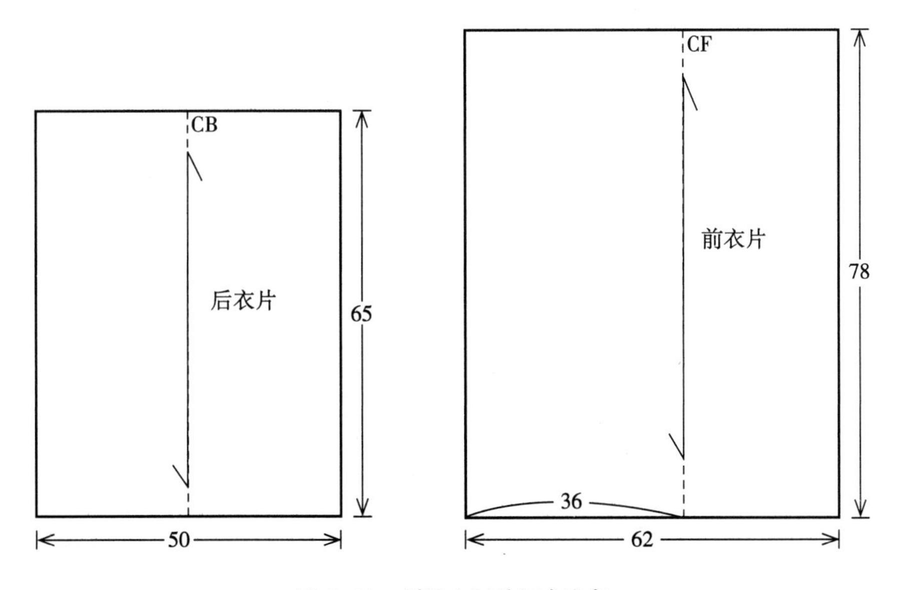

图 4-10 纠结小衫的坯布准备

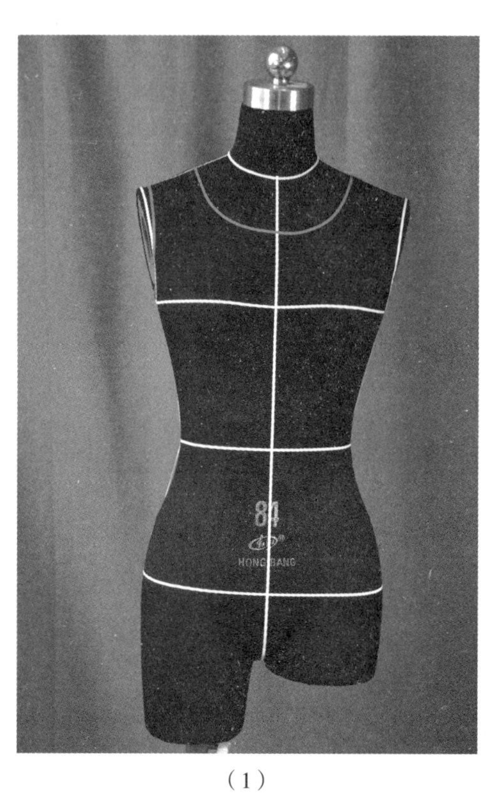

（1）

（四）操作步骤（图 4–11）

1. 在人台上标出领口、袖窿的标志线，如图 4–11（1）所示。

2. 小衫前片立裁操作。将布料的前垂直标志线对准人台的前中心线，右边面料稍宽些。垂直标志线从上面剪开至领围上方，如图 4–11（2）所示。

3. 靠近领围线的面料捋平，初步剪出领口线造型，颈侧点处用大头针固定面料，如图 4–11（3）所示。

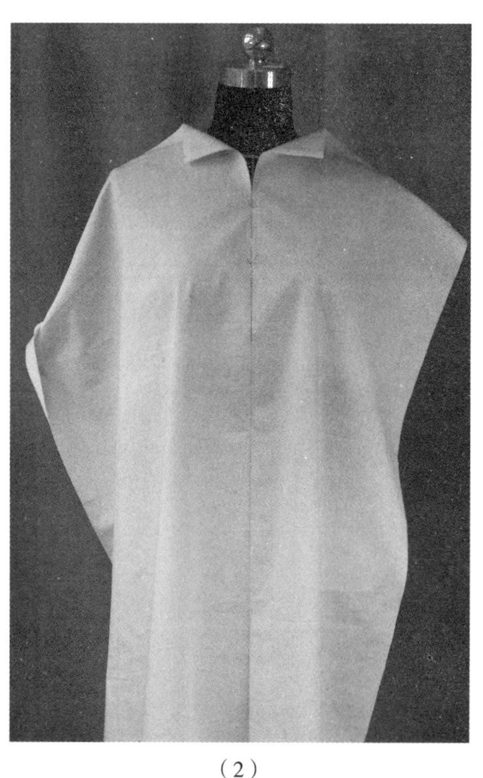

（2）

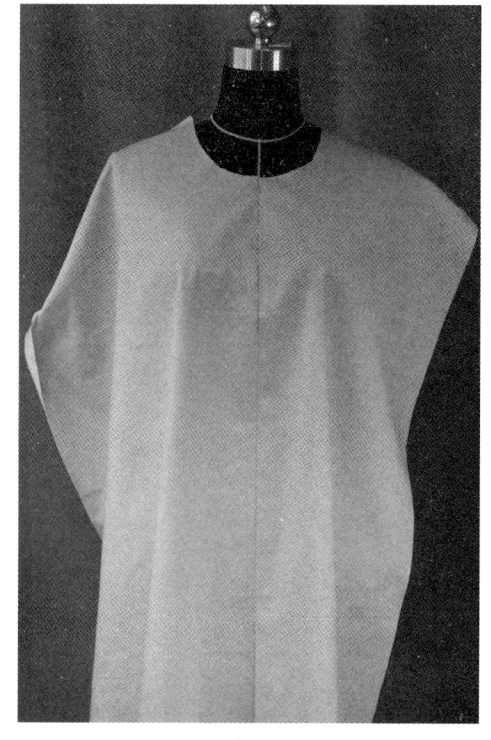

（3）

4. 向肩端点方向捋平面料，在肩端点用大头针固定，剪去肩部多余面料。前胸宽推出适当放松量，初步剪出袖窿形状，腋下点用大头针固定。无袖袖窿深在臂根下 1~1.5cm，比绱袖子的普通衬衫袖窿抬高 1cm 左右，如图 4–11（4）所示。

5. 在左侧做斜褶。注意斜褶的方向和形状，褶的方向向下，褶尖在前胸逐渐消失，如图 4–11（5）所示。

6. 面料往左边送，在左侧依次做 4~5 个方向朝下的斜褶，如图 4–11（6）所示。

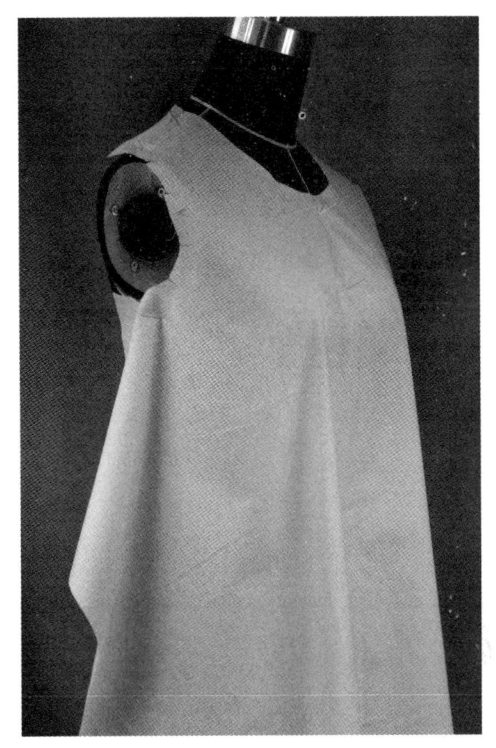

（4）

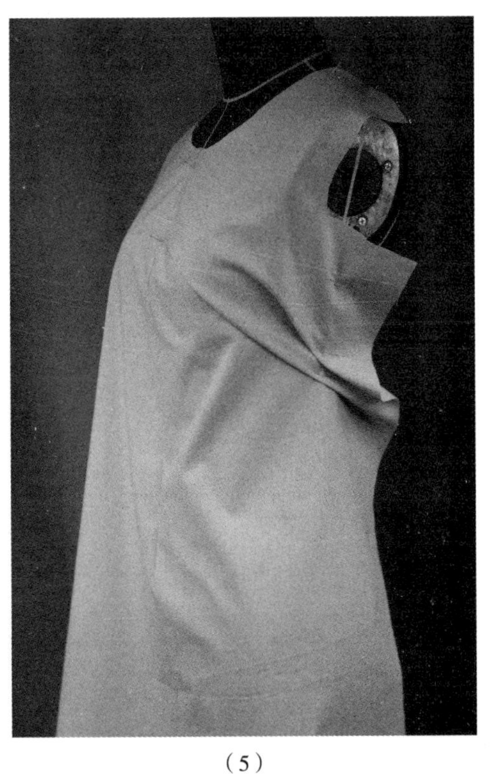

（5）

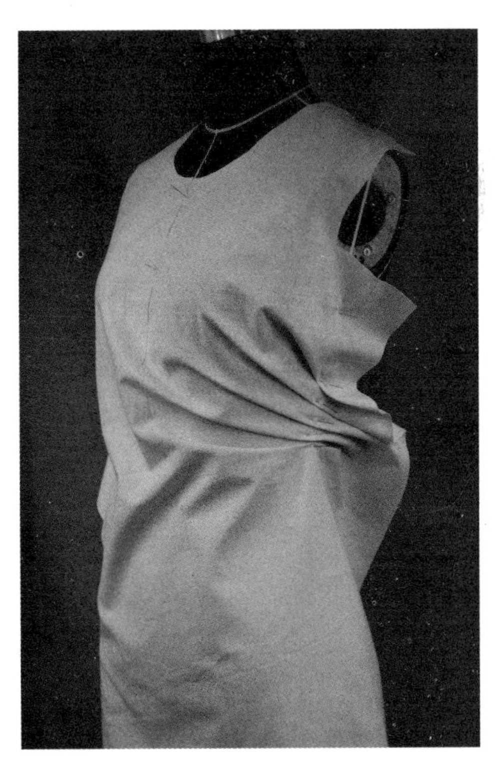

（6）

图 4–11

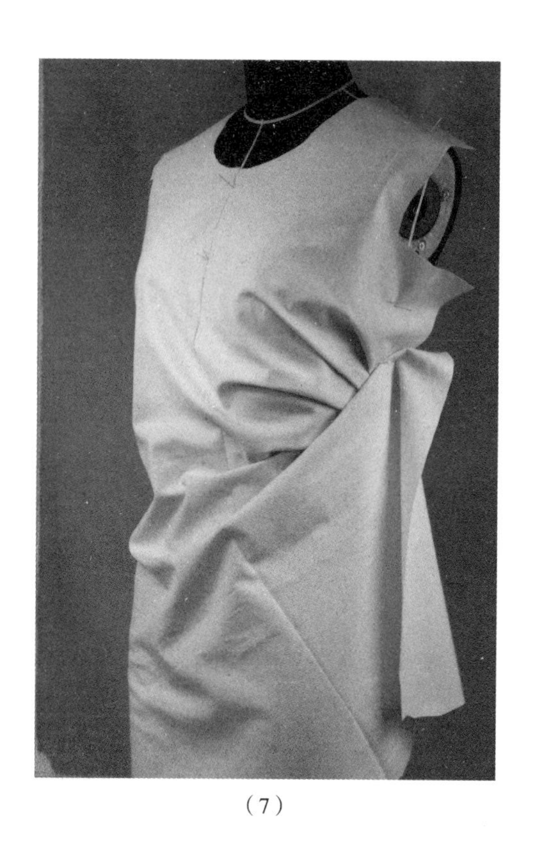

（7）

7. 在左侧做一个褶裥方向朝上的大斜褶，在侧缝处叠在前几个褶上，如图4–11（7）所示。

8. 将右侧面料捋平服，在腰围、臀围推出适当松量，靠近侧缝用大头针固定面料，剪去右侧多余的面料，如图4–11（8）所示。

9. 在左侧朝上的大斜褶下，继续做2个方向朝上的小斜褶，如图4–11（9）所示。

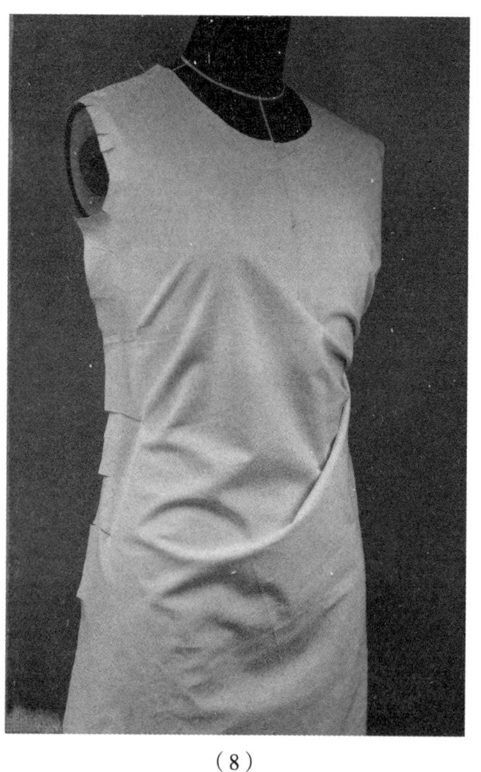

（8）

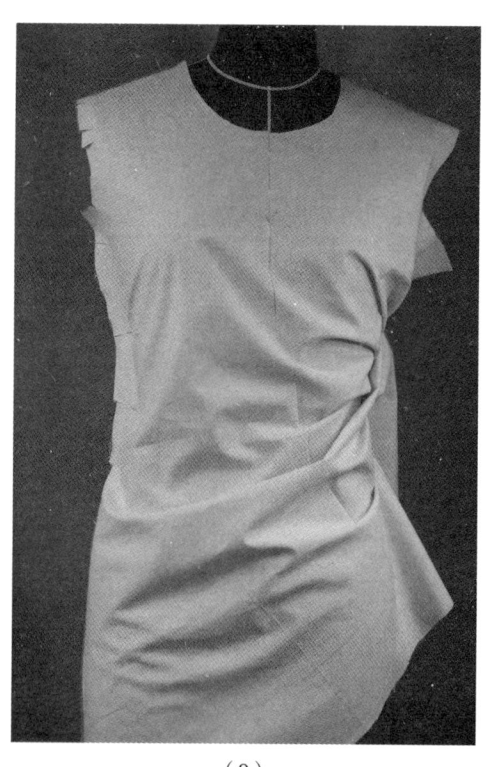

（9）

10. 用粘带标出小衫下摆线，如图 4–11（10）所示。

11. 剪去小衫下摆和左侧多余的面料，如图 4–11（11）所示。

12. 小衫后片立裁操作。将后片中心线和人台中心线对准，如图 4–11（12）所示。

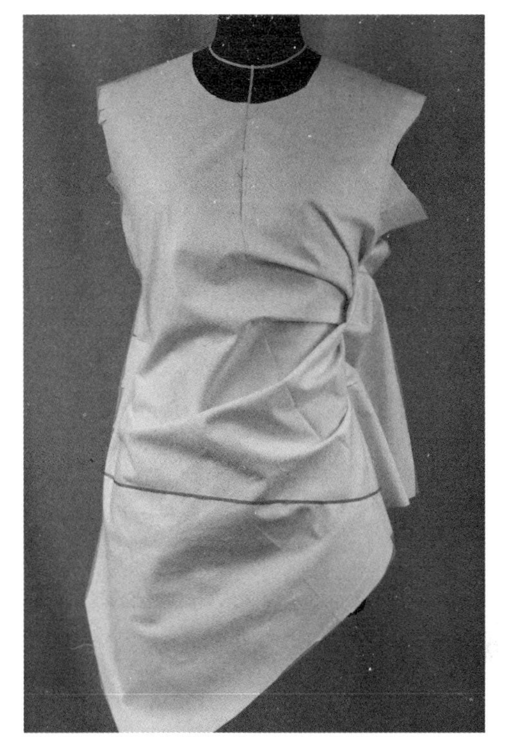
（10）

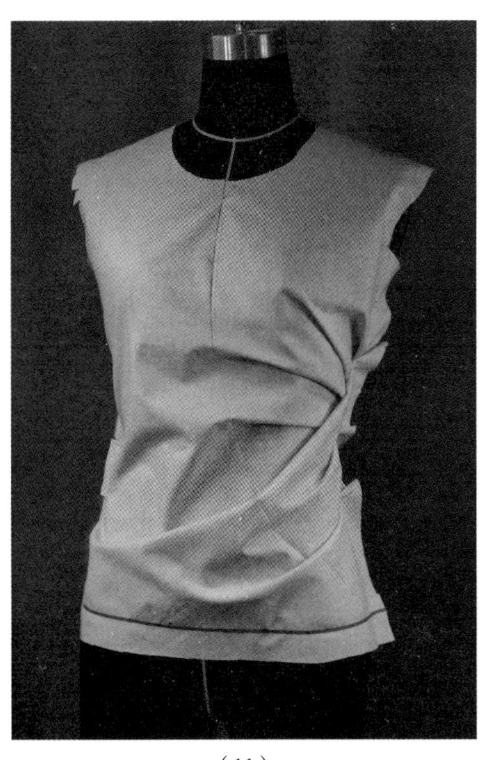
（11）

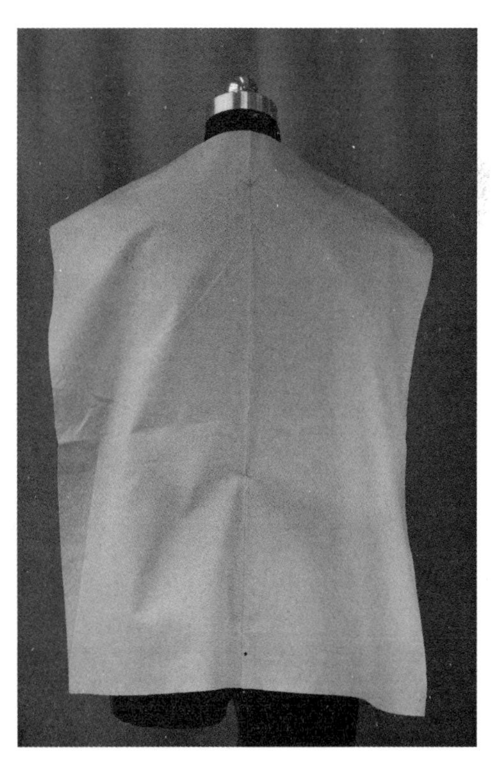
（12）

图 4–11

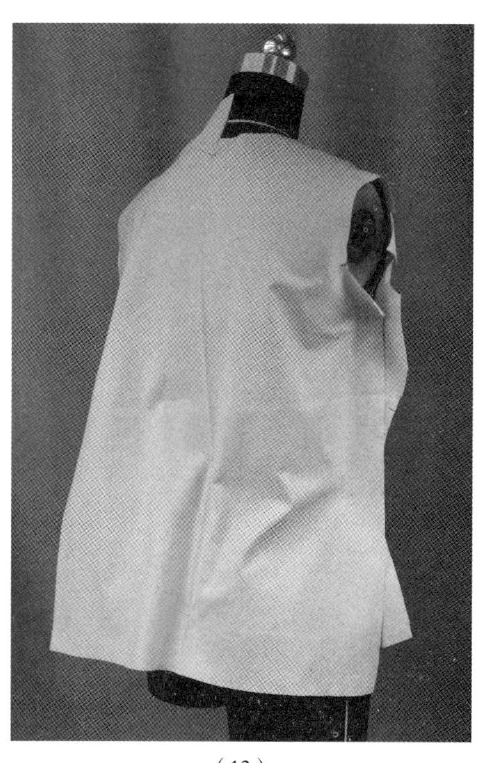

（13）

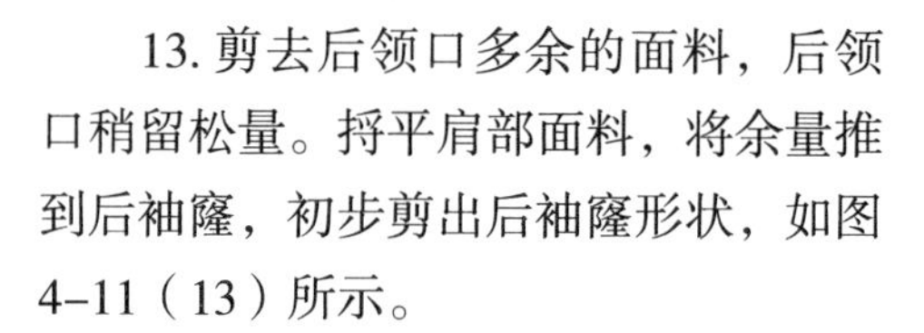

13. 剪去后领口多余的面料，后领口稍留松量。捋平肩部面料，将余量推到后袖窿，初步剪出后袖窿形状，如图 4-11（13）所示。

14. 抓合肩缝、侧缝。前后片在胸侧缝各放出 1cm 左右放松量，在腰围、臀围侧缝放出适量松量。由于不收腰背省，侧缝收腰量要稍大些，如图 4-11（14）所示。

15. 点位，记录衣片结构，留取缝份，取得裁片，如图 4-11（15）所示。

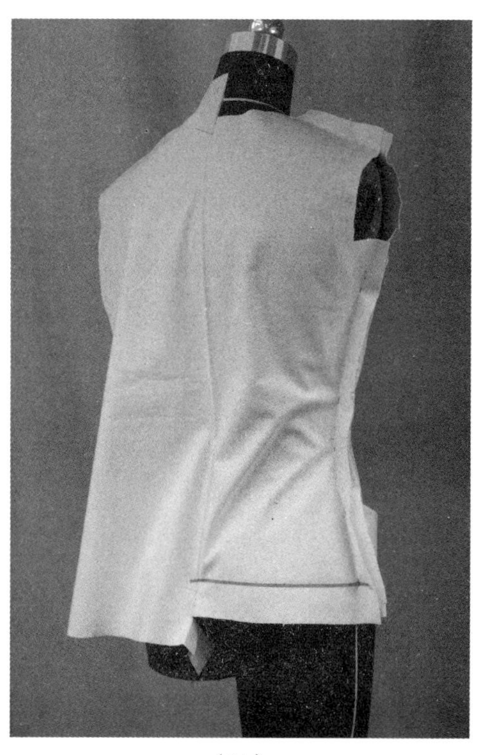

（14）

（15）

16. 试样效果。纠结小衫正面效果如图 4–11（16）所示，纠结小衫侧面效果如图 4–11（17）所示，纠结小衫背面效果如图 4–11（18）所示。

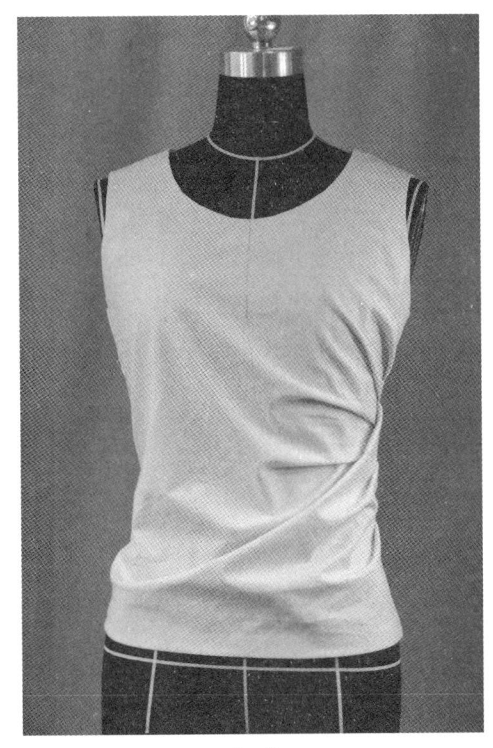

（16）

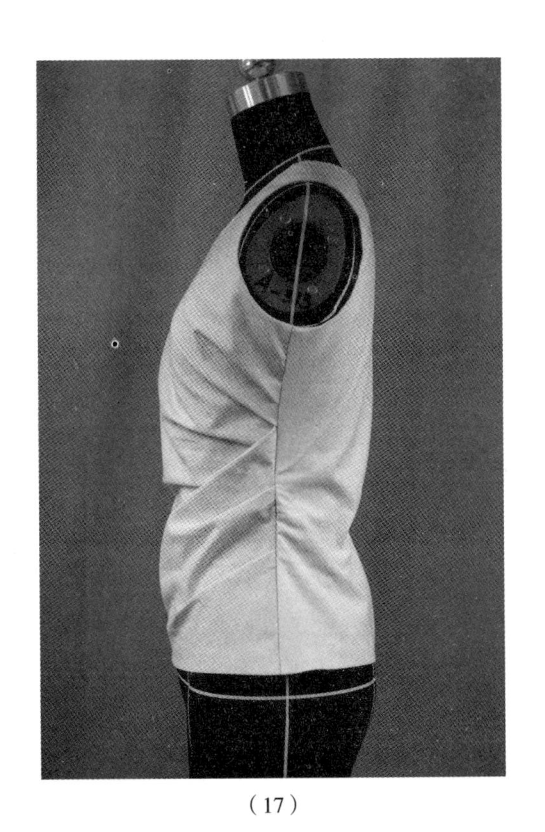

（17）

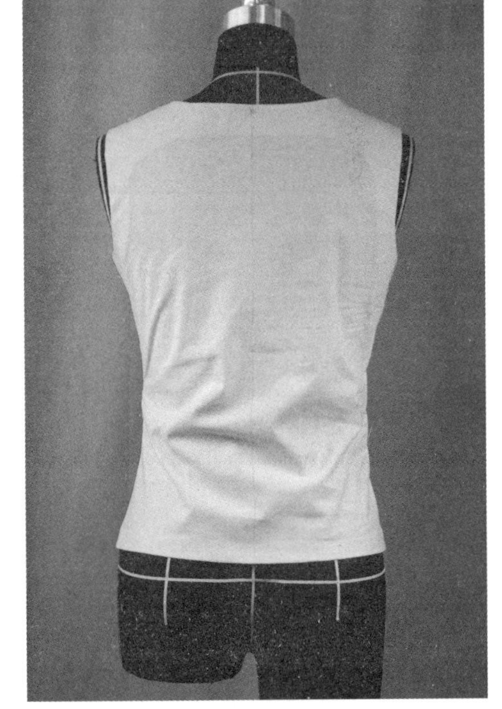

（18）

图 4–11　纠结小衫的操作步骤

（五）纠结小衫操作技术要点

1. 小衫前片在胸围线上端保持丝绺垂直。

2. 左侧做斜褶，上端几个斜褶方向朝下，下端几个斜褶方向朝上，褶尖逐渐消失，右侧缝平服。

3. 后片左右对称，立裁右后片。

4. 胸围、腰围、臀围处放 4~6cm 的松量

5. 先点位记录小衫的右前片、右后片结构，右后片对折复制出左后片，再将整个后片放在人台上对应点位记录左前片结构，使不对称款在放松量、袖窿、侧缝长度上，保持左右一致。

（六）CAD 读样

用 CAD 读图仪读入纸样，如图 4–12 所示。按生产要求制作系列生产样板。

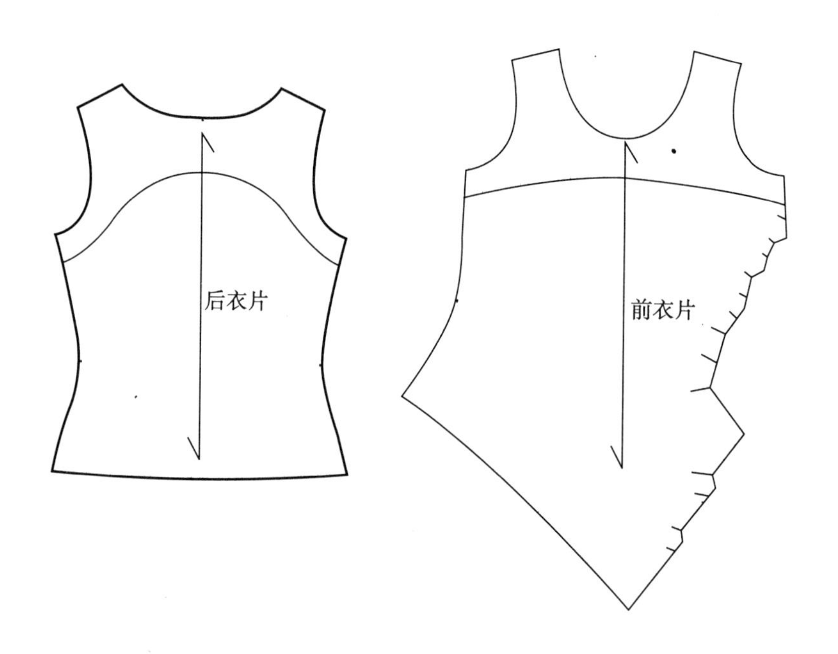

图 4–12　纠结小衫的纸样

四、坠褶小衫

（一）款式图（图 4-13）

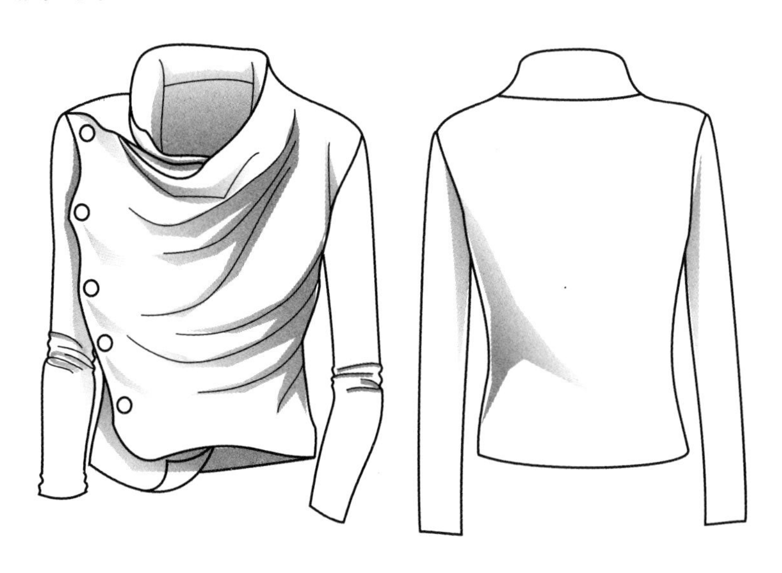

图 4-13 坠褶小衫款式图

（二）款式分析

宽大的立领，不对称斜门襟，左右片有长短之别。左肩部和左侧缝抽褶，褶尖到右侧门襟处逐渐消失。稍有落肩设计，紧身袖。整体呈修身状态，胸围放松量 6~8cm，腰部不收省，侧缝收腰。推荐仿旧整理的、中等厚度的全棉针织或机织面料。

（三）坯布准备

将坯布熨烫平整、归正，参考图 4-14 的尺寸取料，并按虚线在坯布上标出标志线。

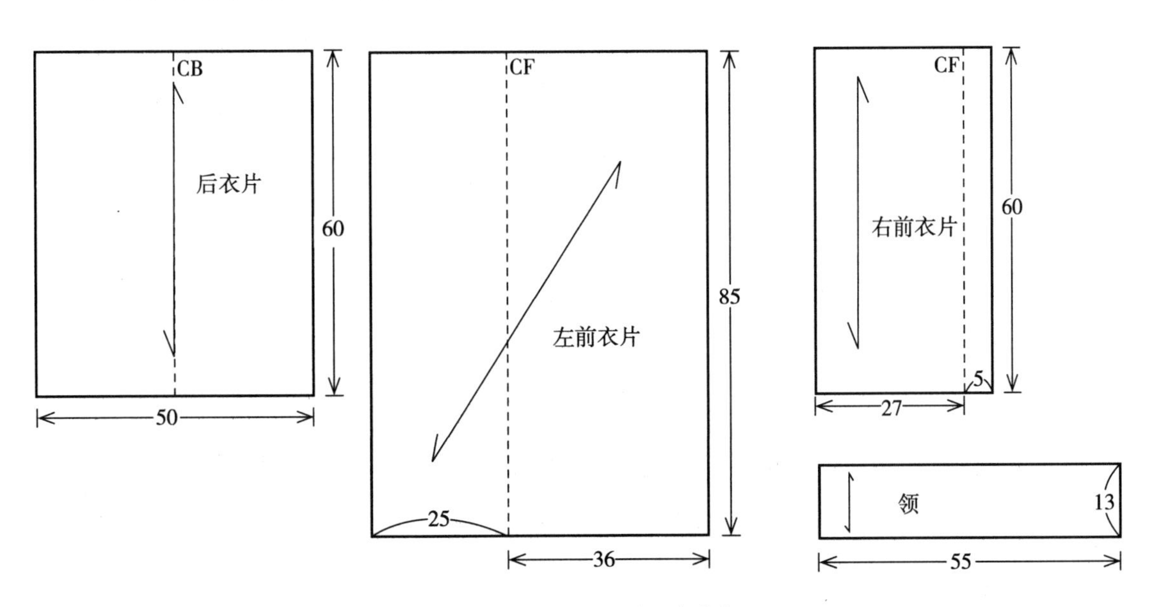

图 4-14 坠褶小衫的坯布准备

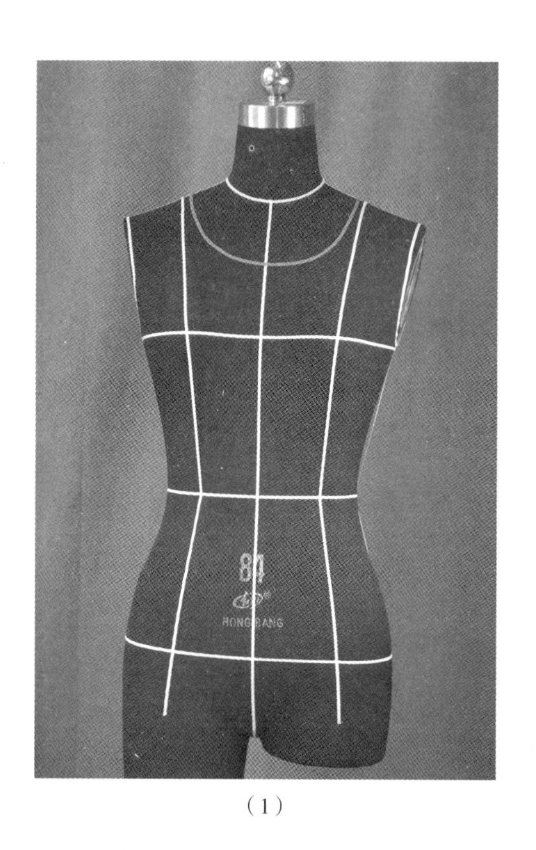

（1）

（四）操作步骤（图 4–15）

1. 在人台上标出领口的标志线，如图 4–15（1）所示。

2. 小衫右前片立裁操作。将衣片的前中心线对准人台前中心线，剪去领口多余面料，如图 4–15（2）所示。

3. 前胸宽推出适当放松量，初步剪出袖窿形状。胸宽处的丝绺保持自然垂直，在胸围线下用大头针固定。将胸凸余量推到胸围线下，收腋下省，如图 4–15（3）所示。

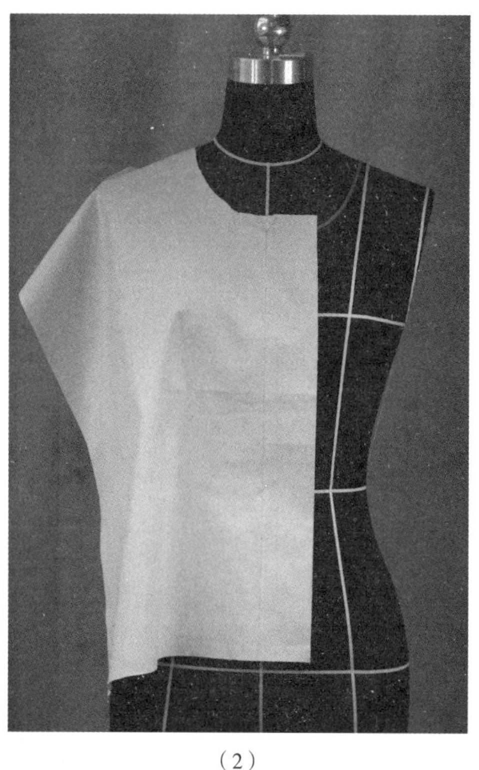

（2）

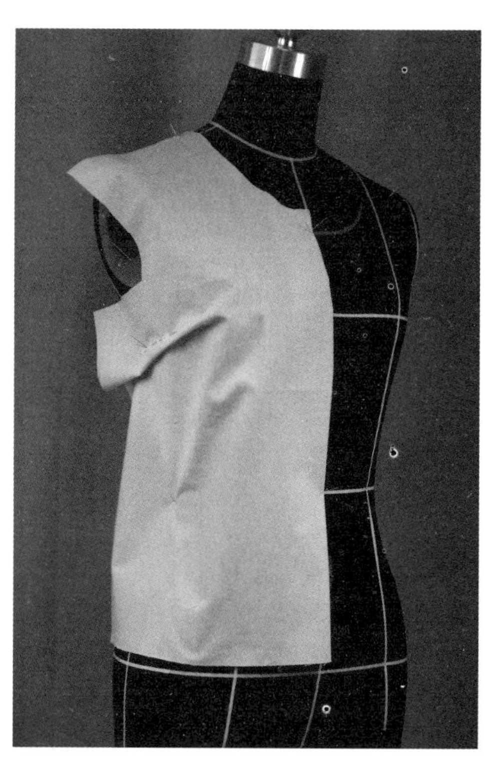

（3）

4. 小衫右后片立裁操作。将后片中心线对准人台中心线，在后中心打剪口，如图 4–15（4）所示。

5. 剪去后领口线上多余的面料，后领口稍留松量。部分肩胛骨凸出余量推至肩部，做缩缝处理，部分推至后袖窿。剪出袖窿形状。抓合前后右片的肩缝、侧缝，剪去肩缝、侧缝多余面料，如图 4–15（5）所示。

6. 小衫左后片立裁操作。初步剪出袖窿，剪去肩缝、侧缝多余面料，如图 4–15（6）所示。

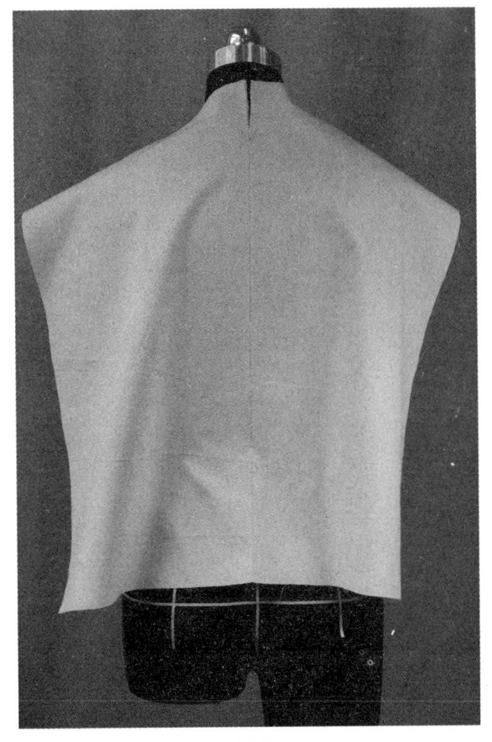

（4）

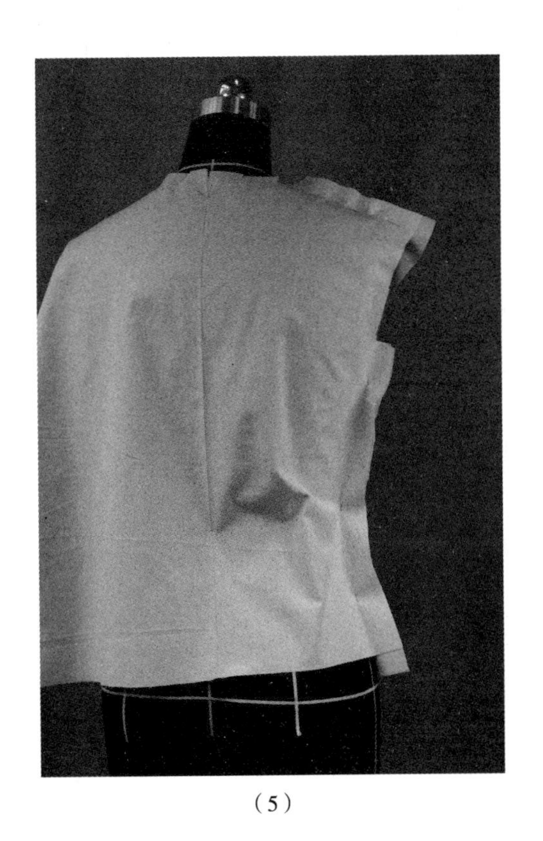

（5）

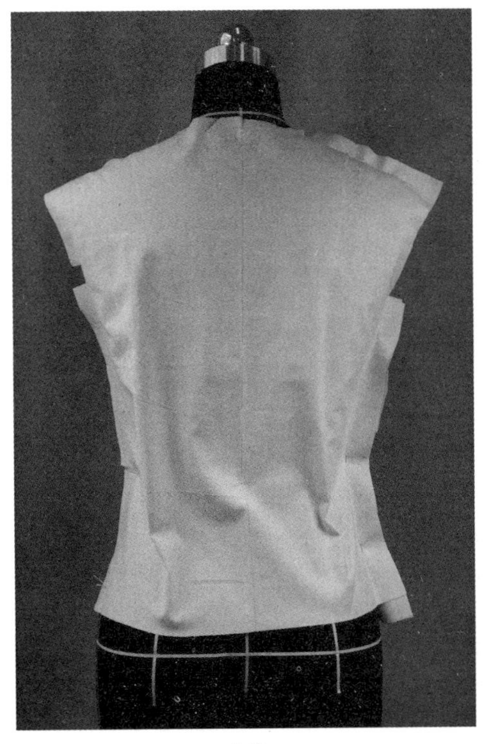

（6）

图 4–15

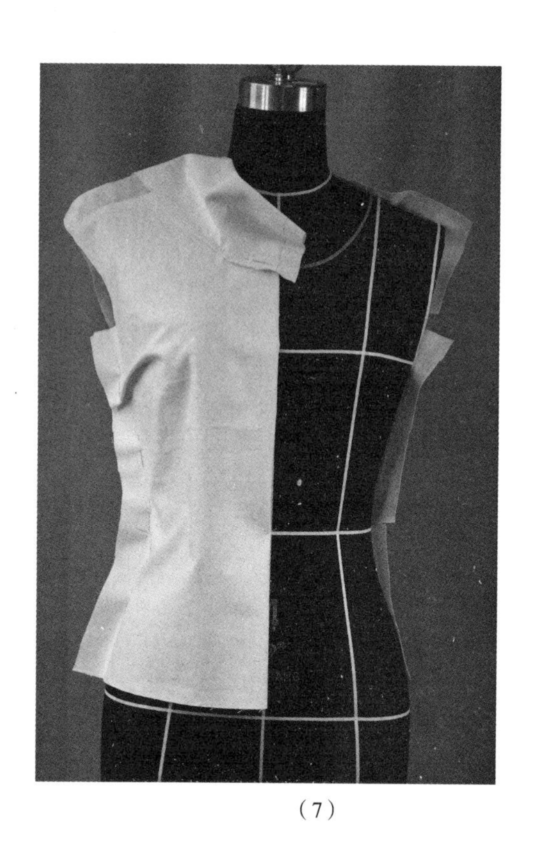

（7）

7. 取准备的长方形领片，留 1cm 缝份，用叠合针法，沿领口线别领片，如图 4–15（7）所示。

8. 从领口前中心点开始，别领片与领口直到左颈侧点，如图 4–15（8）所示。

9. 用粘带标出左右前衣片的廓型标志线，如图 4–15（9）所示。

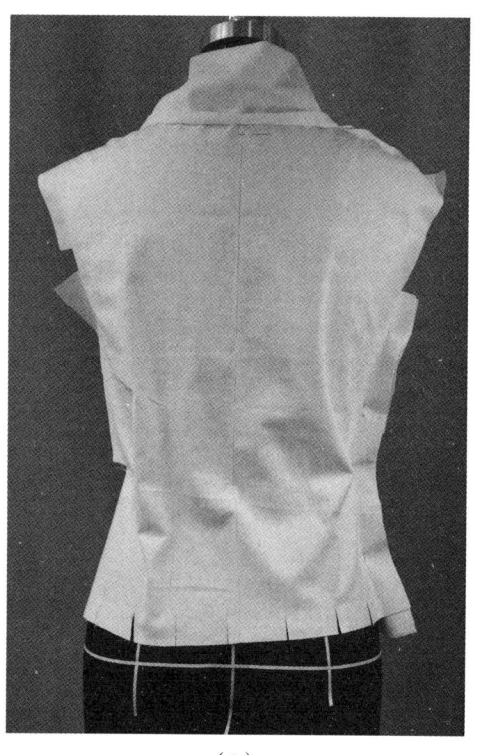

（8）

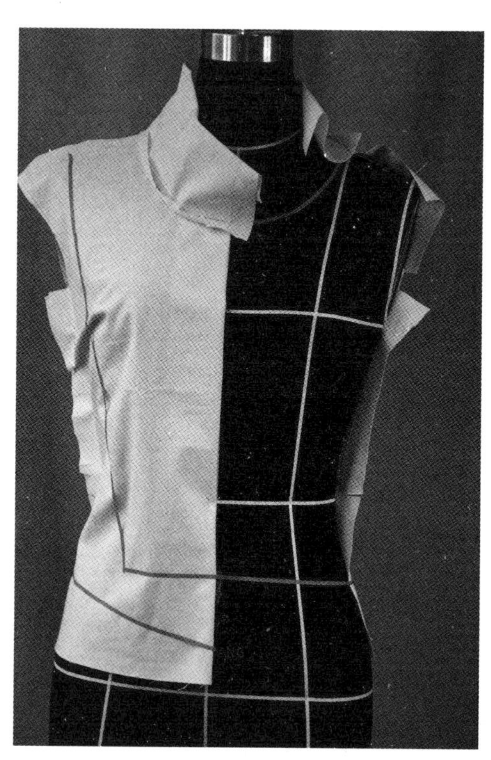

（9）

10. 小衫左前片立裁操作。将面料45° 正斜标志线对准人台前中心线，如图 4–15（10）所示。

11. 在左肩下方别连续的 3 个褶，如图 4–15（11）所示。

12. 抓合左边的前后领片，初步剪出袖窿。一边将左衣片沿门襟标志线固定在右衣片上，一边在左侧缝做 3~4 个斜褶。剪去小衫下摆和左右侧多余的面料，如图 4–15（12）所示。

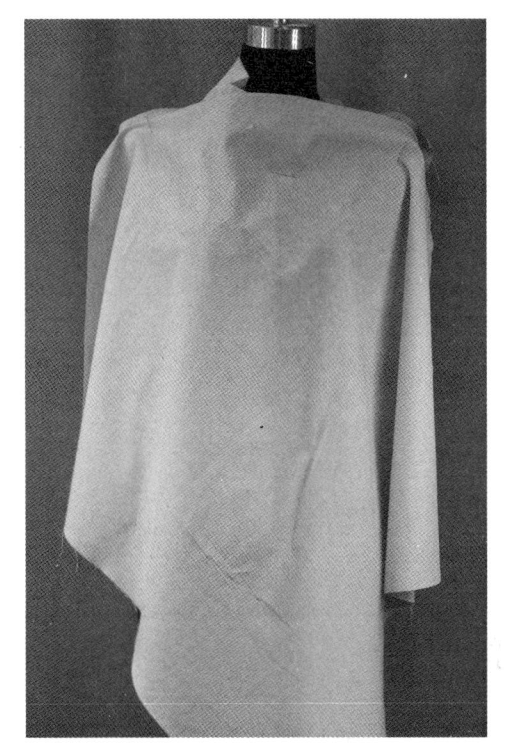

（10）

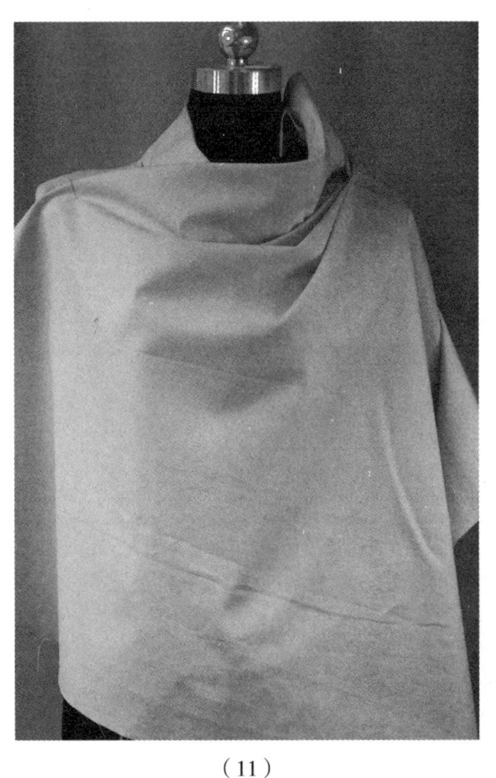

（11）

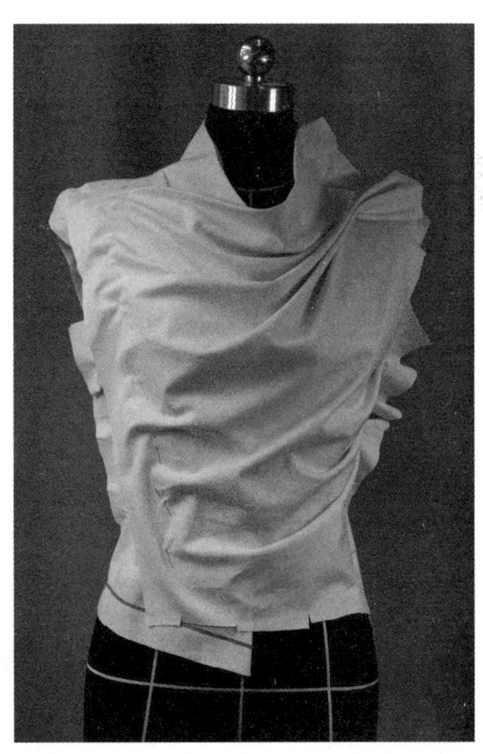

（12）

图 4–15

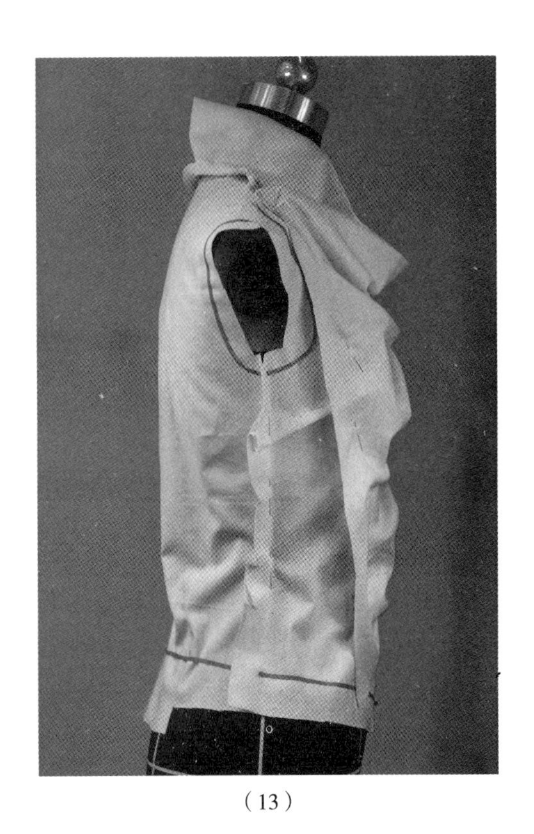

（13）

13. 肩加宽 3cm，稍有落肩设计，袖子紧身，袖窿深比较浅，标出袖窿造型，如图 4–15（13）所示。

14. 点位记录衣片，取得裁片。先点位记录小衫的前片、右后片结构，右后片对折复制出左后片，再将整个后片放在人台上对应点位记录左前片结构，如图 4–15（14）所示。

15. 用平面方法配袖，如图 4–15（15）所示。

3
后 AH
前 AH–0.5
袖山高
袖长

（15）

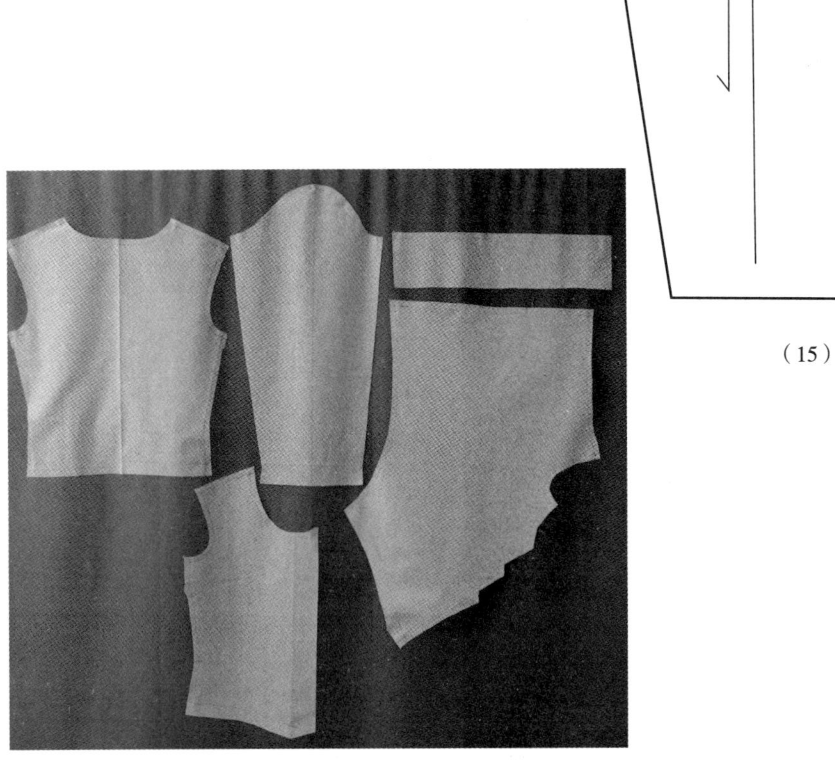

（14）

16. 试样效果。坠褶小衫正面效果如图 4–15（16）所示，坠褶小衫侧面效果如图 4–15（17）所示，坠褶小衫背面效果如图 4–15（18）所示。

（16）

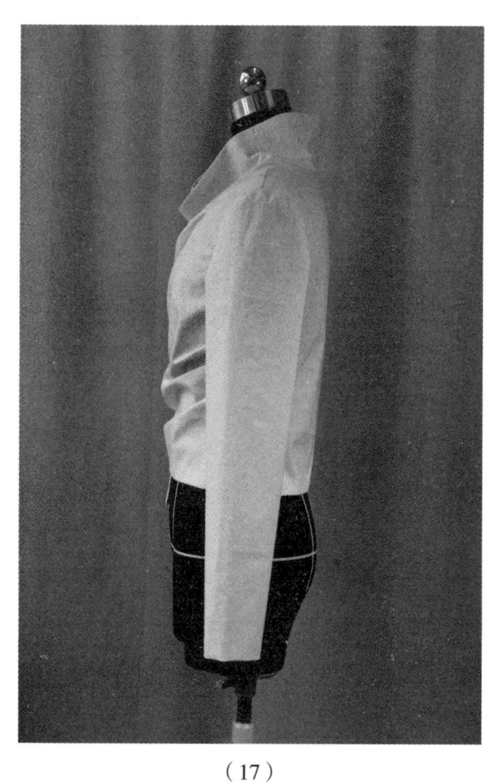

（17）

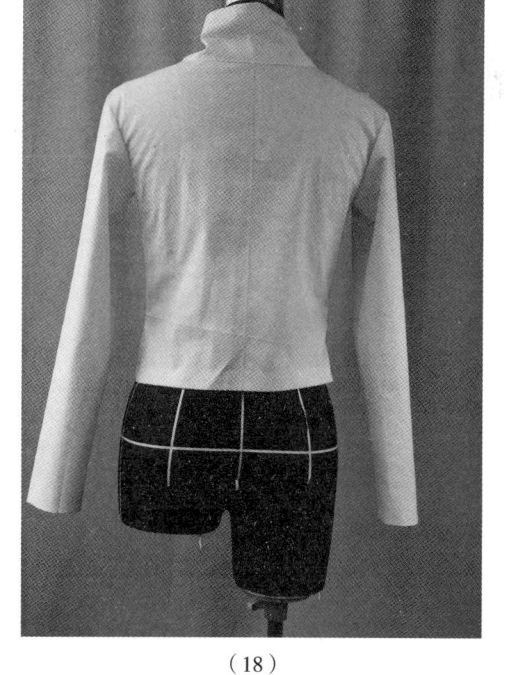

（18）

图 4–15　坠褶小衫的操作步骤

（五）坠褶小衫操作技术要点

1. 小衫左前片立体裁剪，开始时将布料 45° 正斜标志线对准人台前中心线。

2. 肩加宽 3cm, 稍有落肩设计。胸围、臀围放 6cm 左右的放松量，不收腰省。

3. 注意褶的大小、方向、疏密分布，要有一定的节奏感，褶尖朝右边门襟逐渐消失。

4. 根据造型平面配袖，袖子比较紧身，袖山比较低，为 10cm 左右，袖肥控制在 30cm 左右。

5. 先点位记录小衫的右前片和右后片结构，右后片对折复制出左后片，再将整个后片放在人台上对应点位记录左前片结构，使不对称款在左右放松量、袖窿、侧缝长度上保持一致。

（六）CAD 读样

用 CAD 读图仪读入纸样，如图 4–16 所示。按生产要求制作系列生产样板。

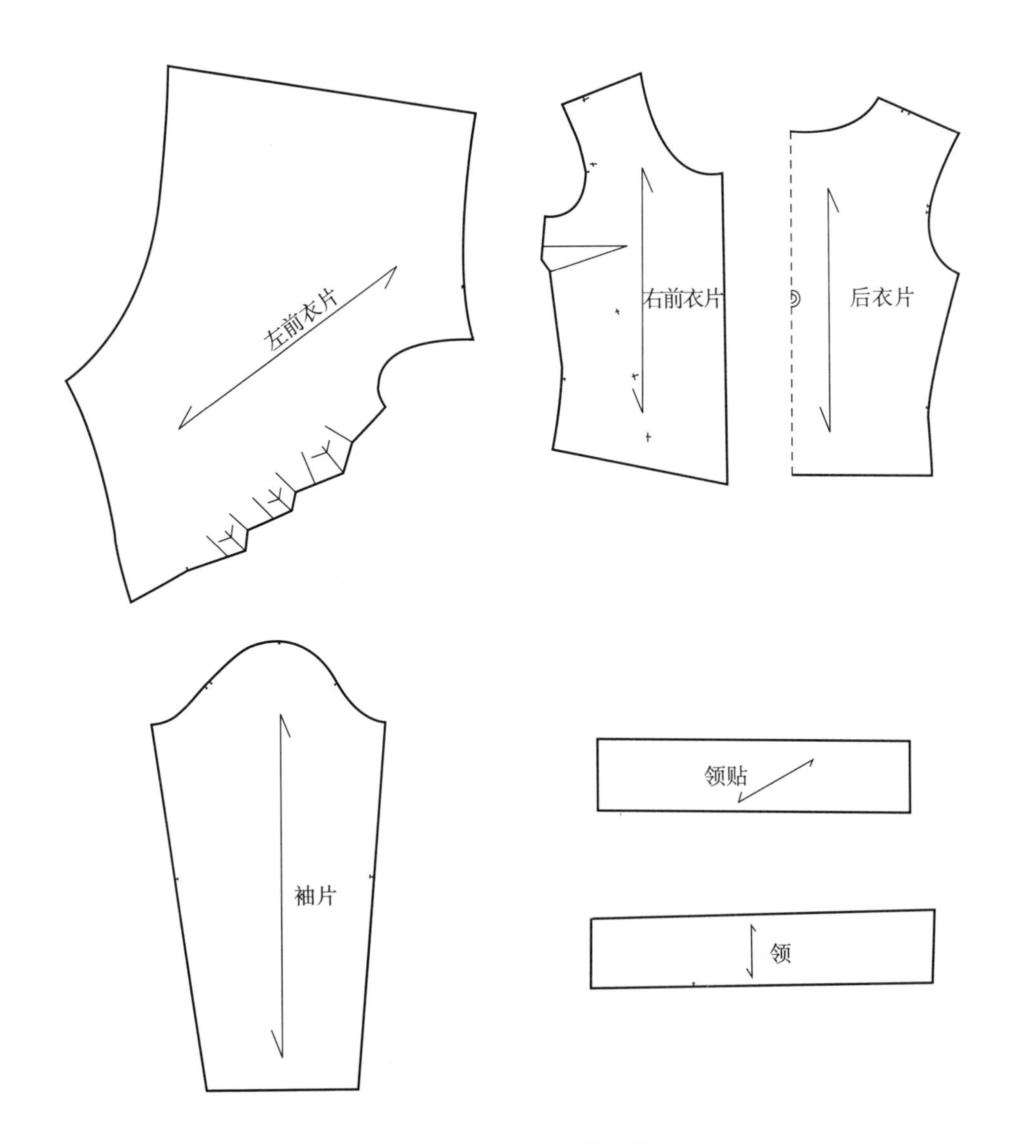

图 4–16 坠褶小衫的纸样

五、解构小衫

（一）款式图（图 4–17）

（二）款式分析

不对称门襟，吊领，无袖，右前身是单边大翻领，下摆双层，左右有长短之别，后背上部露出。修身状态，不设省，腰部抽褶，胸围放松量4~6cm。推荐运用至少 3 种色彩谐调、不同材质和不同肌理效果的面料，体现结构层次。

（三）坯布准备

将坯布熨烫平整、归正，参考图4–18 的尺寸取料，并按虚线在坯布上标出标志线。

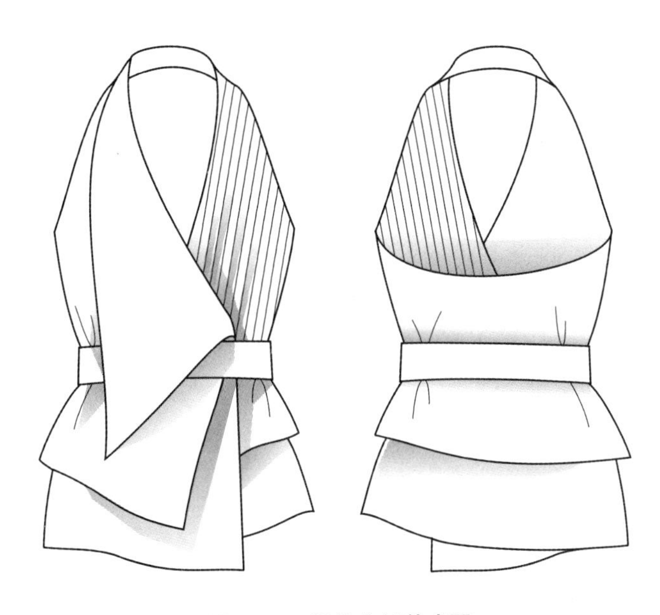

图 4–17　解构小衫款式图

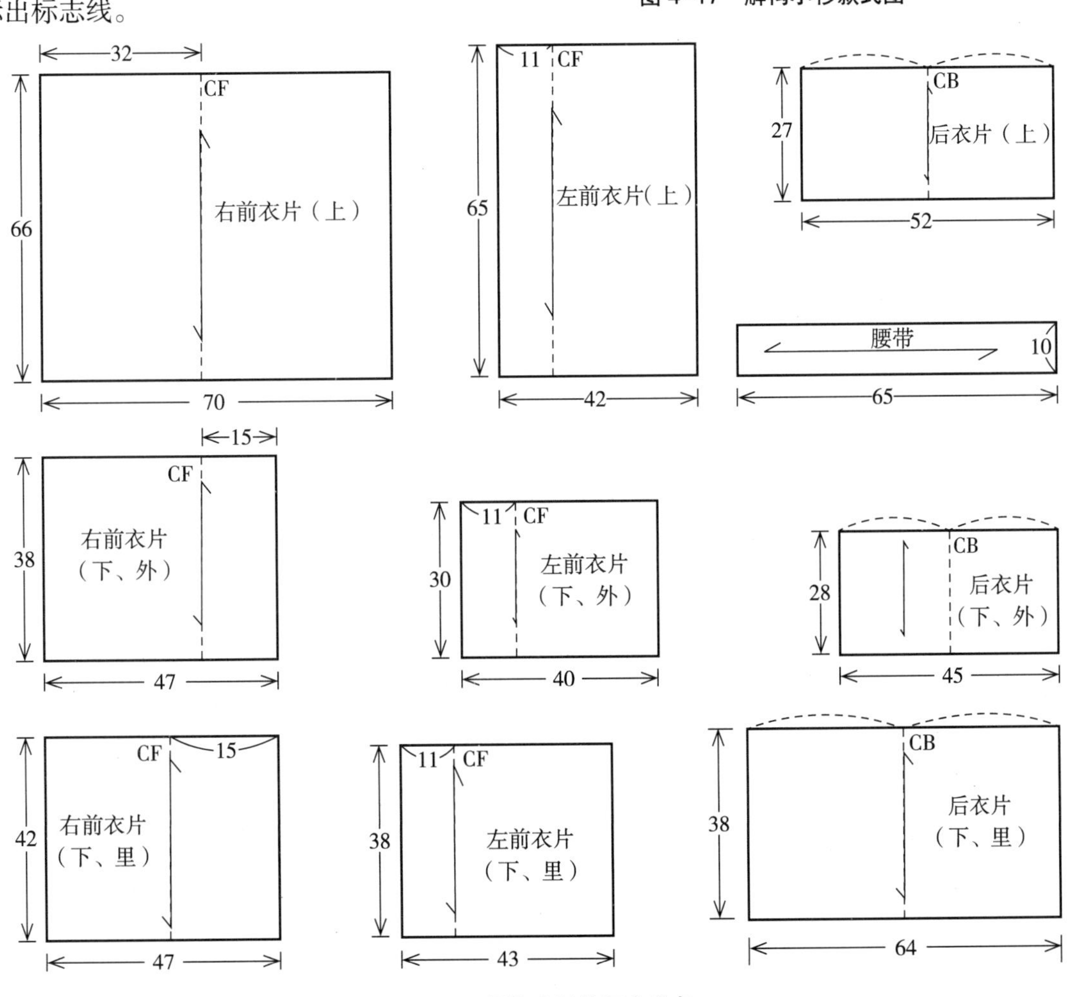

图 4–18　解构小衫的坯布准备

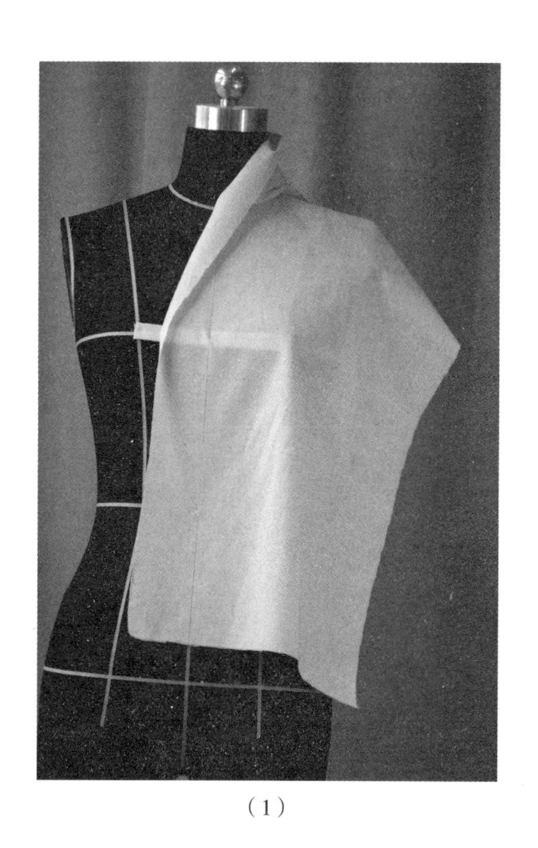

（1）

（四）操作步骤（图 4–19）

1. 前衣片立裁操作。由于是不对称造型，因此，先做左前片。将衣片的前中心线对准人台前中心线。捋平肩部，在胸围处加放适当松量，如图 4–19（1）所示。

2. 用粘带做出领口造型，剪去多余面料，如图 4–19（2）所示。

3. 抚平肩部，将胸凸余量转移到腰节，做细褶处理，如图 4–19（3）所示。

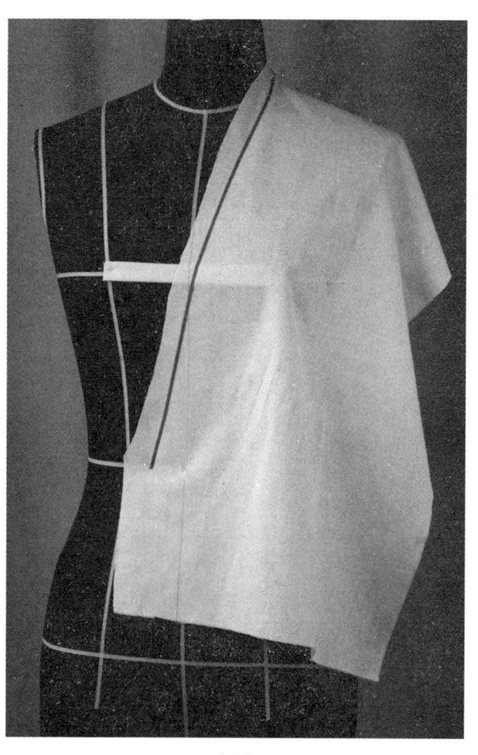

（2）

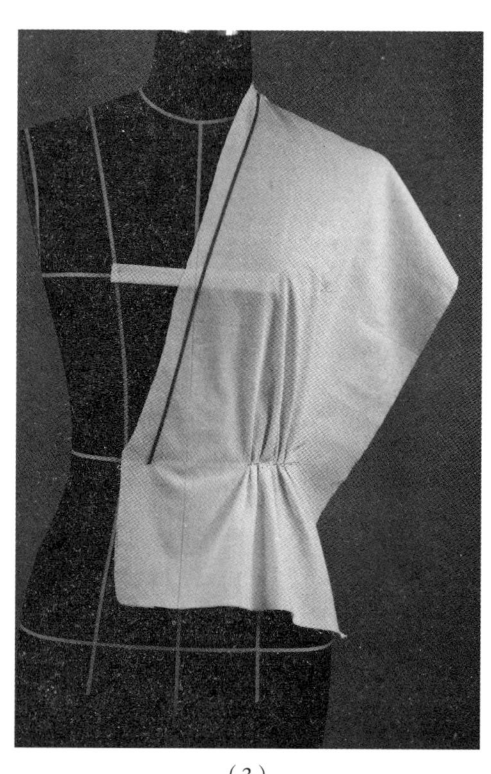

（3）

4. 根据款式要求用粘带标出袖窿造型，剪去多余面料，如图 4–19（4）所示。

5. 剪去侧缝和腰节下多余面料，如图 4–19（5）所示。

6. 做左前下衣片。分别推出腰围和臀围处适当的放松量，在下衣片的上端打剪口，沿腰围线，将上衣片的细褶部分和下衣片用大头针叠合，用粘带标出下摆造型，如图 4–19（6）所示。

（4）

（5）

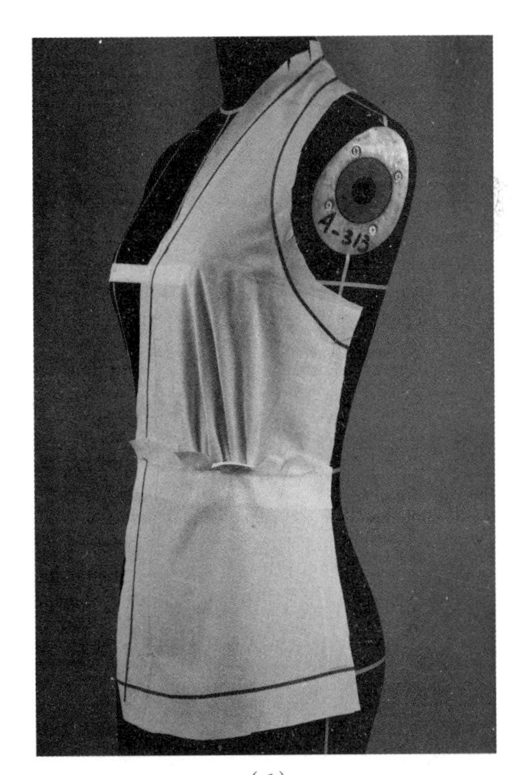

（6）

图 4–19

（7）

7. 再依次做外层前下片。在分割线处，将上下衣片三层用大头针叠合，注意腰围的放松量，稍加大第二层前下片的下摆放松量，如图 4–19（7）所示。

8. 右前片的立裁。将衣片的前中心线对准人台前中心线，衣片的胸围线对准人台的胸围线，如图 4–19（8）所示。

9. 沿翻折线翻出领片，用粘带标出翻领造型，剪去翻领和门襟处多余的面料，如图 4–19（9）所示。

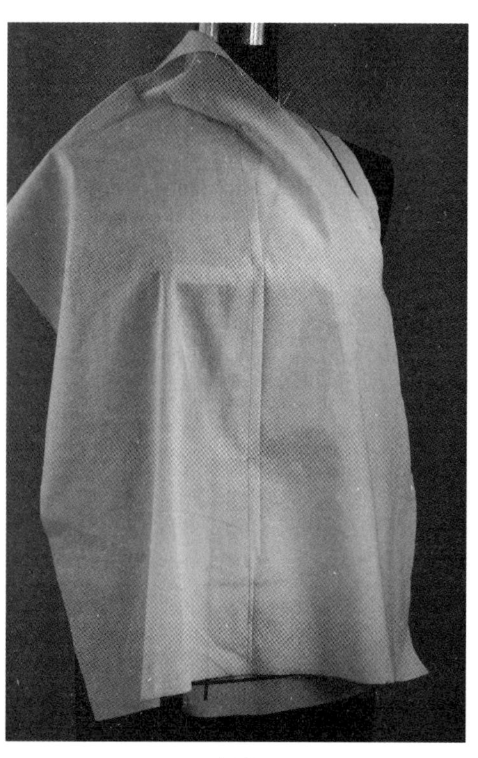

（8）

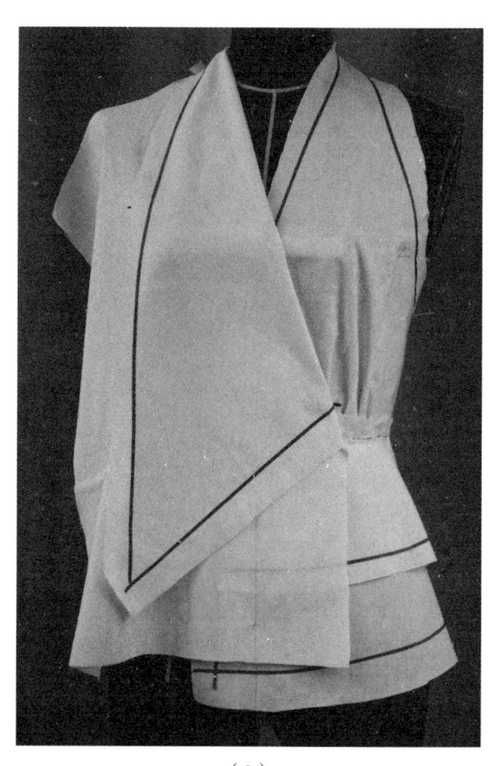

（9）

10. 同左前片一样，将胸凸余量转移到腰节，做细褶处理，注意胸围和腰围处的放松量。领片在后颈处用大头针固定，用粘带标出袖窿造型，如图 4-19（10）所示。

11. 立裁右前下衣片同左前下衣片一样，分别推出腰围和臀围处适当的放松量，将上衣片的细褶处和下衣片用大头针叠合，用粘带标出下摆造型，如图 4-19（11）所示。

12. 再做右前下片的外层，如图 4-19（12）所示。

（10）

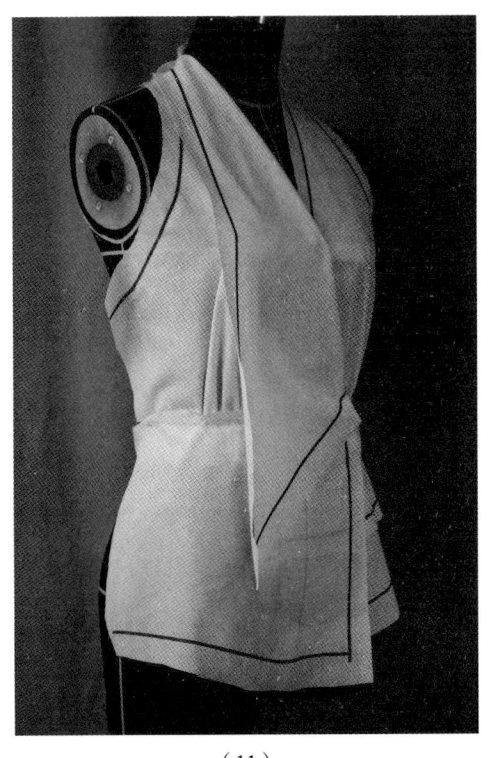

（11）

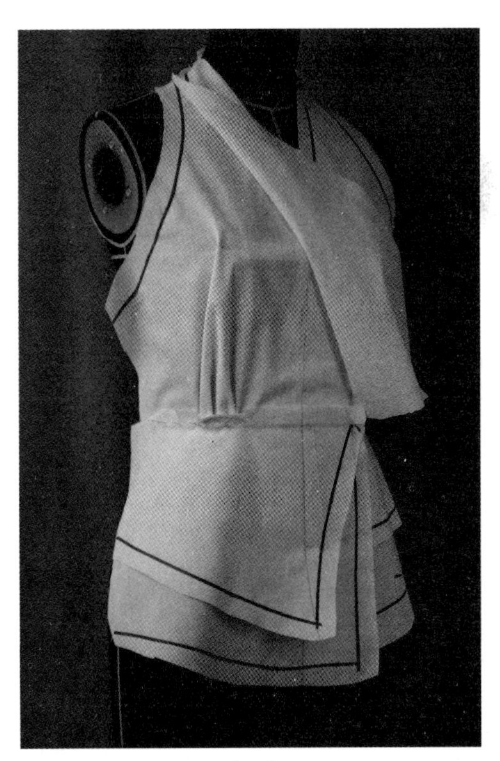

（12）

图 4-19

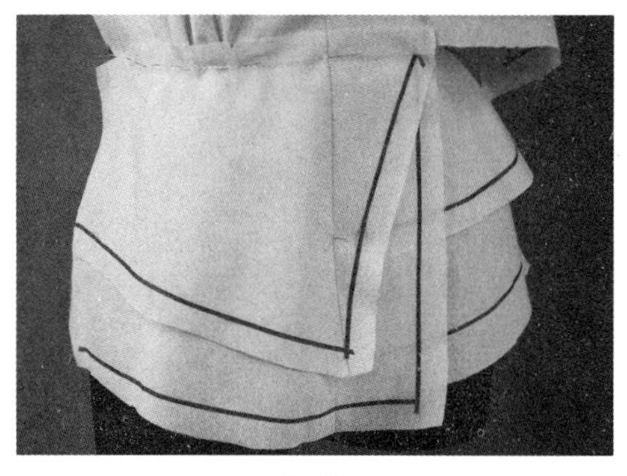
（13）

13. 前片多层的造型，如图 4–19（13）所示。

14. 领片打剪口，捋平领片，用粘带标出领子造型。左右领片在后中用大头针抓合，如图 4–19（14）所示。

15 将右领翻下。右领侧面造型，如图 4–9（15）所示。

16. 调整左右袖窿要对称，前片造型完成，如图 4–19（16）所示。

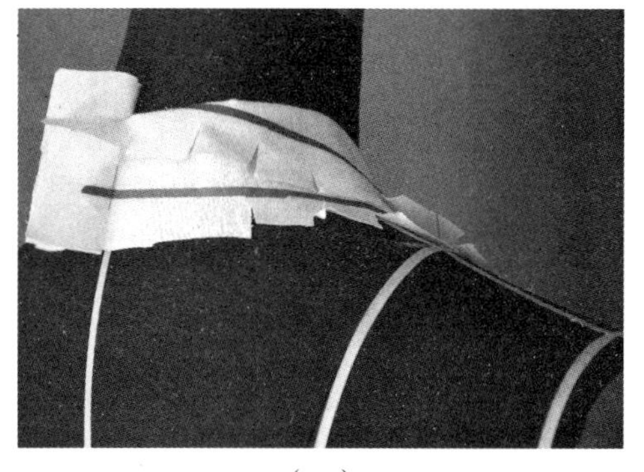
（14）

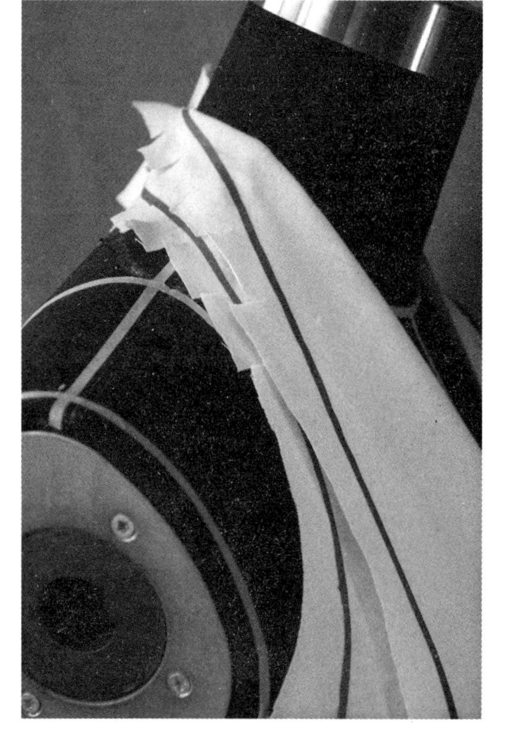
（15）

（16）

17. 后片立裁。将后片中心线对准人台中心线，衣片的下部打剪口，把多余的量推至侧缝，捋平面料，如图 4–19（17）所示。

18. 做后下片，在臀围处放出一定松量，和小衫的正面造型呼应，用大头针叠合上下片，腰围处留出适当松量。用粘带标出上下片造型，如图 4–19（18）所示。

19. 再做后下片的外层，依然要注意推出臀围处的放松量，如图 4–19（19）所示。

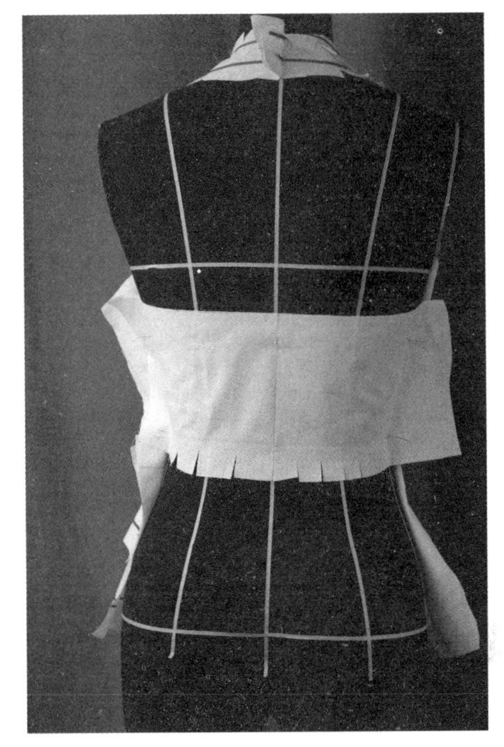

（17）

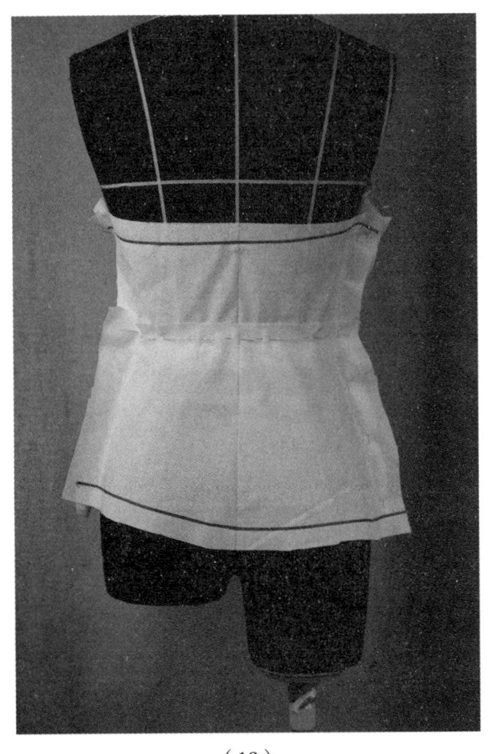

（18）

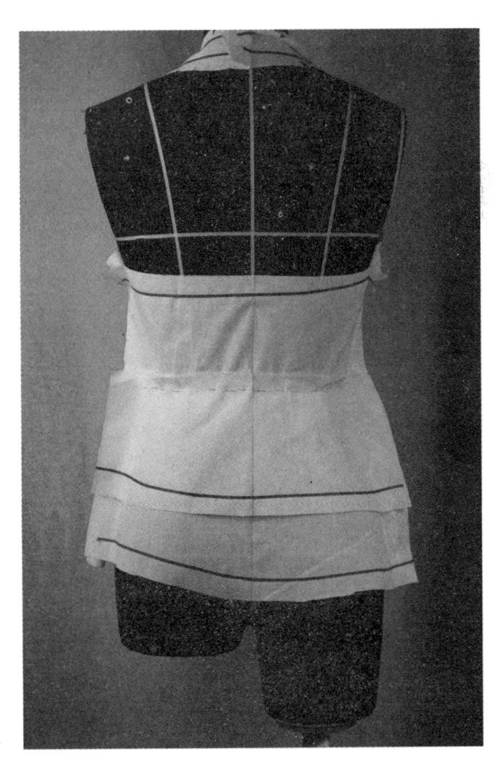

（19）

图 4–19

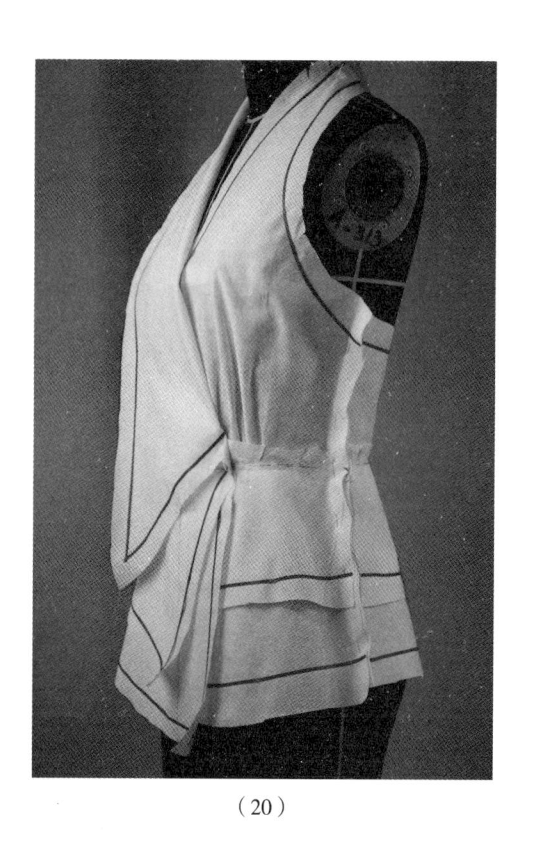

（20）

20. 抓合侧缝，剪去多余面料，如图 4–19（20）所示。

21. 确定腰带长度，如图 4–19（21）所示。

22. 观察、调整造型。完成小衫前面的造型，如图 4–19（22）所示。

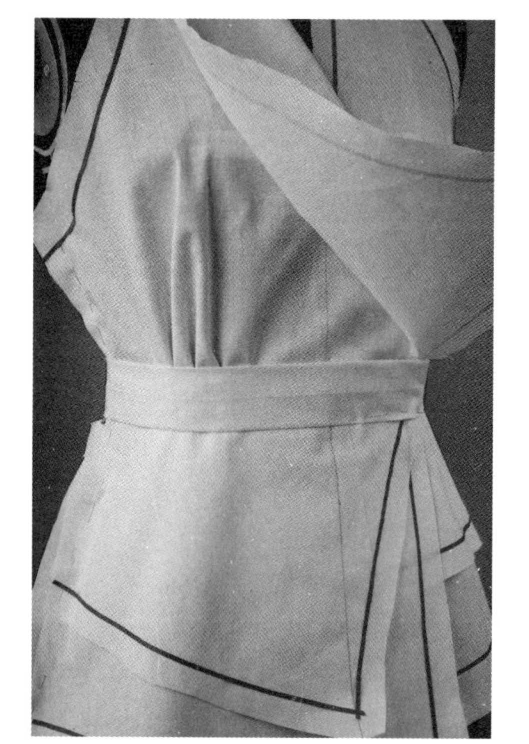

（21）

（22）

23. 小衫后面的造型，如图 4–19（23）所示。

24. 小衫左侧的造型，如图 4–19（24）所示。

25. 小衫右侧的造型，如图 4–19（25）所示。

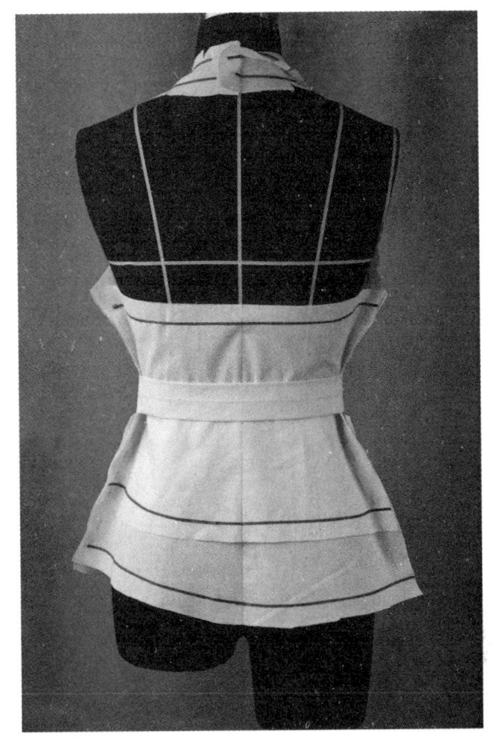

（23）

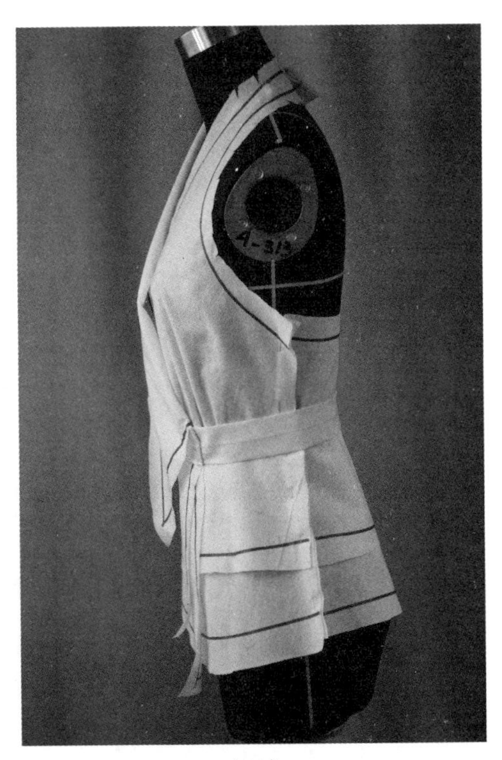

（24）

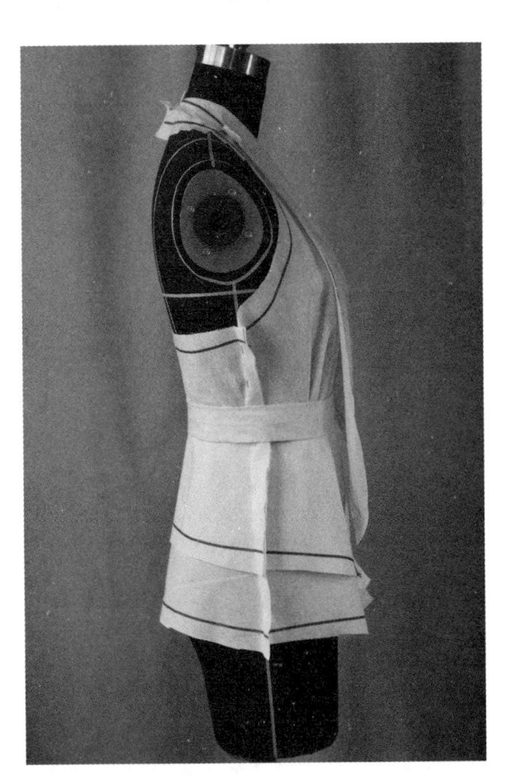

（25）

图 4–19

26. 点位记录衣片结构。取得裁片如图 4–19（26）所示。

27. 完成样衣。解构小衫正面效果如图 4–19（27）所示，解构小衫右侧效果如图 4–19

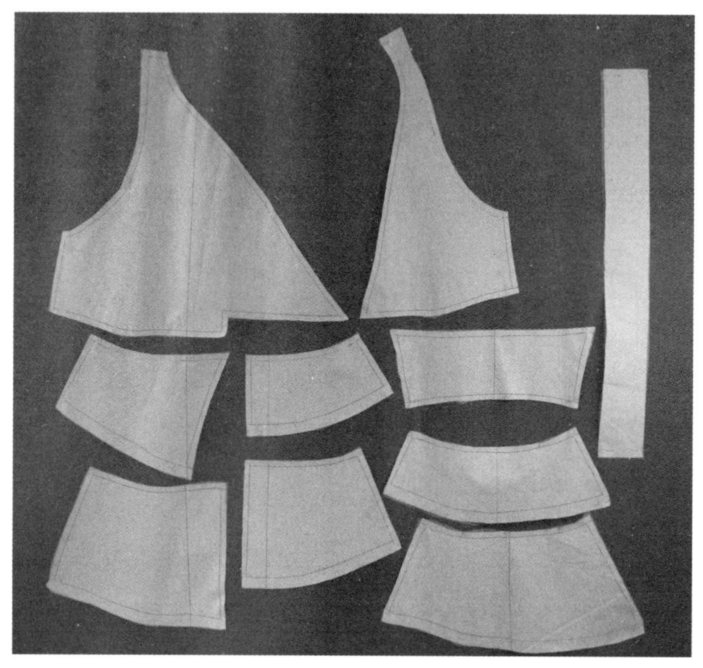

（26）

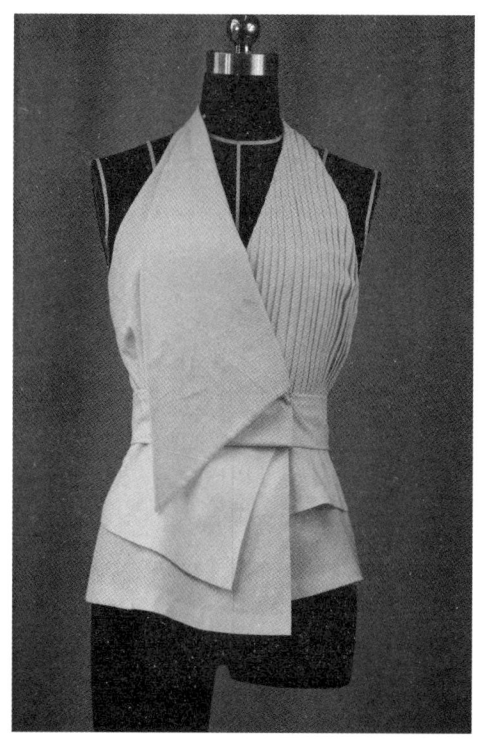

（27）

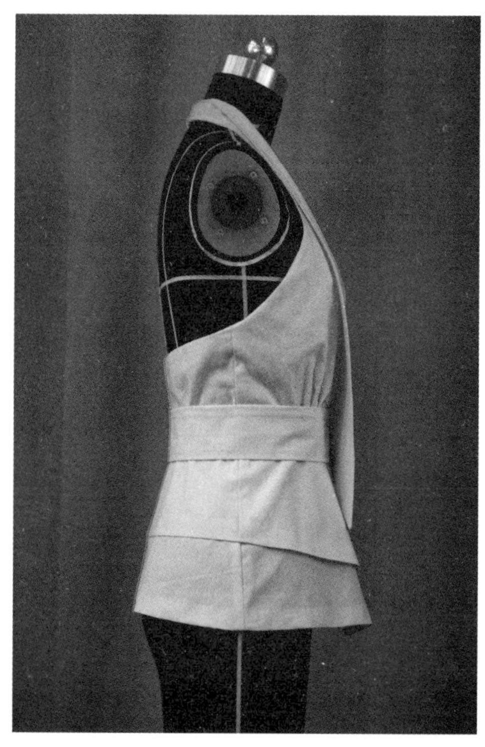

（28）

（28）所示，解构小衫背面效果如图 4–19（29）所示，解构小衫左侧效果如图 4–19（30）所示。

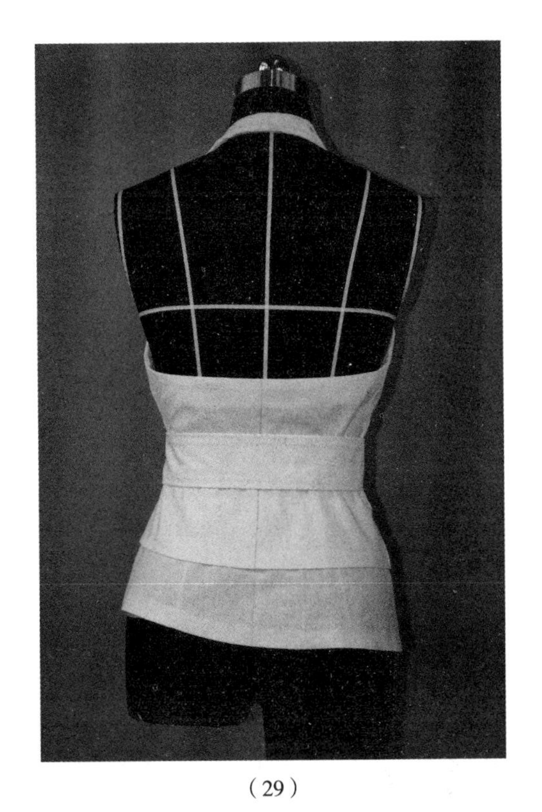

（29）

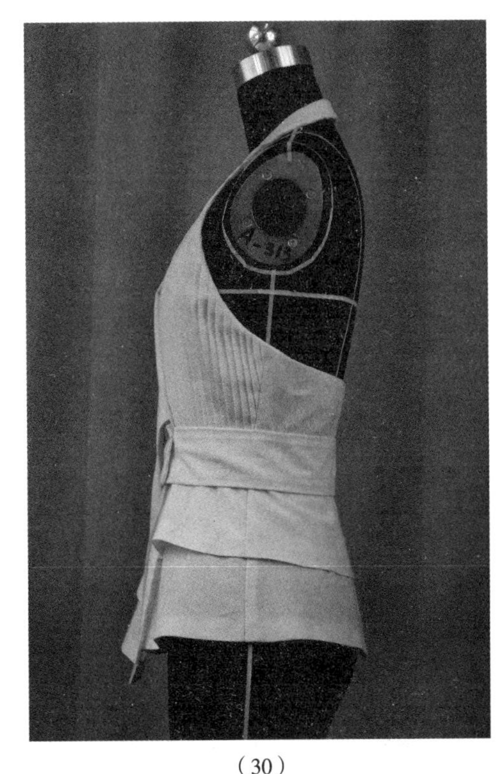

（30）

图 4–19　解构小衫的操作步骤

（五）解构小衫操作技术要点

1. 叠合上下多层衣片时，注意上下层尺寸的一致（除去褶量）。

2. 小衫呈修身造型，胸围放松量为 4~6cm，腰围放松量为 4~6cm。按造型加放下摆松量，外层下摆的松量多于里层下摆的松量。

3. 注意各层衣摆造型的层次感。

4. 先点位记录小衫的右前片、右后片结构，右后片对折复制出左后片，再将整个后片放在人台上对应点位记录左前片结构，使左右放松量、袖窿、侧缝造型保持一致。

（六）CAD 读样

用 CAD 读图仪读入纸样，如图 4–20 所示。按生产要求制作系列生产样板。

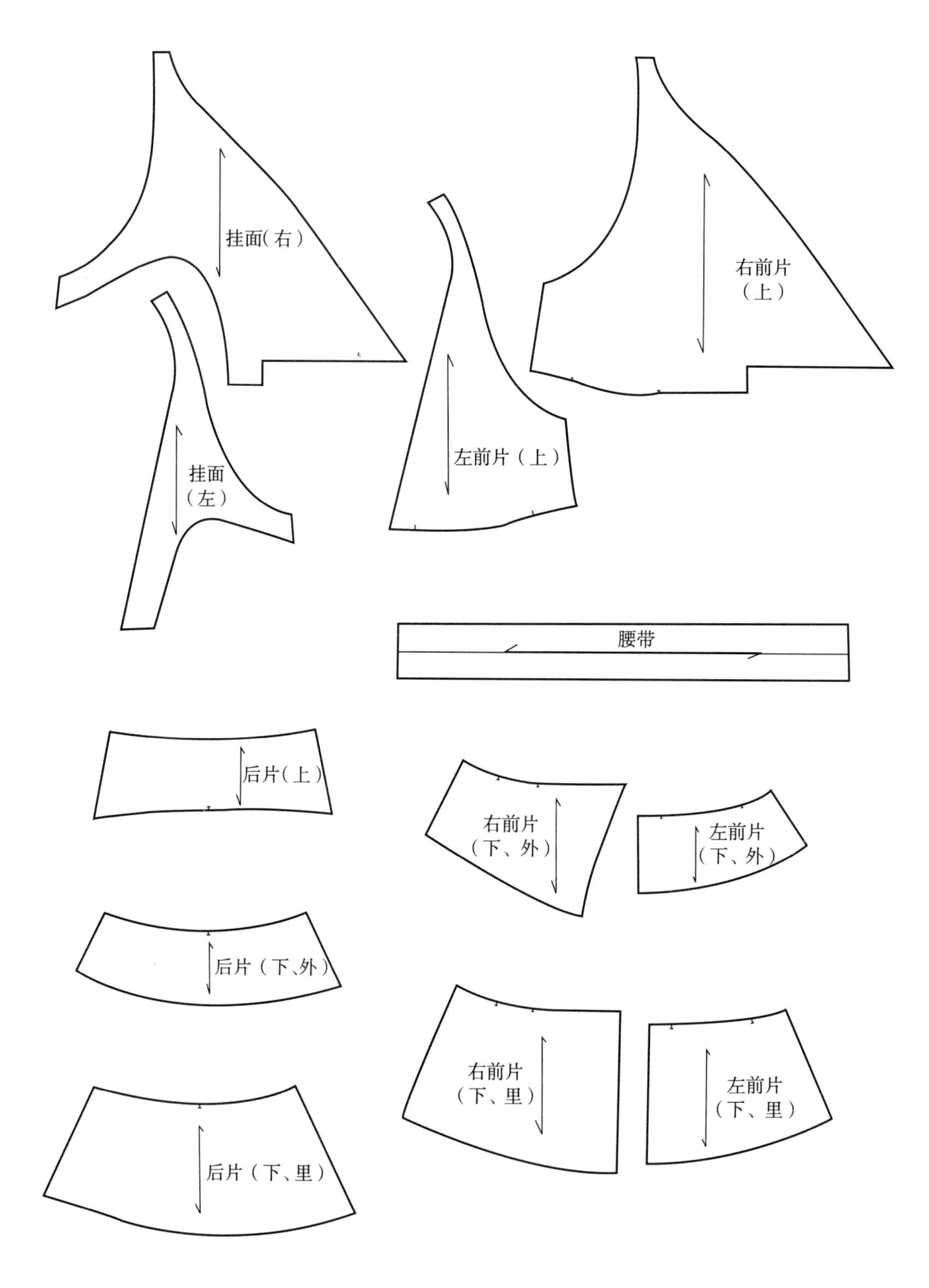

图 4-20　解构小衫的纸样

第五章　连衣裙、礼服的立体裁剪

一、垂袖连衣裙

（一）款式图（图 5-1）

图 5-1　垂袖连衣裙款式图

（二）款式分析

大横开领与 V 领的组合，垂吊袖，前片肩省设计，收胸腰省，后背收腰背省，连衣裙呈合体造型，胸围、腰围放松量 6cm 左右。隐形拉链绱在侧缝或后中。推荐用垂感好的机织或弹力针织面料。

（三）坯布准备

将坯布熨烫平整、归正，参考图 5-2 的尺寸取料，并按虚线在坯布上标出标志线。

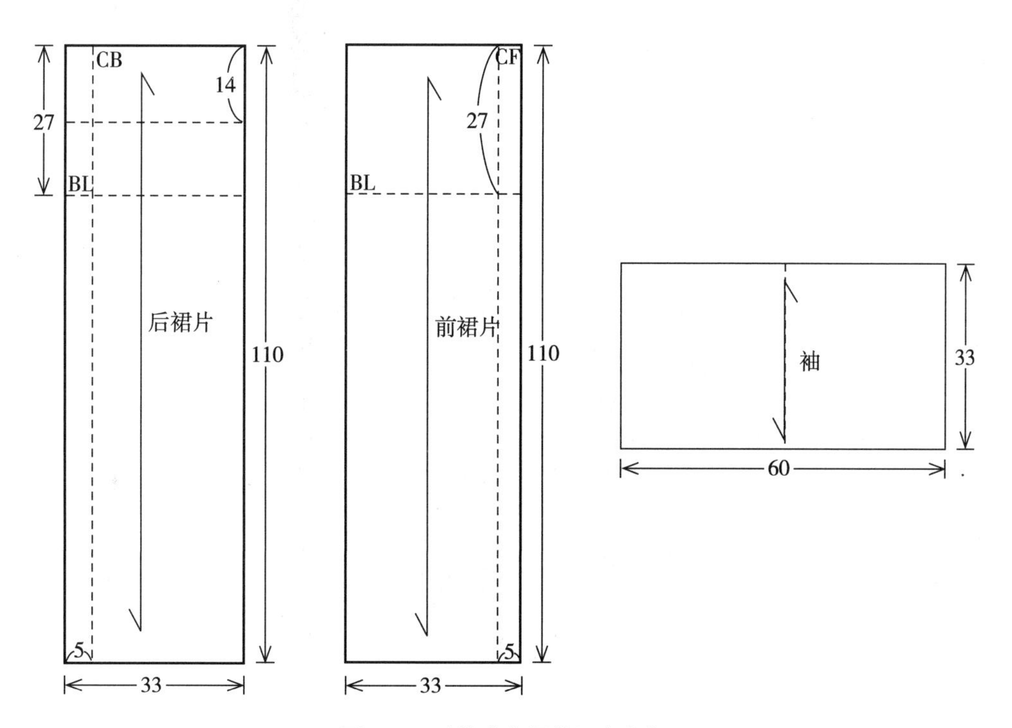

图 5-2　垂袖连衣裙的坯布准备

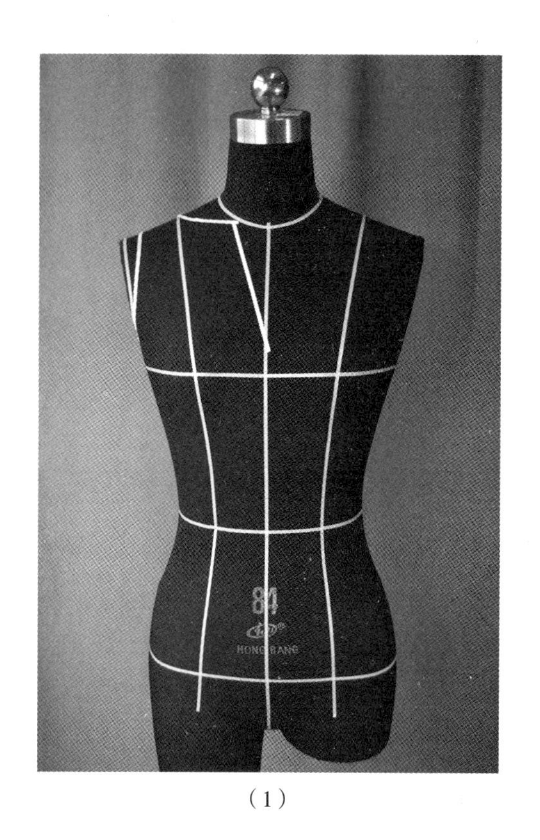

（1）

（四）操作步骤（图 5-3）

1. 用粘带在人台上标出领、袖的造型，如图 5-3（1）所示。

2. 连衣裙前片立裁操作。将前衣片的前中心线对准人台前中心线，前衣片的胸围线对准人台胸围线，如图 5-3（2）所示。

3. 靠近领口线打剪口，剪去多余的面料。胸围推出适当松量，将胸凸余量推到肩部，收肩省。初步剪出袖窿形状，袖窿深在臂根部下 2~2.5cm，如图 5-3（3）所示。

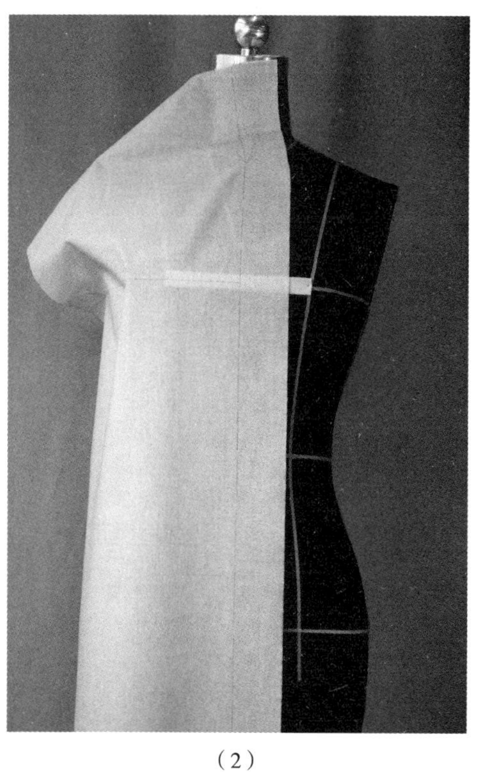

（2）

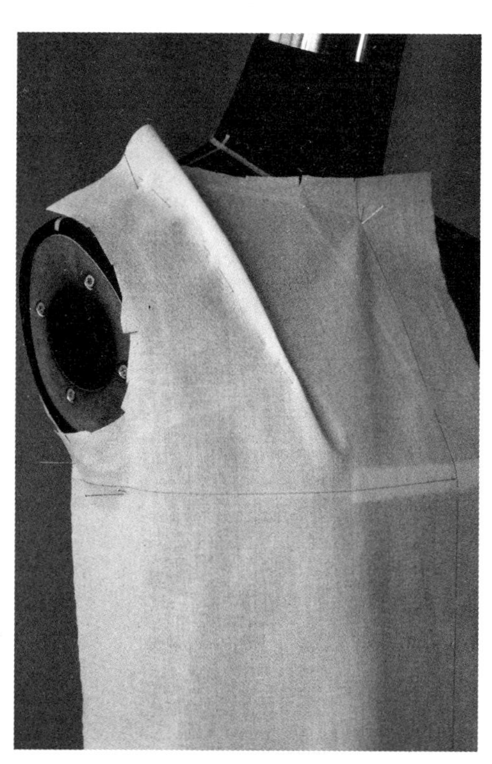

（3）

4. 剪出 V 领造型，如图 5–3（4）所示。

5. 胸侧标志线保持自然垂直，在胸围线下用大头针固定，如图 5–3（5）所示。

6. 收胸腰省，如图 5–3（6）所示。

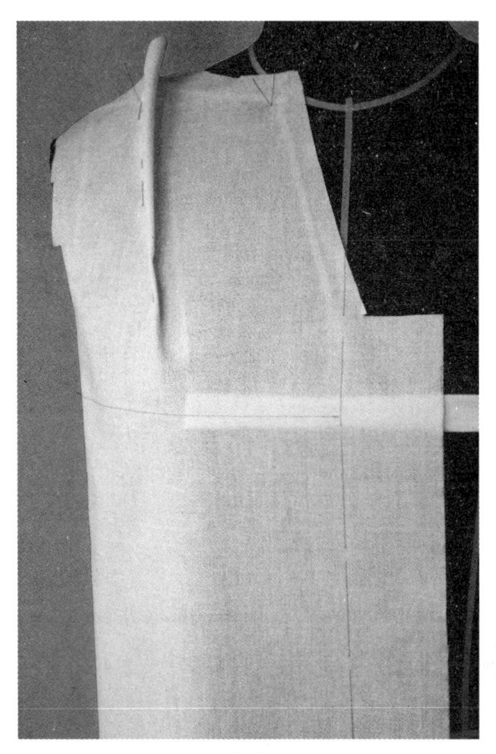

（4）

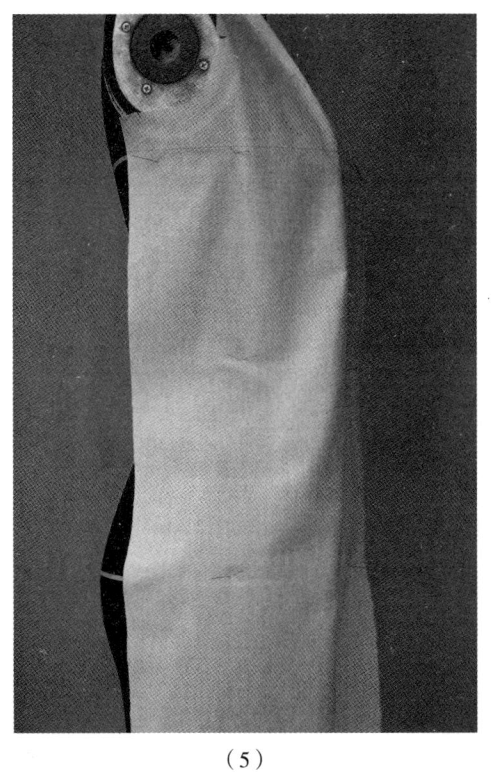

（5）

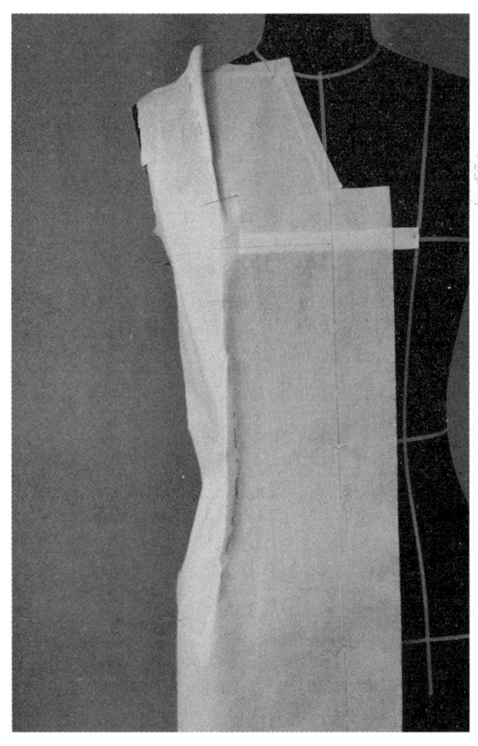

（6）

图 5–3

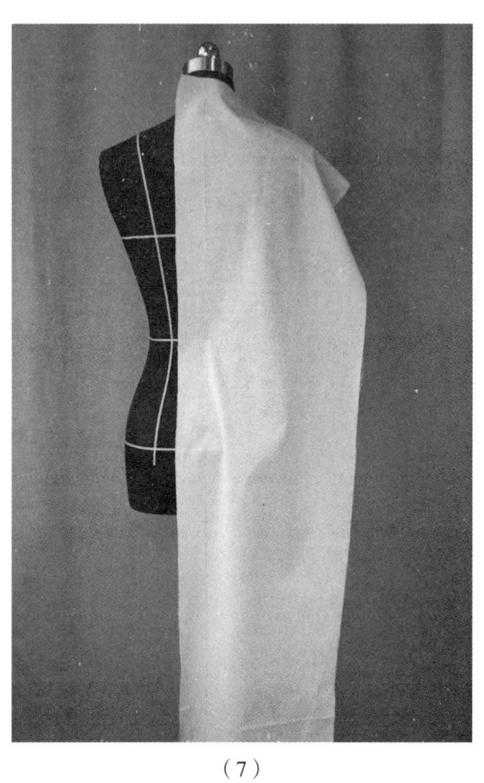

（7）

7. 连衣裙后片立裁操作。将后片中心线和人台中心线对准，确定肩胛骨位置的标志线水平，如图 5–3（7）所示。

8. 背侧标志线保持自然垂直，并用大头针固定，如图 5–3（8）所示。

9. 收腰背省，省道要直，如图 5–3（9）所示。

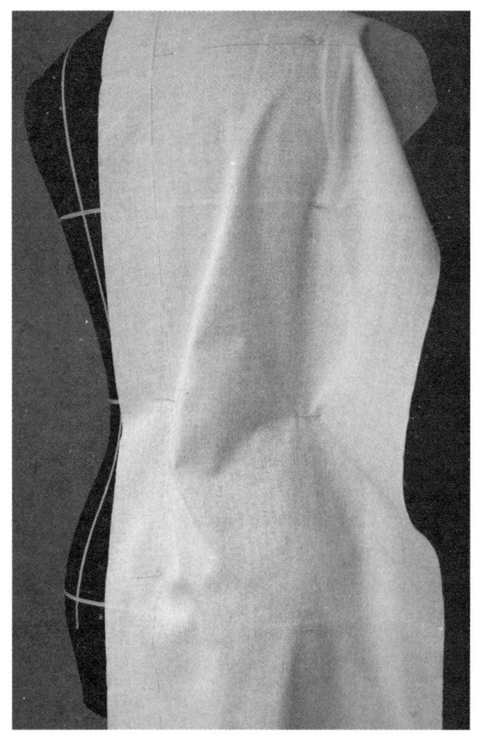
（8）

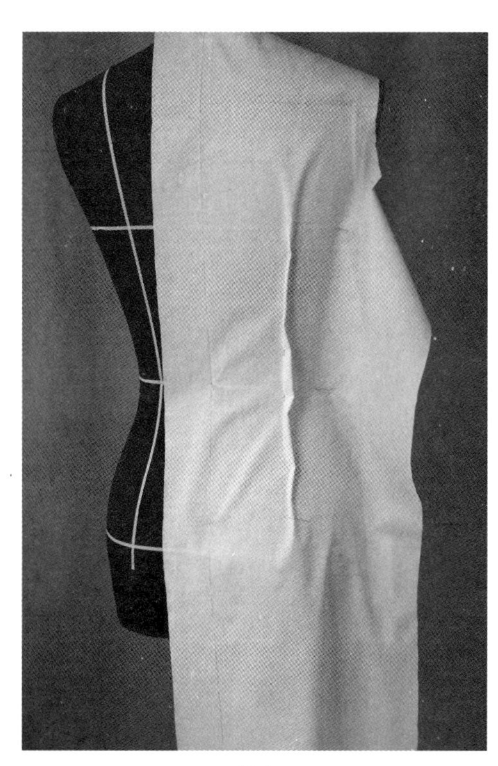
（9）

10. 前后片在胸围、腰围、臀围侧缝处各放出 0.7~1cm 的放松量，全胸围、全腰围放松量各在 6cm 左右，臀围放松量在 4cm 左右，用抓合针法抓合侧缝、肩缝，收腰量在 1.5cm 左右，如图 5-3（10）所示。

11. 侧缝线要顺直。检查连衣裙衣身整体造型，点位记录衣身结构，如图 5-3（11）所示。

12. 假缝连衣裙衣身。假缝衣身的前面效果，如图 5-3（12）所示。

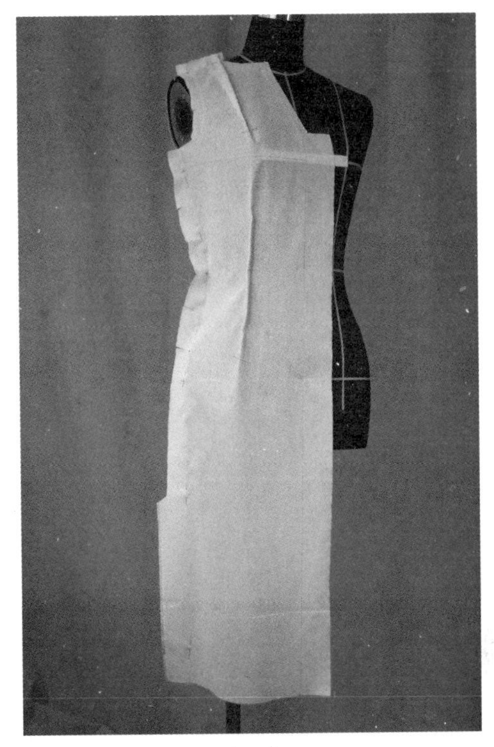

（10）

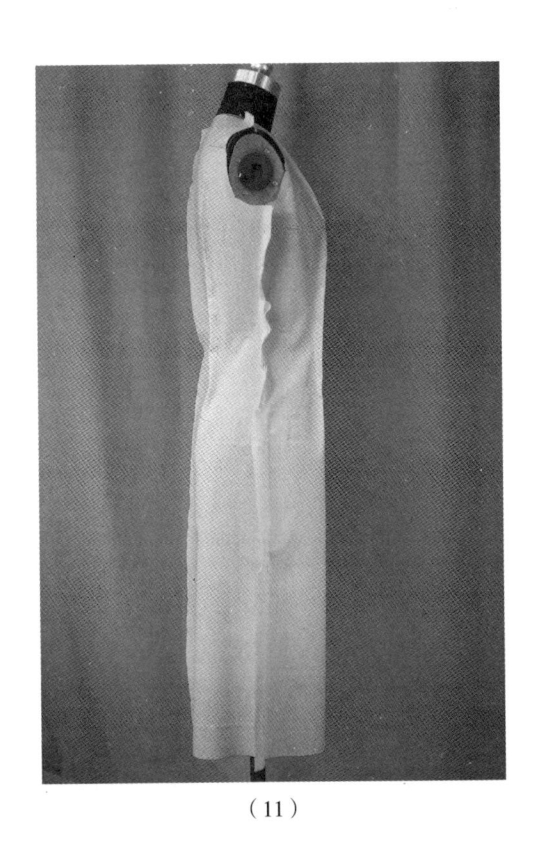

（11）

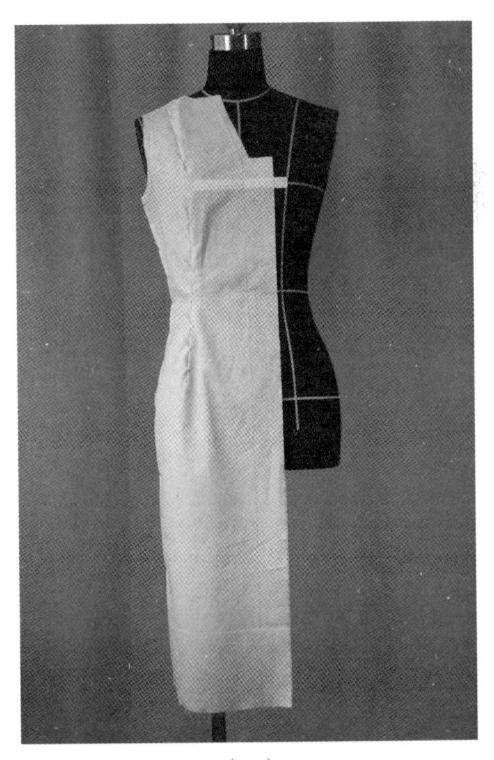

（12）

图 5-3

13. 假缝连衣裙衣身的背面效果，如图 5-3（13）所示。

14. 假缝连衣裙衣身的侧面效果，如图 5-3（14）所示。

15. 画出准确的袖窿线，装上手臂模型，如图 5-3（15）所示。

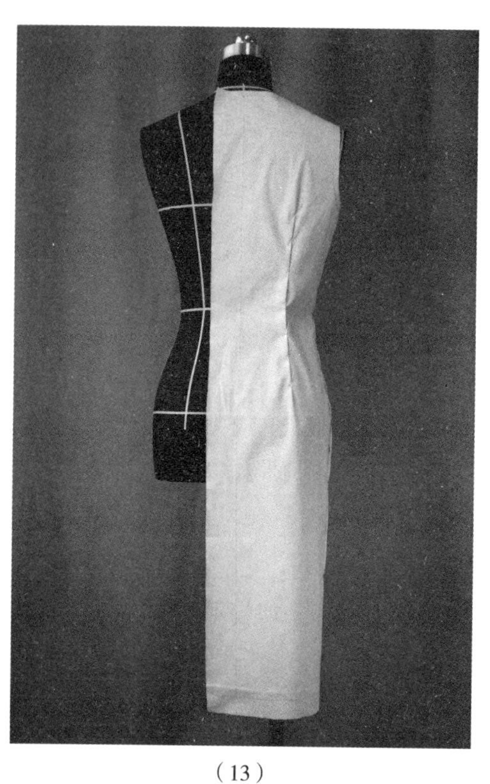

（13）

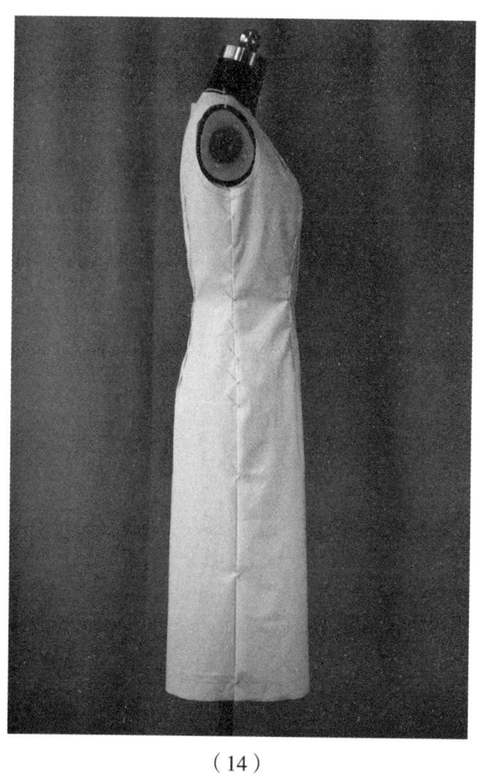

（14）

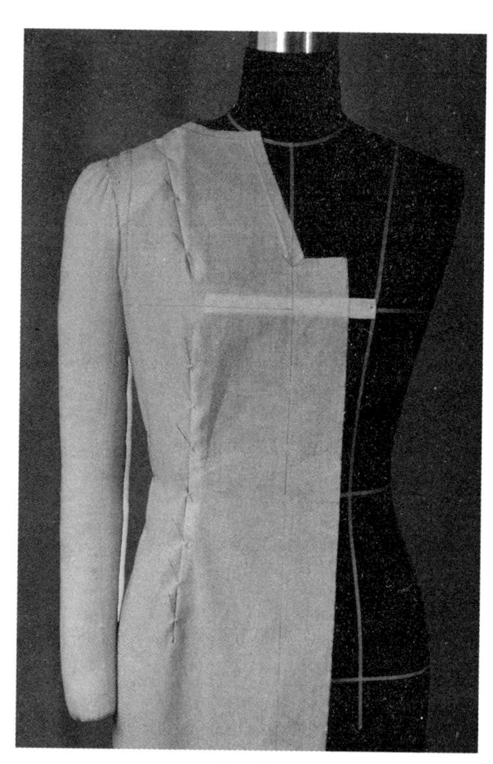

（15）

16. 将准备的袖布片放在肩部和手臂上，布片上的袖中标志线对准肩线，如图 5-3（16）所示。

17. 手臂略抬起，手臂与垂直线夹角略大于 30°。用抓合法别出袖口和袖底线，如图 5-3（17）。

18. 剪去袖底线多余的面料，如图 5-3（18）所示。

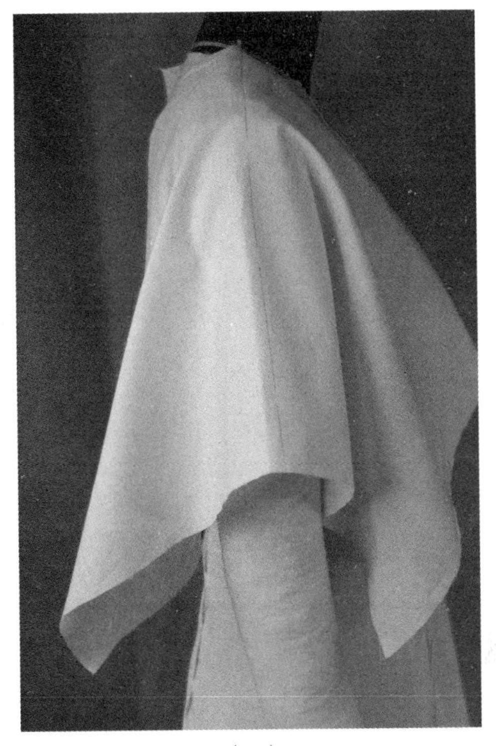

（16）

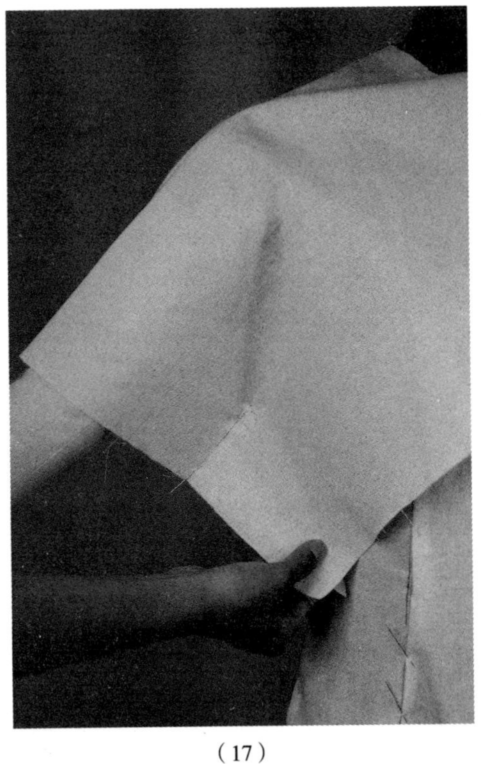

（17）

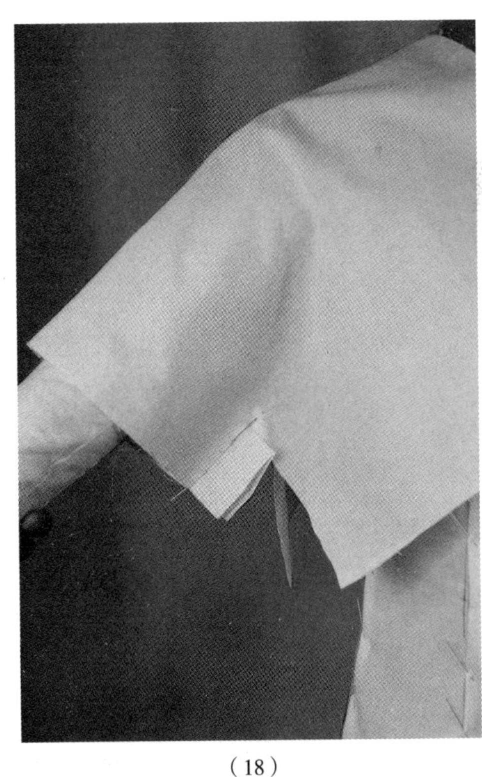

（18）

图 5-3

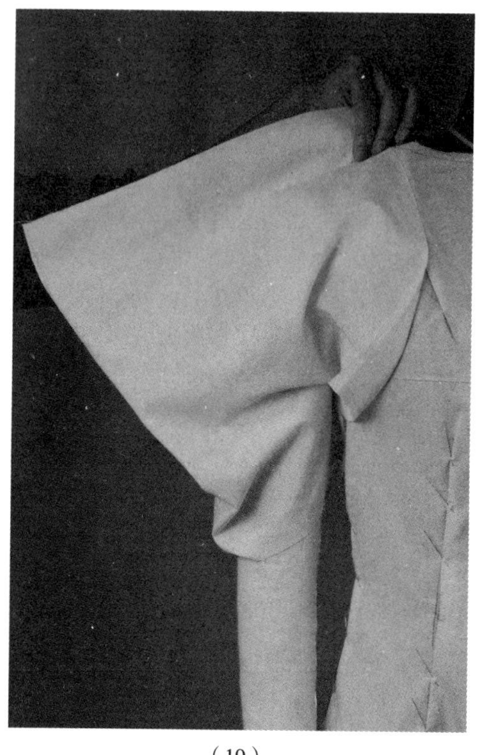

（19）

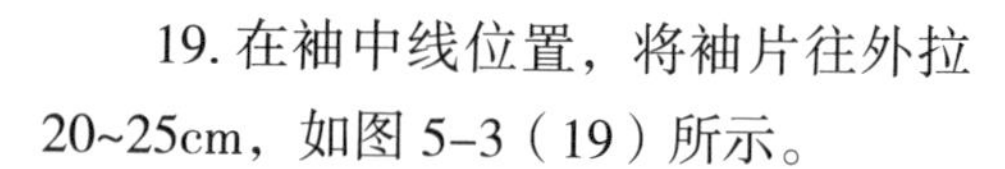

19. 在袖中线位置，将袖片往外拉20~25cm，如图 5-3（19）所示。

20. 根据袖子悬吊的造型，确定袖片拉出尺寸。从袖底往上，沿袖窿线用叠合针法叠合袖片和衣身，如图 5-3（20）所示。

21. 叠合后背的袖片和衣身，如图 5-3（21）所示。

22. 根据袖子悬吊的褶量和造型，用粘带在袖片上端标出开口的造型，如图 5-3（22）所示。

23. 从侧面看袖片上端开口的造型，如图 5-3（23）所示。

24. 点位记录袖片结构。取得连衣裙裁片，如图 5-3（24）所示。

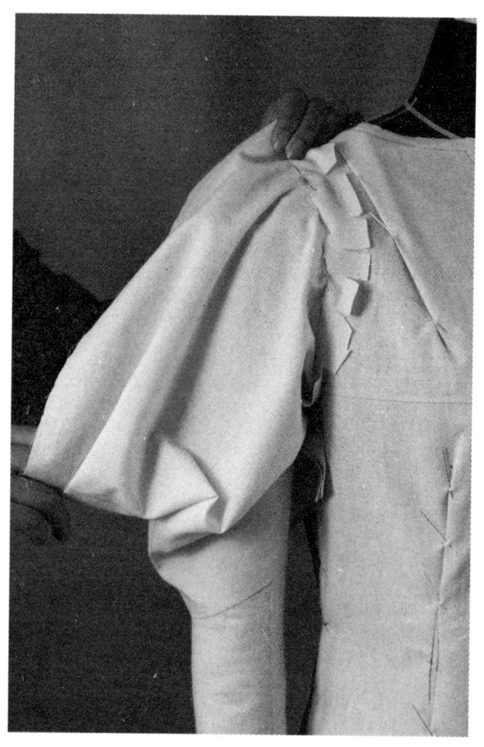

（20）

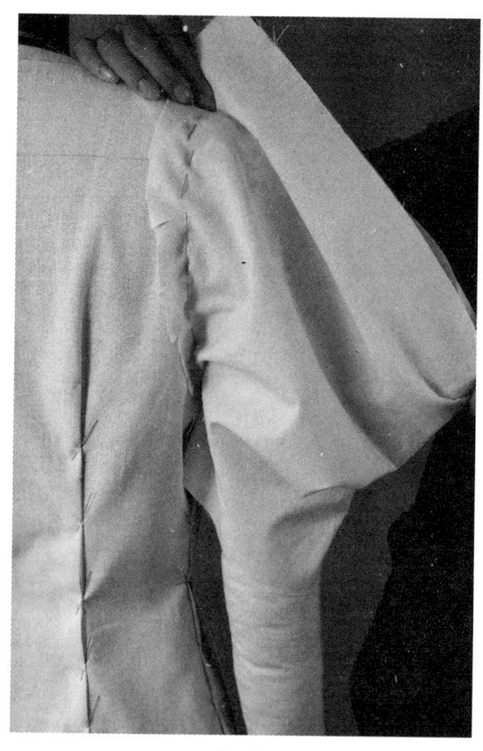

（21）

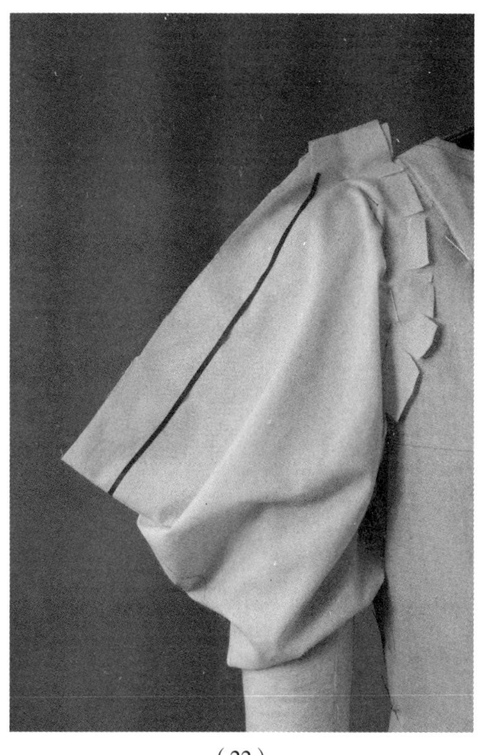

（22）

（23）

25. 连衣裙试样效果。垂袖连衣裙正面效果如图 5–3（25）所示，垂袖连衣裙侧面效果如图 5–3（26）所示，垂袖连衣裙背面效果如图 5–3（27）所示。

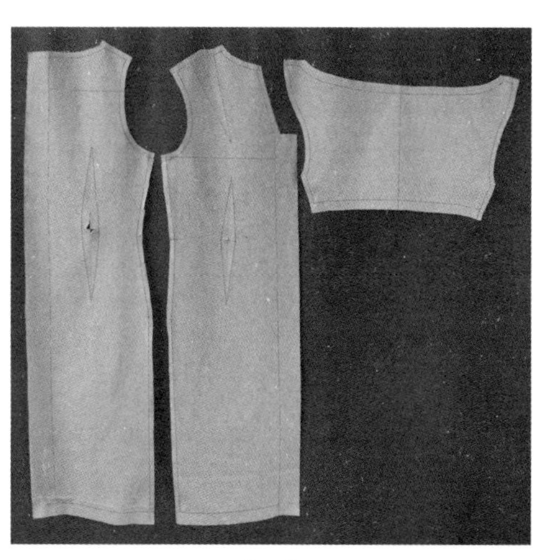

（24）

（25）

图 5–3

（26）

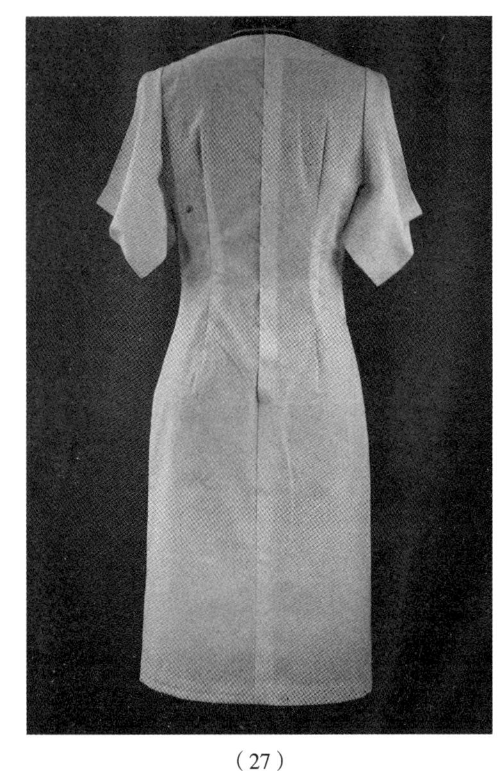

（27）

图 5-3　垂袖连衣裙的操作步骤

（五）垂袖连衣裙操作技术要点

1. 连衣裙呈偏修身造型，放松量适当，胸围、腰围一般各放 6cm 左右。

2. 胸围线保持水平，把胸凸余量推到肩部下收肩省。衣身丝绺竖直，前中心线、胸宽处标志线保持垂直。

3. 袖子上端的开口尺寸应根据袖片悬垂吊挂的位置和褶量而确定。

4. 袖片与袖窿线叠合要圆顺，袖山弧线尺寸和袖窿尺寸一致。标注对位记号，通过假缝试样进行调整修正。

（六）CAD 读样

用 CAD 读图仪读入纸样，如图 5-4 所示。按生产要求制作系列生产样板。

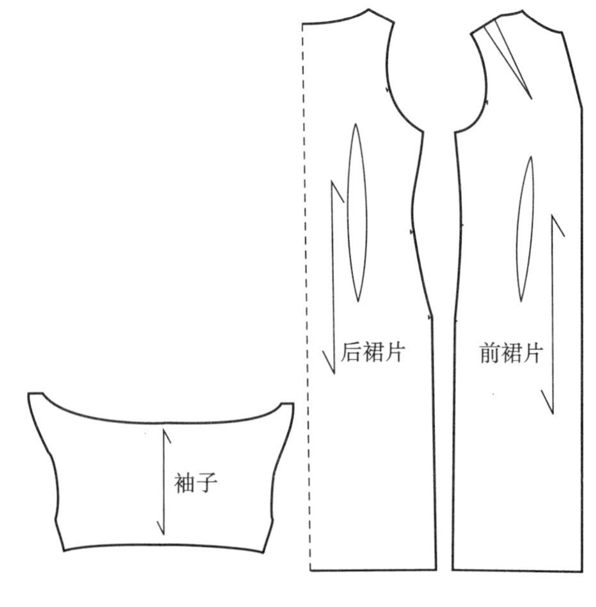

图 5-4　垂袖连衣裙的纸样

二、衣身抽褶连衣裙

（一）款式图（图 5–5）

图 5–5　衣身抽褶连衣裙款式图

（二）款式分析

V 领，泡泡袖，前中心抽褶，褶边沿 S 形转换放置在前中心两侧，具有动感效果。不设省，胸凸余量全部推至前中心褶上。推荐用紧密型、垂感好的弹力针织面料。

（三）坯布准备

将坯布熨烫平整、归正，参考图 5–6 的尺寸取料，并在坯布上标出标志线。

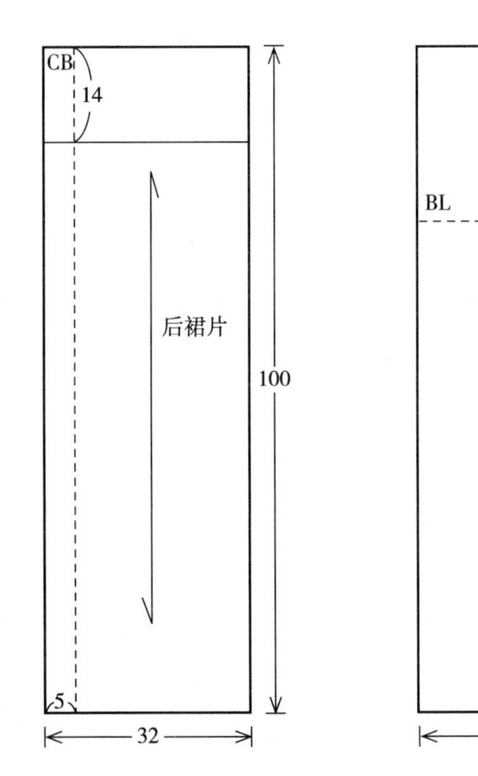

图 5–6　衣身抽褶连衣裙的坯布准备

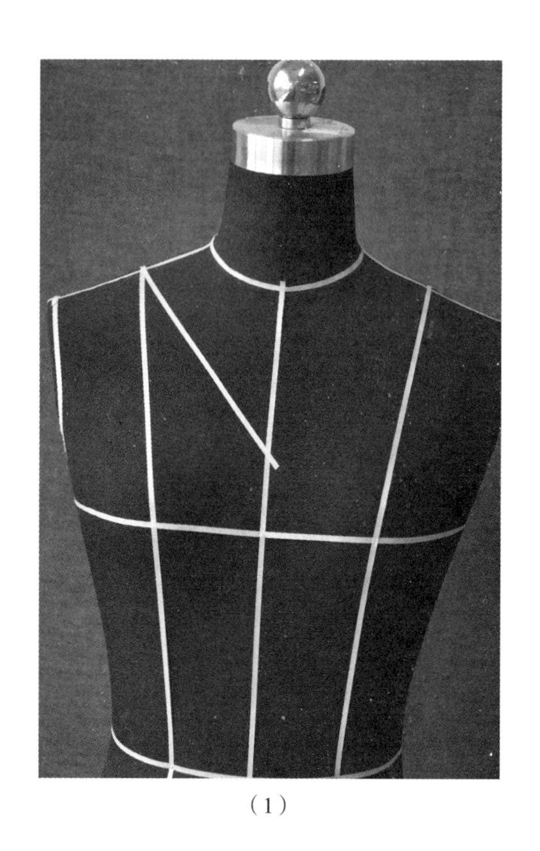
（1）

（四）操作步骤（图 5-7）

1. 用粘带在人台前身标出 V 领的造型，在颈侧点基础上，将横开领再开大 6~7cm，如图 5-7（1）所示。

2. 用粘带在人台背部标出圆领的造型，如图 5-7（2）所示。

3. 连衣裙前片立裁操作。前衣片的胸围线对准人台胸围线，在前中心线右侧 15cm 处的纵向标志线保持自然垂直，用大头针固定，如图 5-7（3）所示。

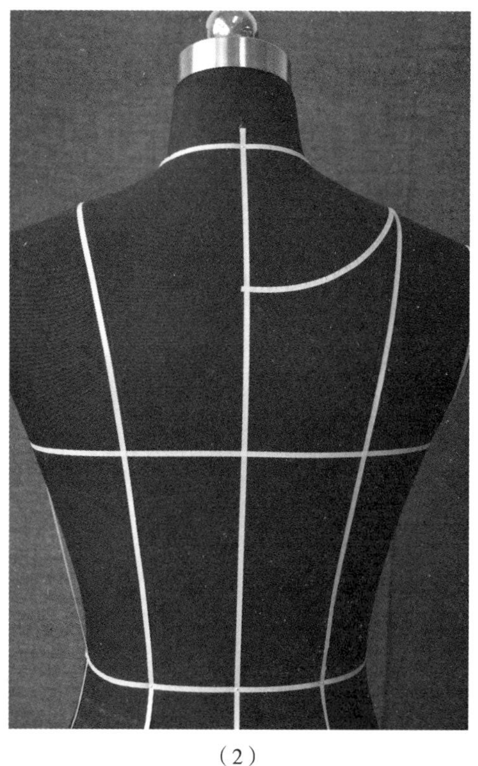
（2）

（3）

4. 将胸凸余量从胸围线往上推到前中心线，捋平袖窿和肩部。初步剪出袖窿形状，如图 5–7（4）所示。

5. 剪出右侧的 V 领造型，如图 5–7（5）所示。

6. 将前中心线左边的布料折向右边，依右侧的 V 领造型，剪出 V 领，如图 5–7（6）所示。

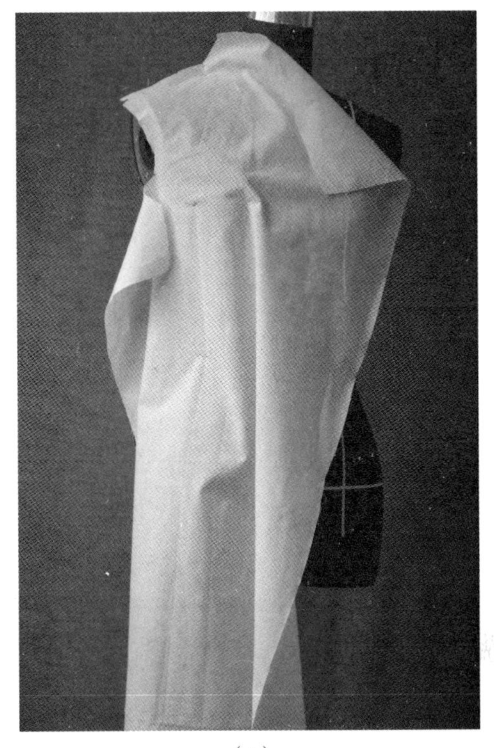

（4）

（5）

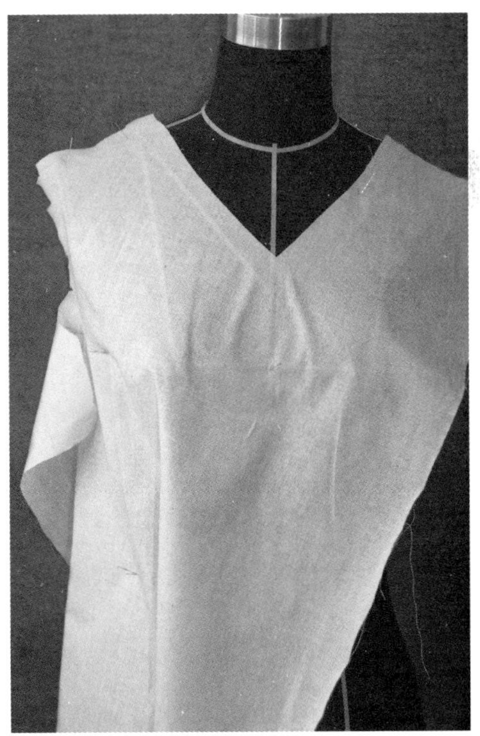

（6）

图 5–7

7. 腰线以上，从胸部往前中心线做向下的斜褶，如图 5-7（7）所示。

8. 剪去腰围线以上侧缝的多余面料，如图 5-7（8）所示。

9. 将腰围线以下的面料往前中心推,上提做向上斜褶,如图 5-7(9)所示。

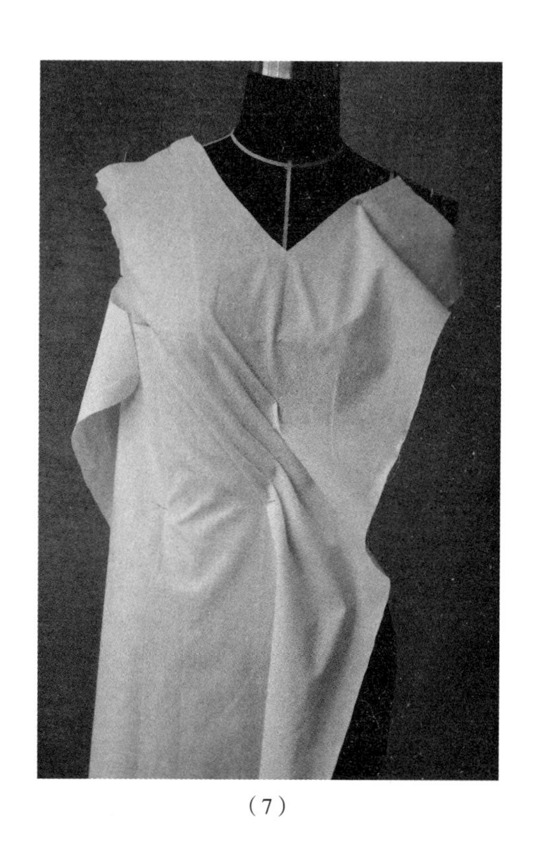

（7）

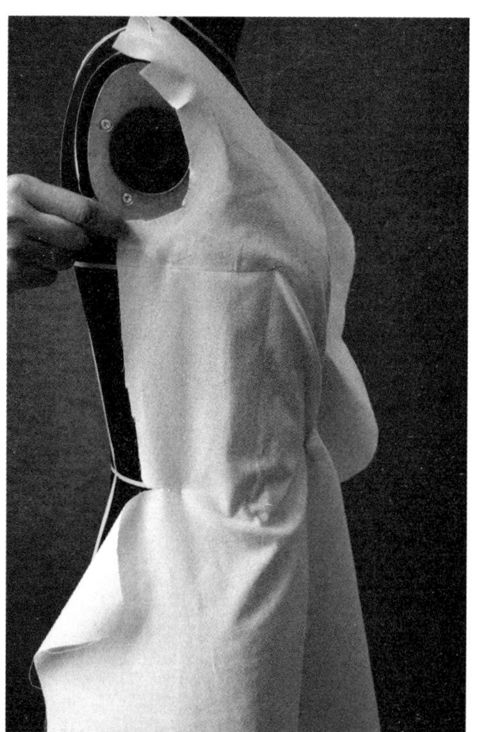

（8）

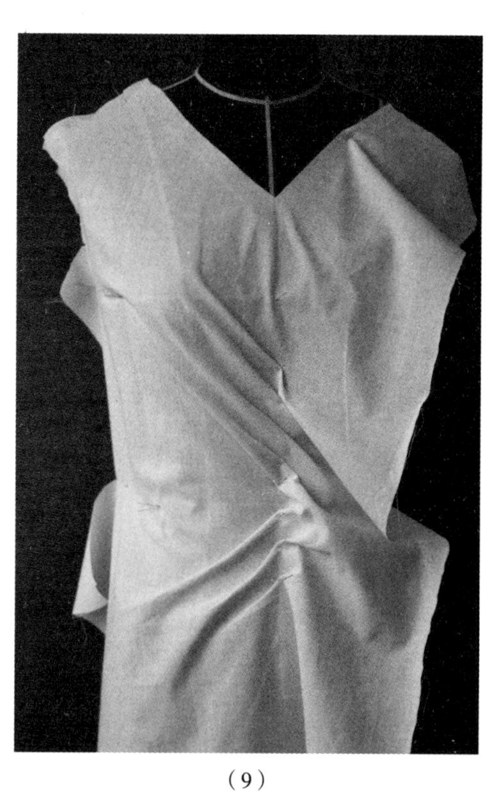

（9）

10. 设 V 领位置的褶边造型，如图 5-7（10）所示。

11. 用粘带标出约 10cm 的褶边宽度，如图 5-7（11）所示。

12. 修剪掉褶边多余的面料，如图 5-7（12）所示。

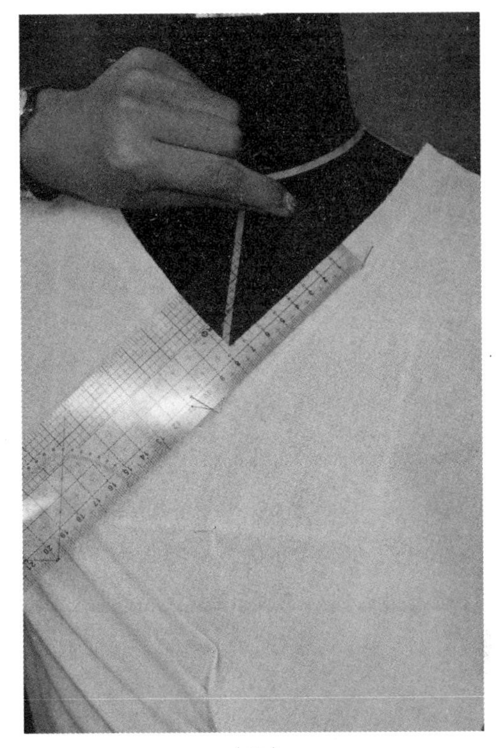

（10）

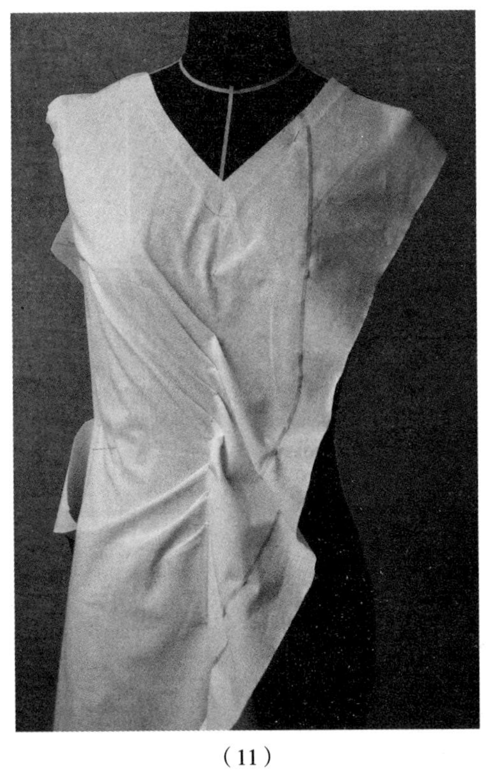

（11）

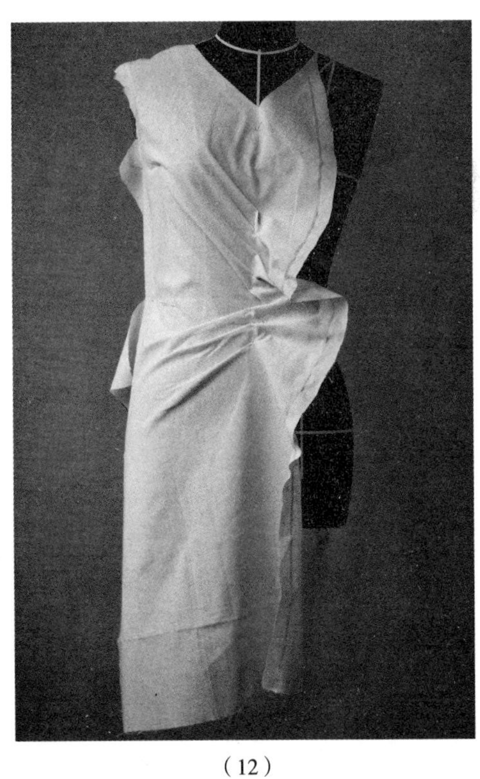

（12）

图 5-7

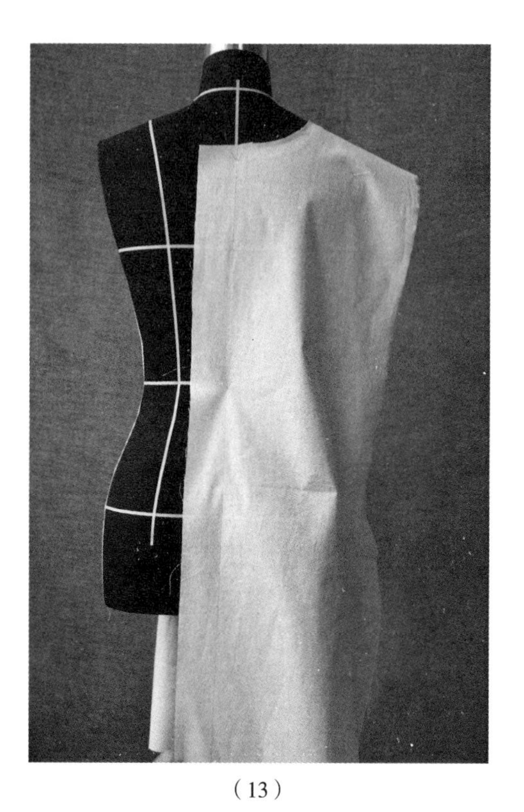

（13）

13. 连衣裙后片立裁操作。将后片中心线和人台中心线对准，肩胛骨位置面料水平。剪出后领口，如图 5–7（13）所示。

14. 背侧标志线保持自然垂直，并用大头针固定，如图 5–7（14）所示。

15. 抓合肩缝，初步剪出后袖窿，如图 5–7（15）所示。

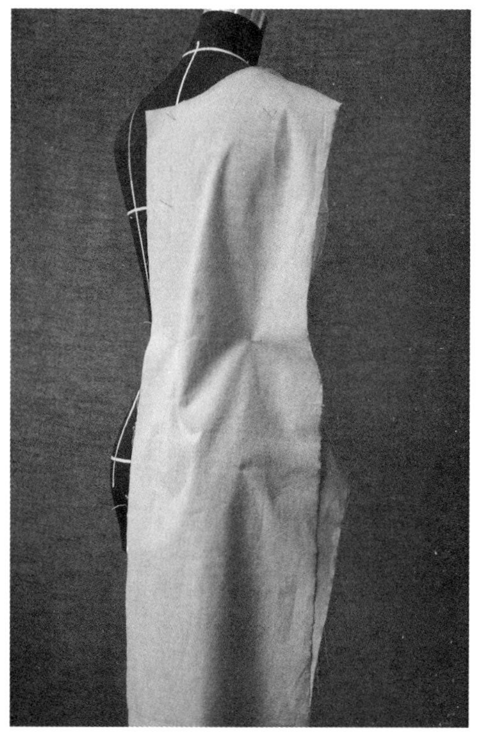

（14）

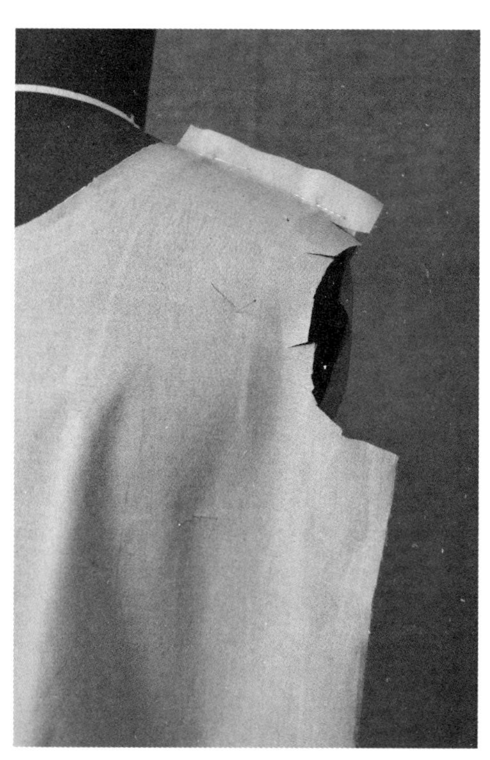

（15）

16. 收腰背省，如图 5-7（16）所示。

17. 在前后片胸围侧缝处放出约 1cm 放松量，在腰围、臀围侧缝处各放出 0.5~0.7cm 的放松量，整个胸围、腰围的放松量在 6cm 左右，臀围放松量在 4cm 左右，用抓合针法抓合侧缝，如图 5-7（17）所示。

18. 检查连衣裙衣身整体造型，袖窿深在臂根下 2~2.5cm 处。点位记录衣身结构，如图 5-7（18）所示。

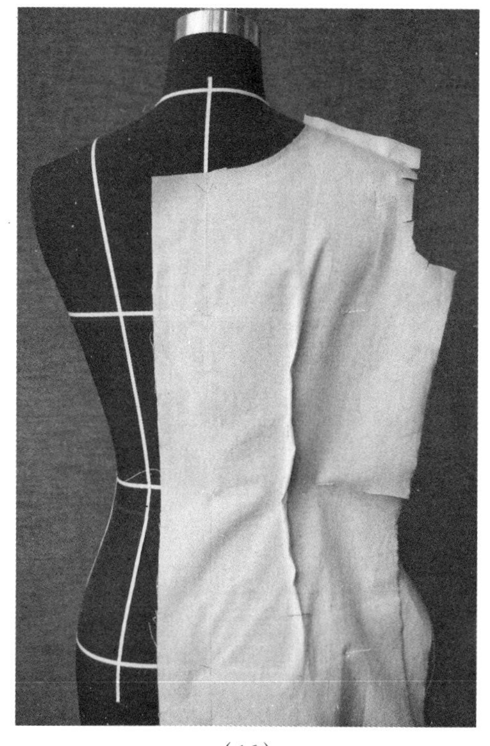

（16）

（17）

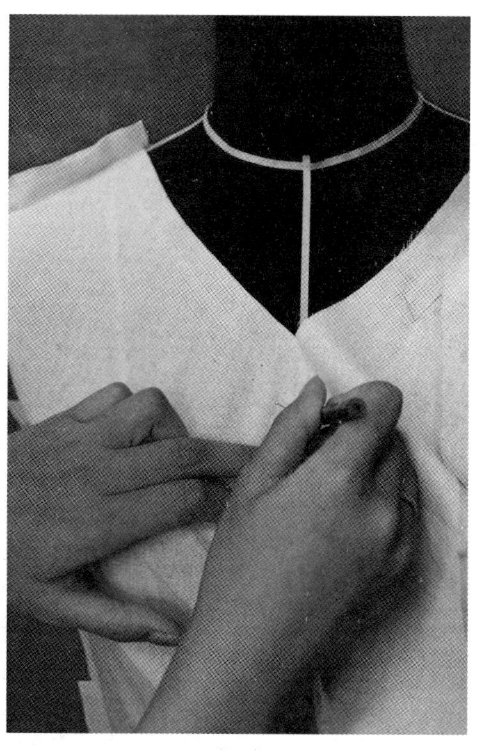

（18）

图 5-7

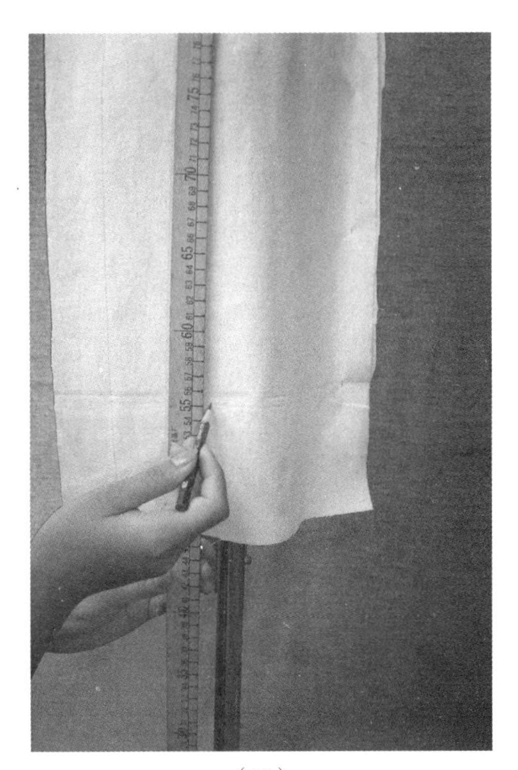

（19）

19. 确定连衣裙长度，从地面往上用尺子量取，水平点位，标出连衣裙下摆位置，如图 5-7（19）所示。

20. 假缝连衣裙衣身，检查连衣裙衣身的整体造型和放松量，如图 5-7（20）所示。

21. 量取袖窿尺寸，如图 5-7（21）所示。

22. 用平面方法配泡泡袖，如图 5-7（22）所示。

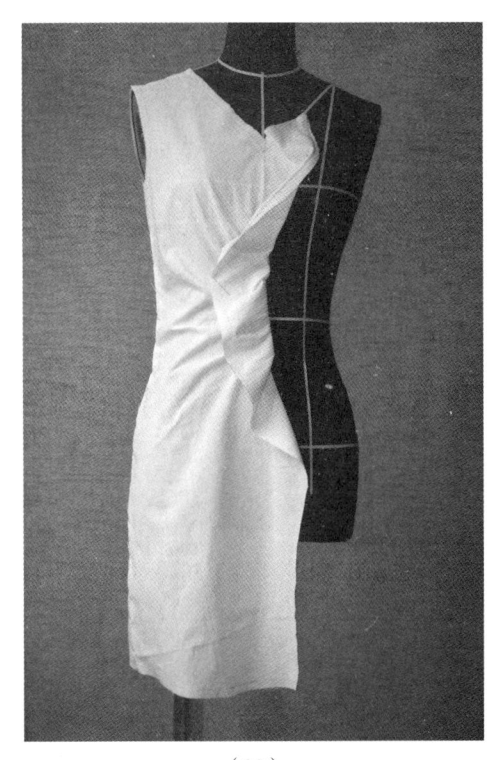

（20）

（21）

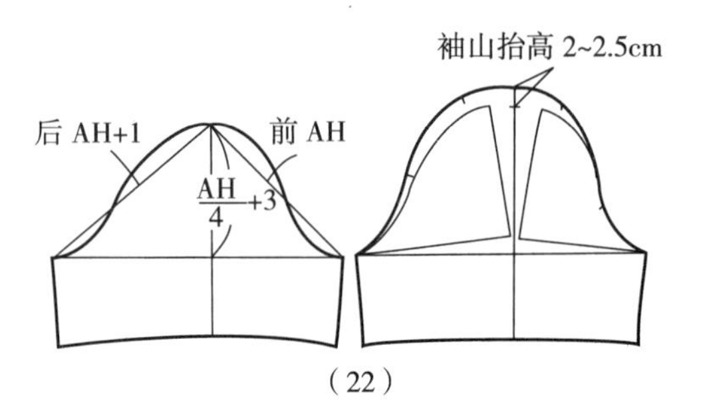

（22）

23. 取得的连衣裙裁片如图 5–7（23）所示。

24. 衣身抽褶连衣裙试样效果。正面效果如图 5–7（24）所示，侧面效果如图 5–7（25）所示，背面效果如图 5–7（26）所示。

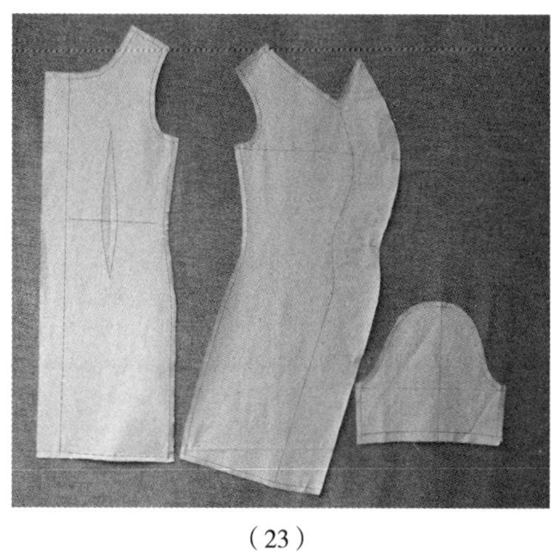

（23）

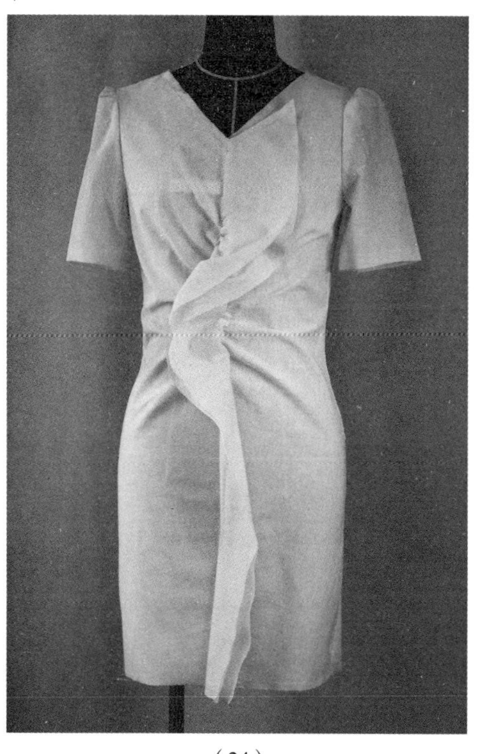

（24）

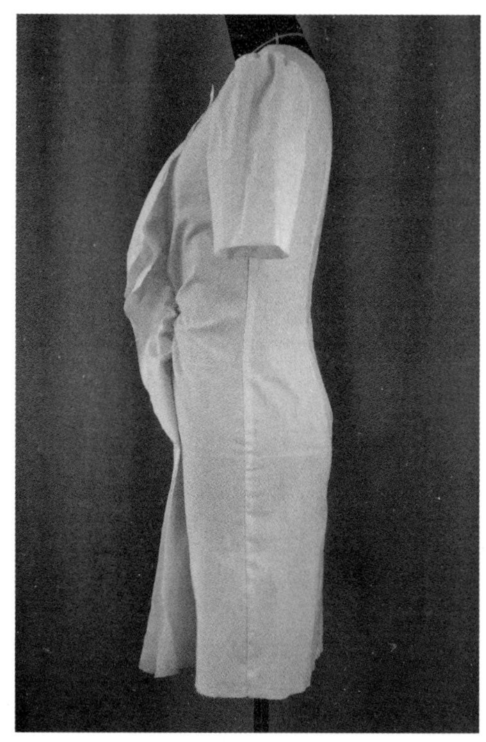

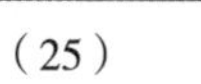

（25）

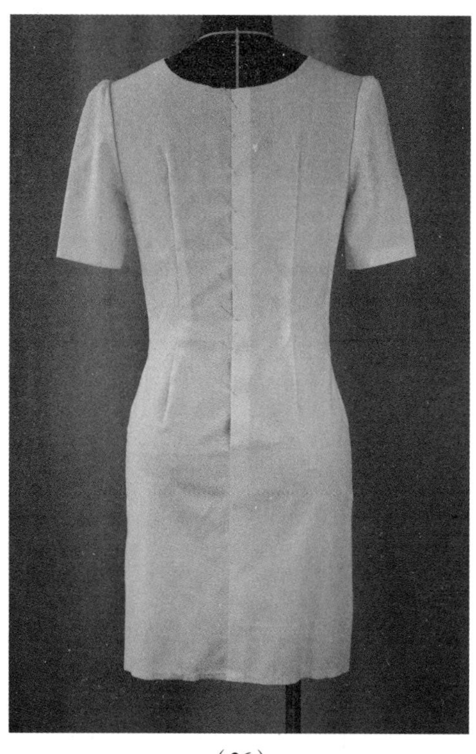

（26）

图 5–7　衣身抽褶连衣裙的操作步骤

（五）衣身抽褶连衣裙操作技术要点

1. 连衣裙衣身呈修身造型，放松量适当，胸围、腰围一般各放 4~6cm，臀围放 4cm 左右。

2. 把胸凸余量推向前中心。在腰围线以上，向前中心做向下斜褶，在腰围线以下，向前中心作向上斜褶。

3. 用平面方法配泡泡袖。

（六）CAD 读样

用 CAD 读图仪读入纸样，如图 5-8 所示。然后按生产要求制作系列生产样板。

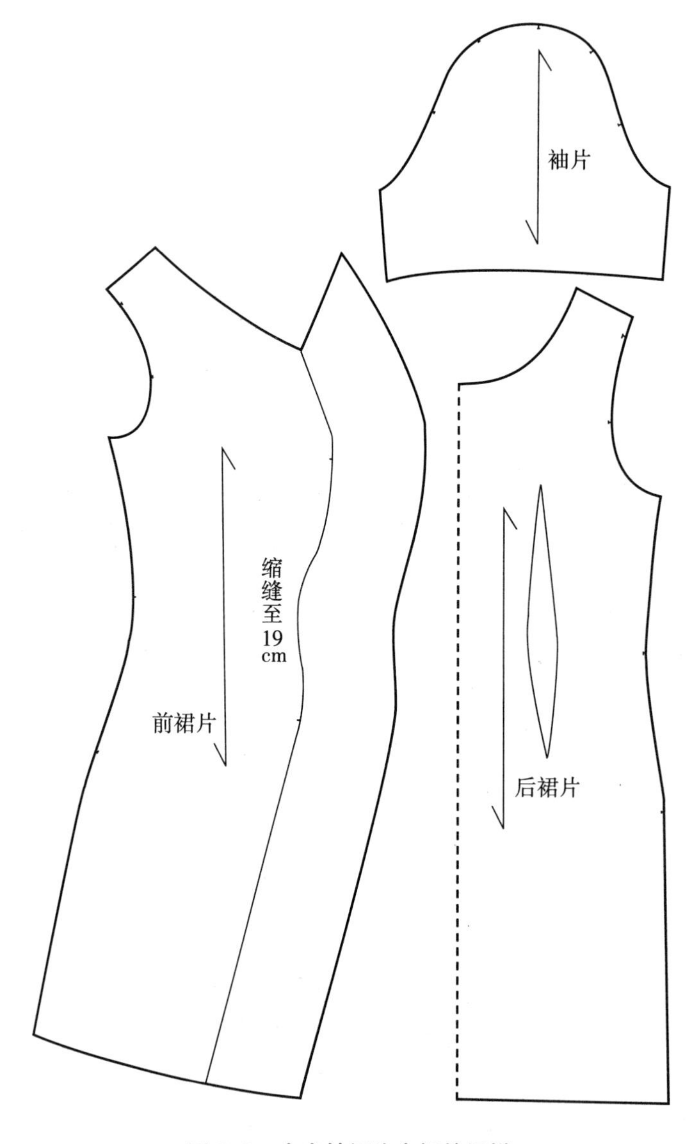

图 5-8　衣身抽褶连衣裙的纸样

三、交叠褶连衣裙

（一）款式图（图 5-9）

（二）款式分析

左右衣片的褶皱部分交互穿过，具有立体效果。修身造型，胸围、腰围放松量 4~6cm，前后设腰省，前片接腰。肩稍加宽，无袖。裙长在膝盖上 5cm 左右。推荐选择真丝面料，或薄型针织羊毛面料、紧密型弹力针织面料（如果选用针织面料，则不需要收腰省，腰部也不需要分割）。

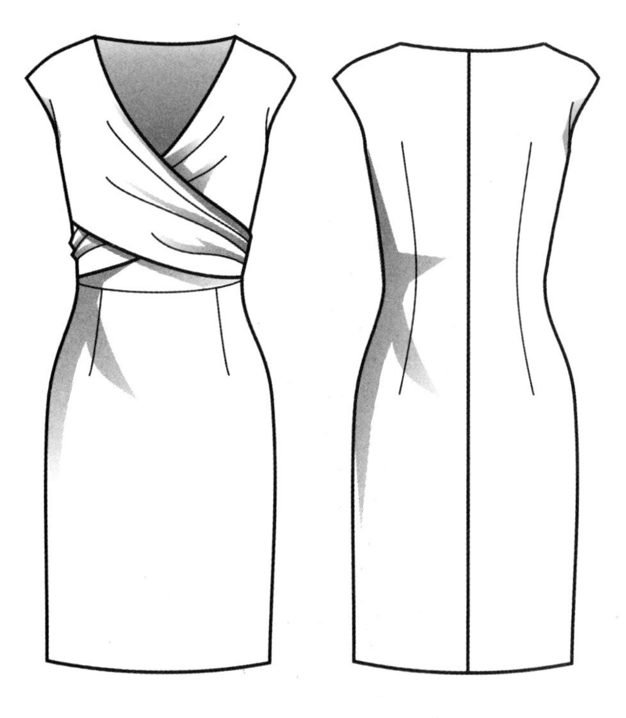

图 5-9　交叠褶连衣裙款式图

（三）坯布准备

将坯布熨烫平整、归正，参考图 5-10 的尺寸取料，并按虚线在坯布上标出标志线。

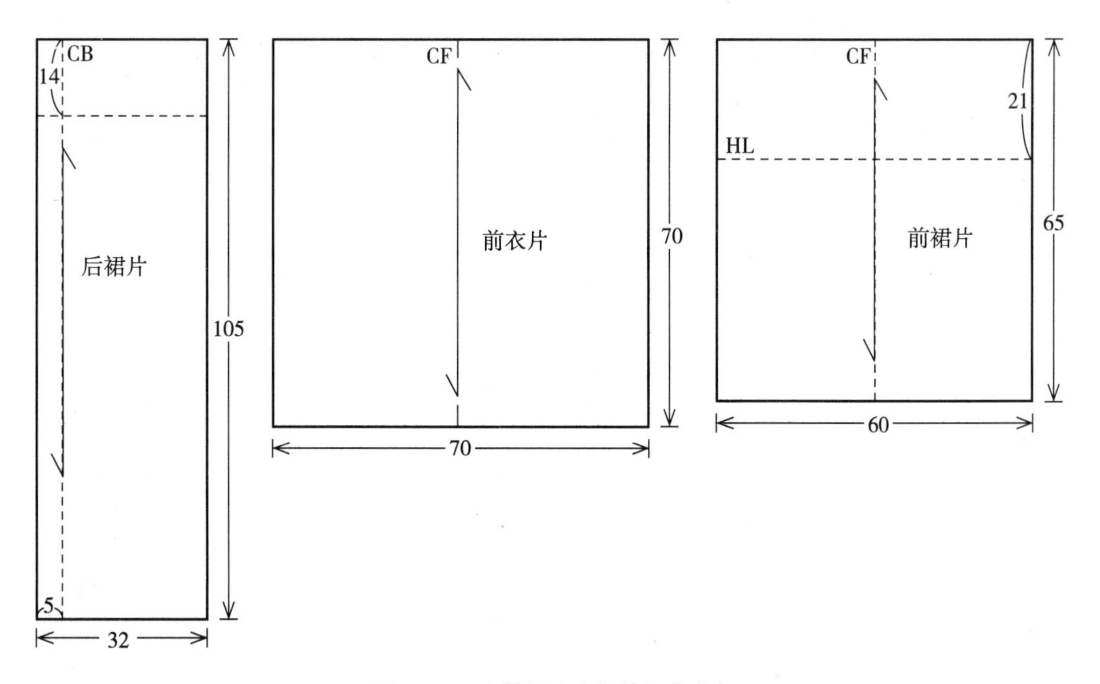

图 5-10　交叠褶连衣裙的坯布准备

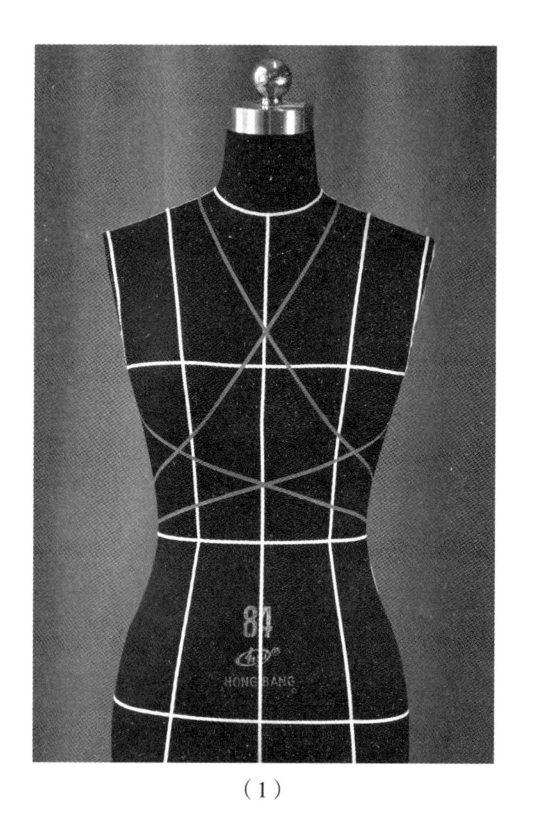

（1）

（四）操作步骤（图 5–11）

1. 用粘带在人台上标出交叠的领线、斜裥的位置和造型，如图 5–11（1）所示。

2. 连衣裙前片立裁操作。将前衣片的前中心线对准人台前中心线，前中心处打剪口，如图 5–11（2）所示。

3. 右肩线下面料丝绺保持垂直，在左侧做斜褶，褶尖指向右胸，逐渐消失，如图 5–11（3）所示。

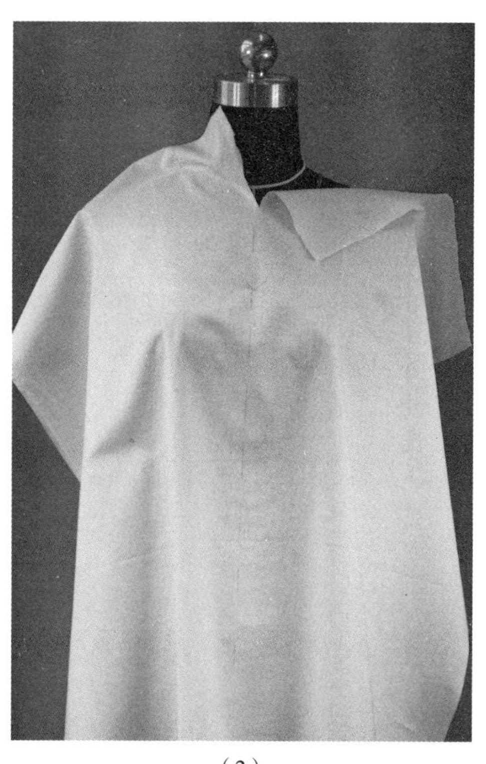

（2）

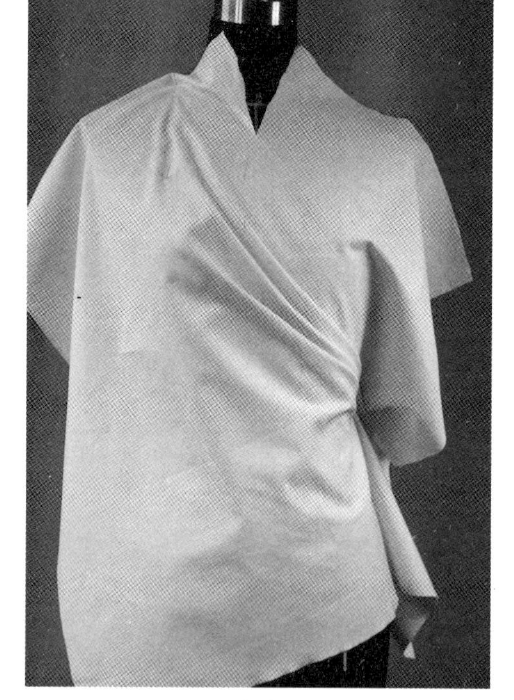

（3）

4. 剪掉领线上边多余的面料，如图5-11（4）所示。

5. 剪出右袖窿的造型，如图5-11（5）所示。

6. 按人台上的斜裥标志线位置，向里往上方做最下面的一个斜裥，斜裥宽3cm×2。捋平斜裥下的面料，腰围留适当放松量，调整好左侧褶量和位置。剪去腰围线下多余的面料，如图5-11（6）所示。

（4）

（5）

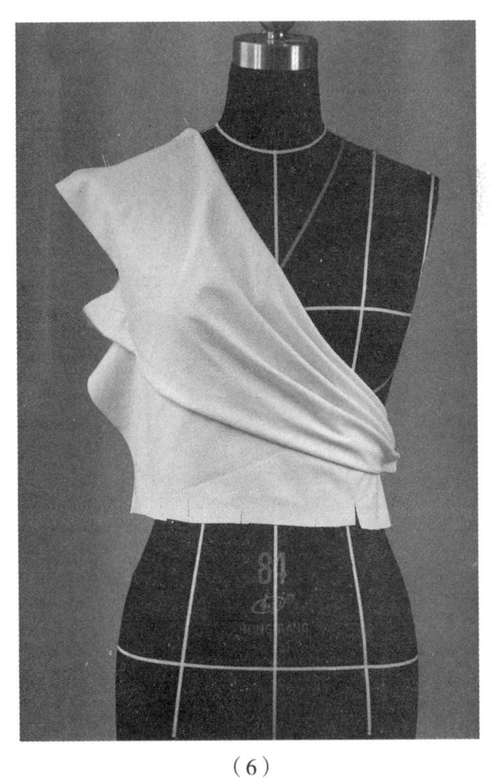

（6）

图5-11

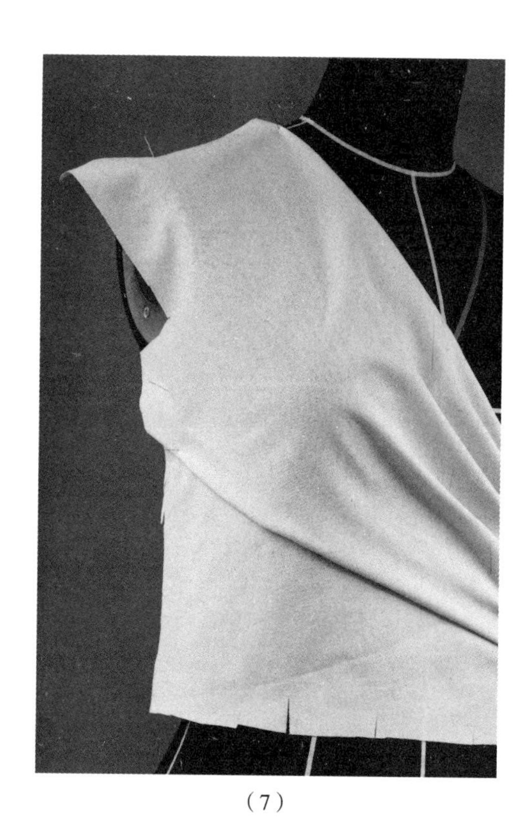

（7）

7. 剪去右侧多余的面料，如图 5-11（7）所示。

8. 前裙片操作。将裙片中心线和人台中心线对准，臀围线保持水平，如图 5-11（8）所示。

9. 把上衣片下摆暂时往上折。裙片右半边推出臀围 1cm 松量。收腰省，腰围留适当松量，如图 5-11（9）所示。

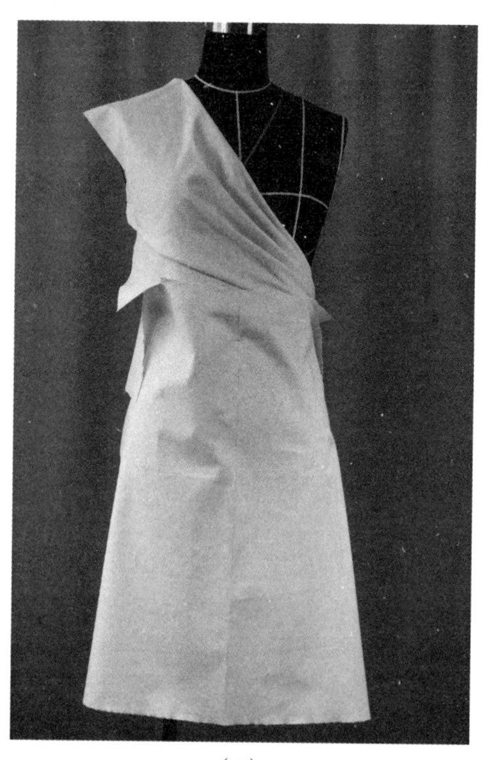

（8）

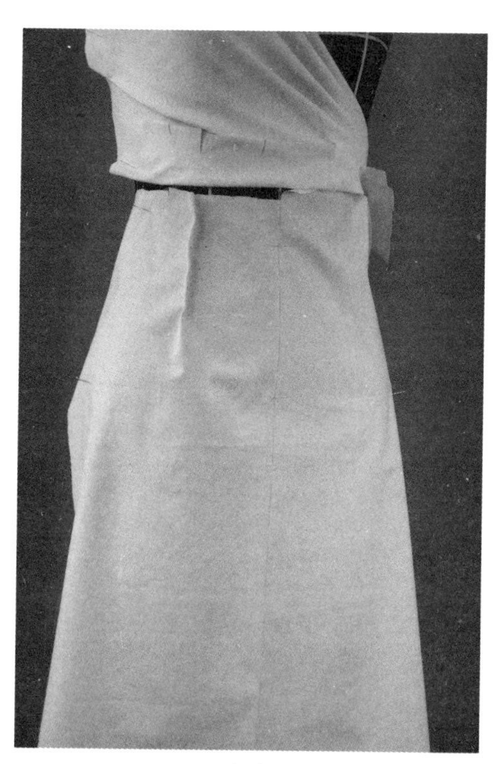

（9）

10. 将上衣片下摆放下，折进缝份，沿腰围线用折叠针法叠合上衣和裙片，注意保留一定的腰围放松量，如图 5-11（10）所示。

11. 连衣裙后片立裁操作。将后片中心线和人台中心线对准，肩胛骨标志线水平，如图 5-11（11）所示。

12. 剪去领口多余面料，抓合肩缝。从肩端点开始肩线略往下斜。背侧线保持自然垂直，并用大头针固定，如图 5-11（12）所示。

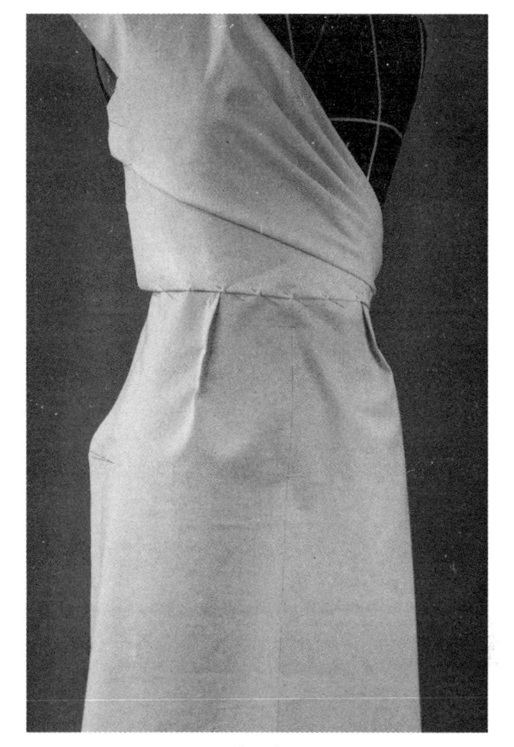

（10）

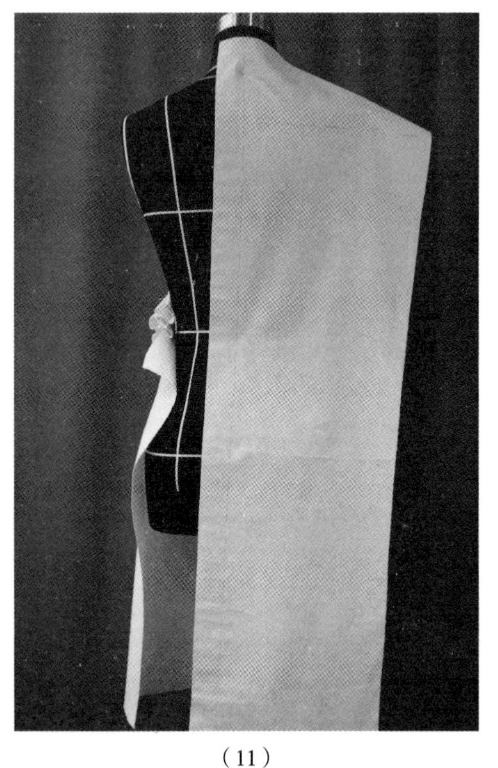

（11）

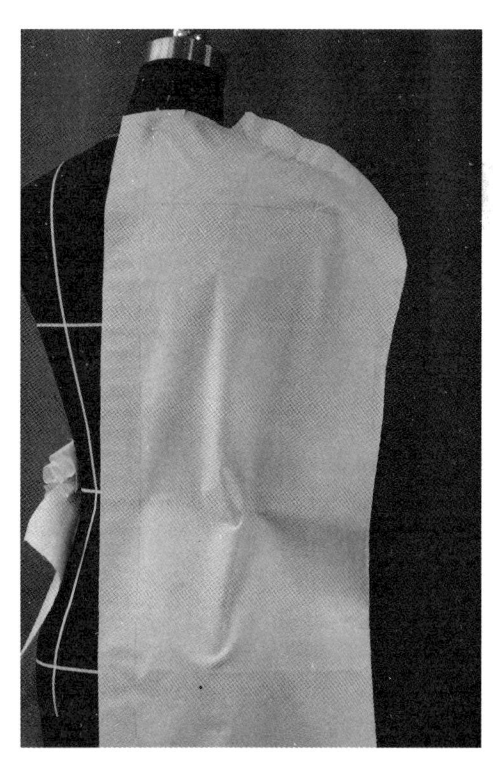

（12）

图 5-11

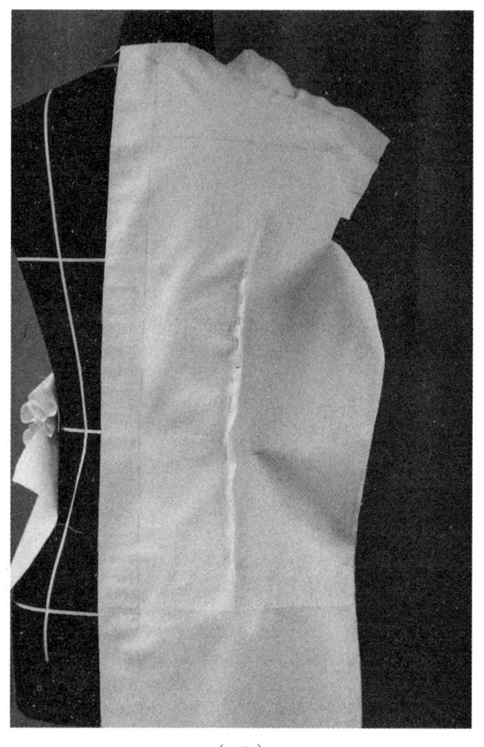

（13）

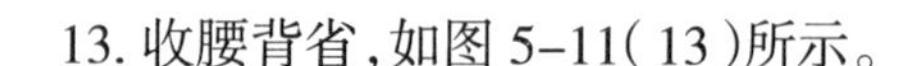

13. 收腰背省，如图 5-11（13）所示。

14. 在胸围侧缝处放出 0.5~1cm 放松量，在腰围、臀围侧缝处放出 0.5~0.7cm 的放松量，整个胸围、腰围的放松量控制在 4~6cm，臀围的放松量控制在 4 cm 左右，用抓合针法抓合侧缝，如图 5-11（14）所示。

15. 确定裙长，确定袖子造型。检查连衣裙衣身整体造型，点位记录衣身结构。要点位记录斜裥线和左右斜裥交叠的位置，如图 5-11（15）所示。

16. 取得裁片。上衣的右片，沿褶裥斜线从左侧缝剪至交叠位置，如图 5-11（16）所示。

17. 假缝连衣裙，修正造型，如图 5-11（17）所示。

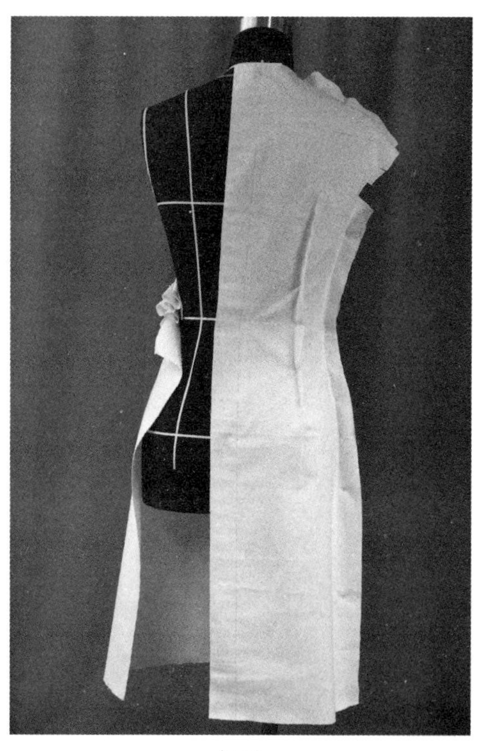

（14）

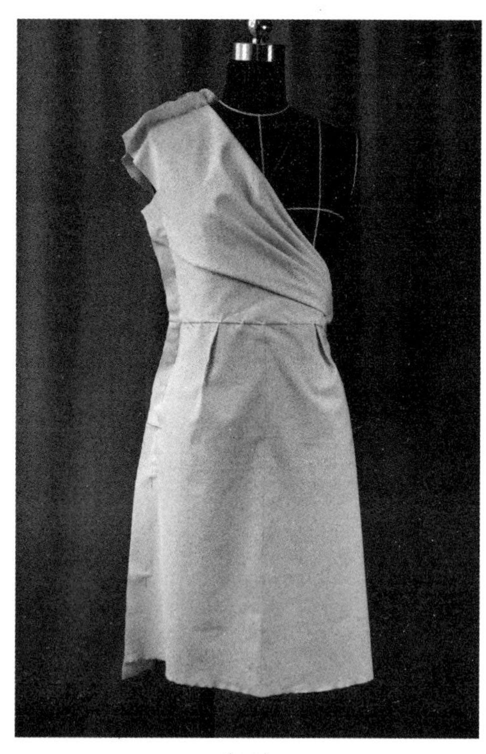

（15）

18. 交叠褶连衣裙试样效果。正面效果如图 5–11（18）所示，侧面效果如图 5–11（19）所示，背面效果如图 5–11（20）所示。

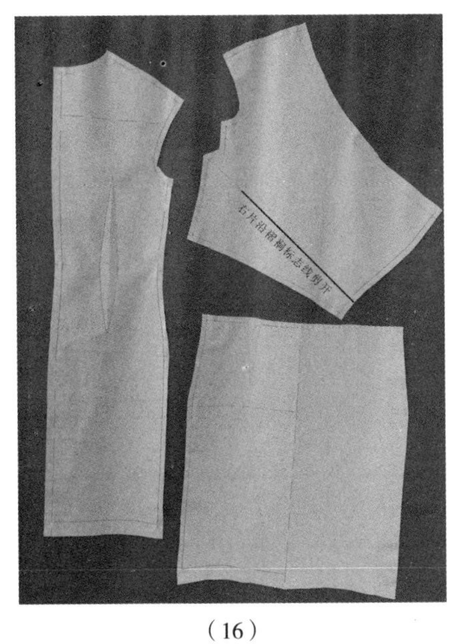

（16）

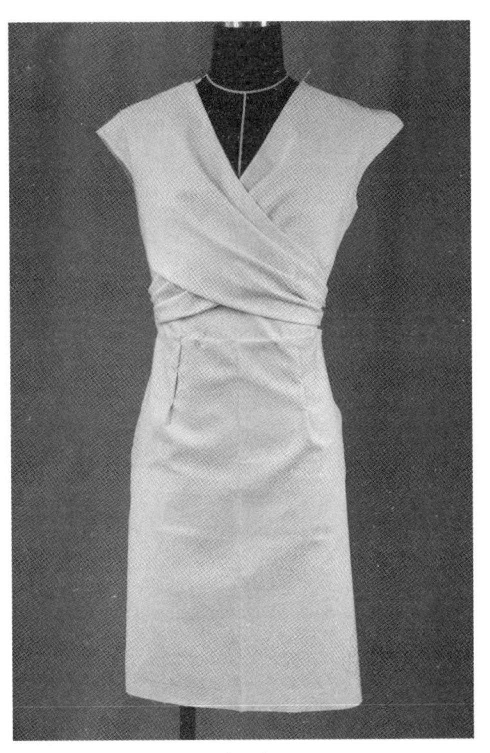

（17）

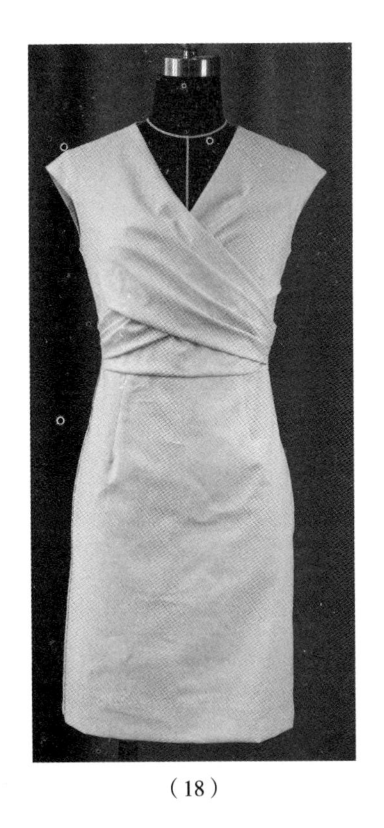

（18）

（19）

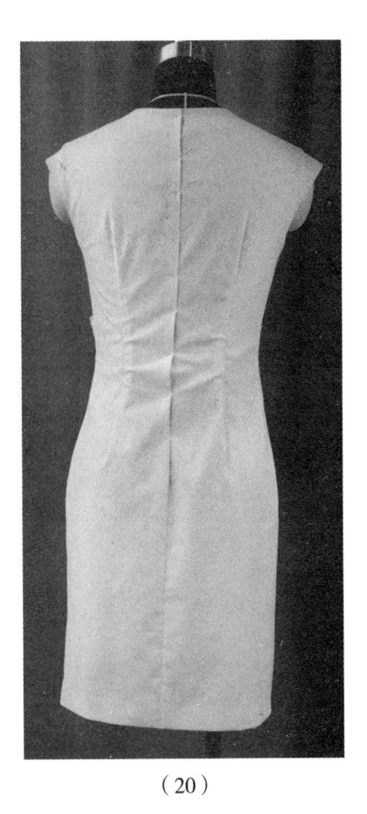

（20）

图 5–11 交叠褶连衣裙的操作步骤

（五）交叠褶连衣裙操作技术要点

1. 连衣裙衣身修身造型，放松量适当，胸围、腰围一般各放 4~6cm。

2. 在斜裥标志线位置，往里做斜裥，斜裥宽 3cm × 2，保证该斜裥宽度，才能在剪开时有较宽的折边和叠量。

3. 肩端点外，肩线略往下倾斜，肩线在肩端点位置应圆顺。

4. 如果该款采用针织面料，则不需要腰省，前腰线也不必分割，效果更加整体。

（六）CAD 读样

用 CAD 读图仪读入纸样，如图 5-12 所示。按生产要求制作系列生产样板。

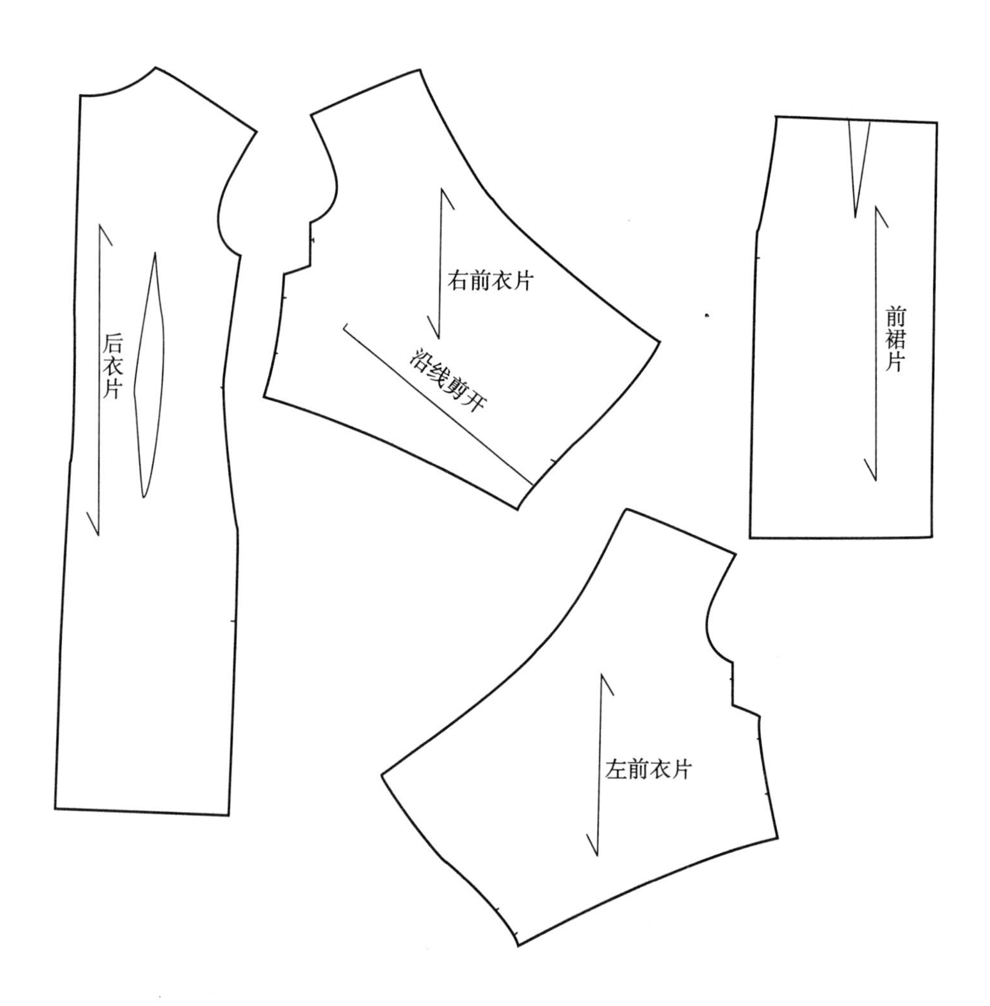

图 5-12　交叠褶连衣裙的纸样

四、折叠礼服

（一）款式图（图 5-13）

（二）款式分析

左右不对称设计，最大的特点是胸部和腰部有交叠的折叠边，折边呈立体效果，具有现代感。紧身造型，胸围放松量 0~2cm，腰围放松量约 4cm，前衣片设腋下省，前后衣片设腰省。裙长至踝骨处。推荐选择有较好光泽的缎类真丝面料制作。

（三）坯布准备

将坯布熨烫平整、归正，参考图 5-14 的尺寸取料，并在坯布上标出标志线。

图 5-13　折叠礼服款式图

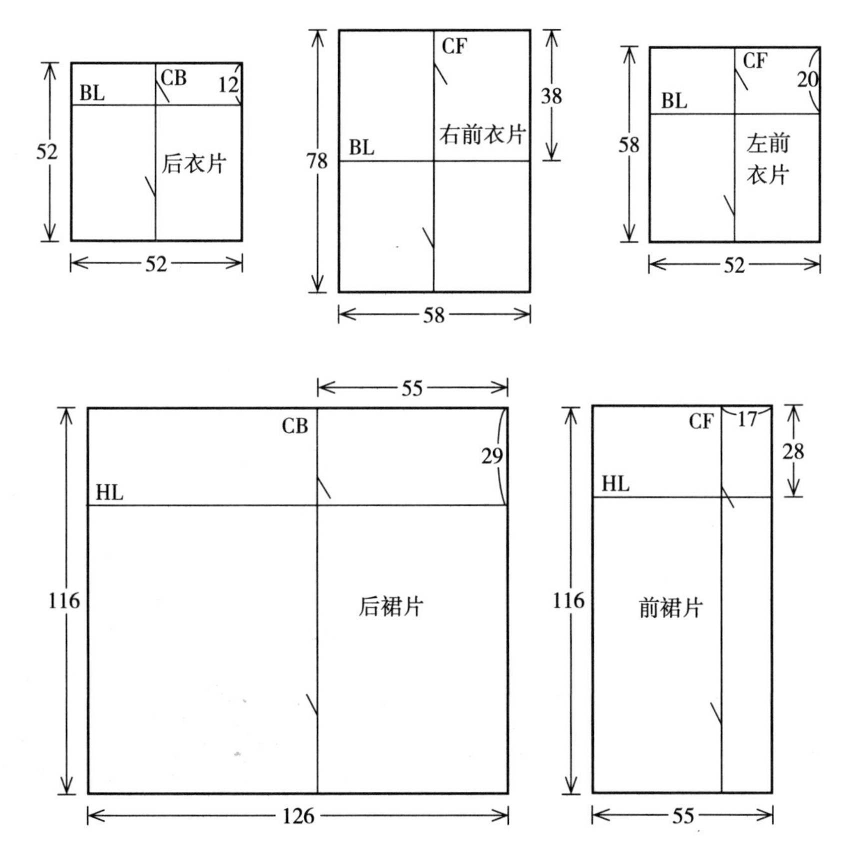

图 5-14　折叠礼服的坯布准备

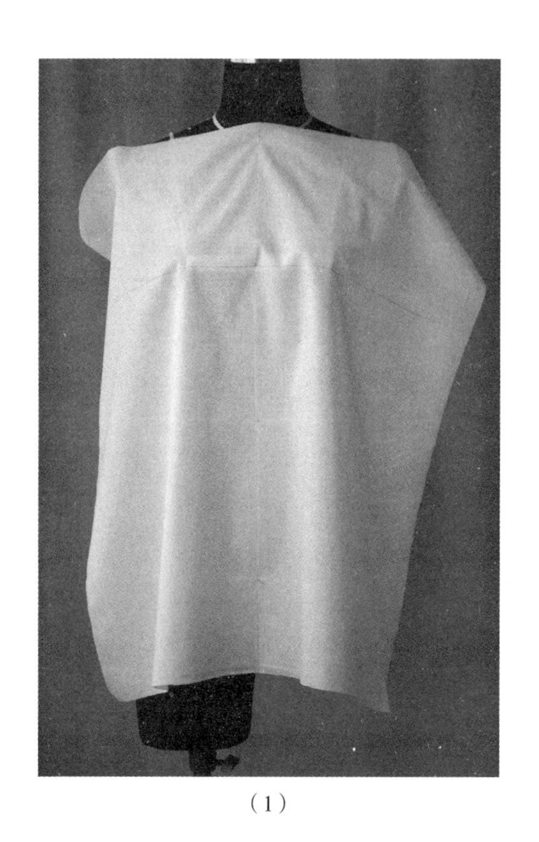

（1）

（四）操作步骤（图 5–15）

1. 先立裁前衣片里层。将衣片的前中心线、胸围线对准人台的前中心线和胸围线，用大头针固定，如图 5–15（1）所示。

2. 胸宽位置，胸围线下面料丝绺保持垂直。别合前片的胸腰省，加放适当的腰围放松量，如图 5–15（2）所示。

3. 把胸凸余量推到胸围线下，做腋下省，如图 5–15（3）所示。

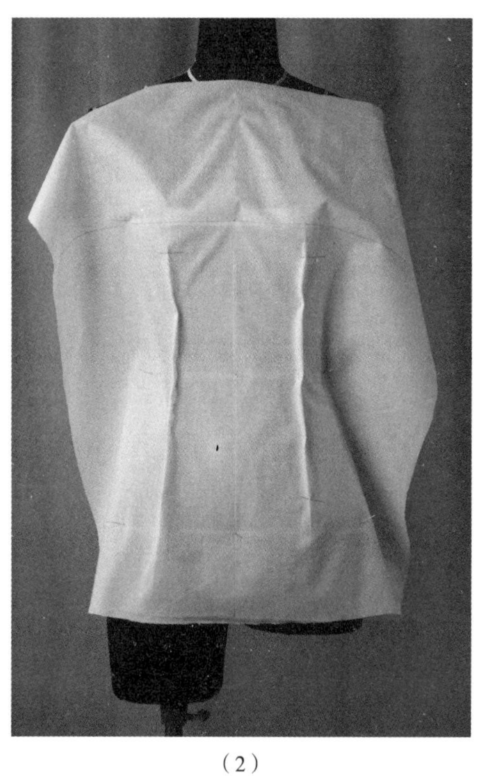

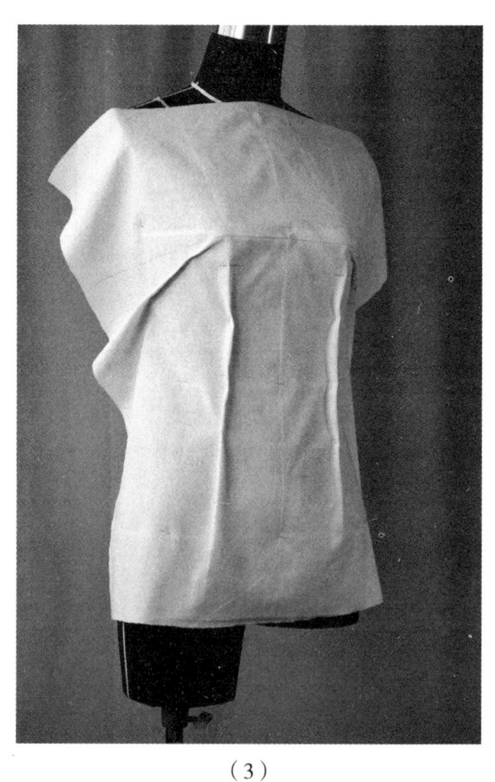

（2）　　（3）

4. 以前中心线为准，在距胸围线8cm处，修剪掉右片上面多余的面料，左侧往下翻折，用粘带标出翻折部分的造型，如图5-15（4）所示。

5. 做右前衣片（外层）的造型，对准面料与人台的前中心线、胸围线，如图5-15（5）所示。

6. 与第一层一样，收腋下省、腰省。胸围、腰围的放松量应与里层一致，如图5-15（6）所示。

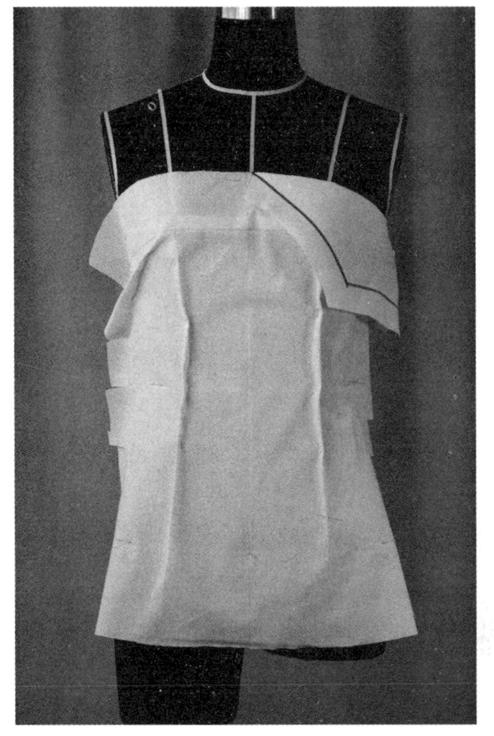

（4）

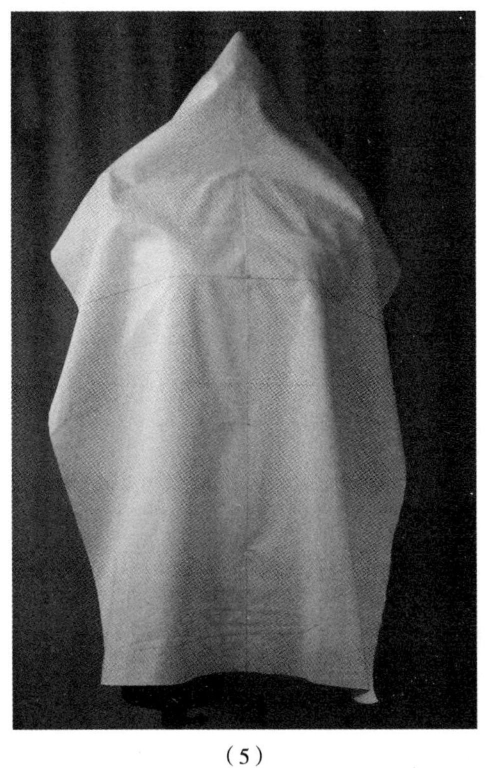

（5）

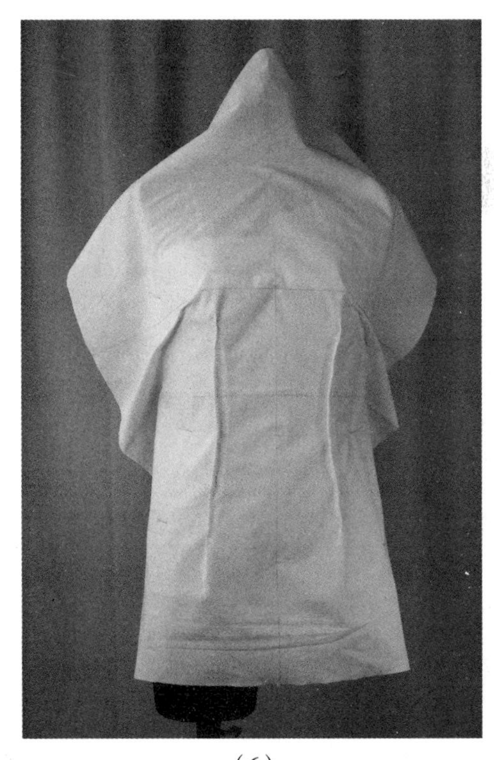

（6）

图5-15

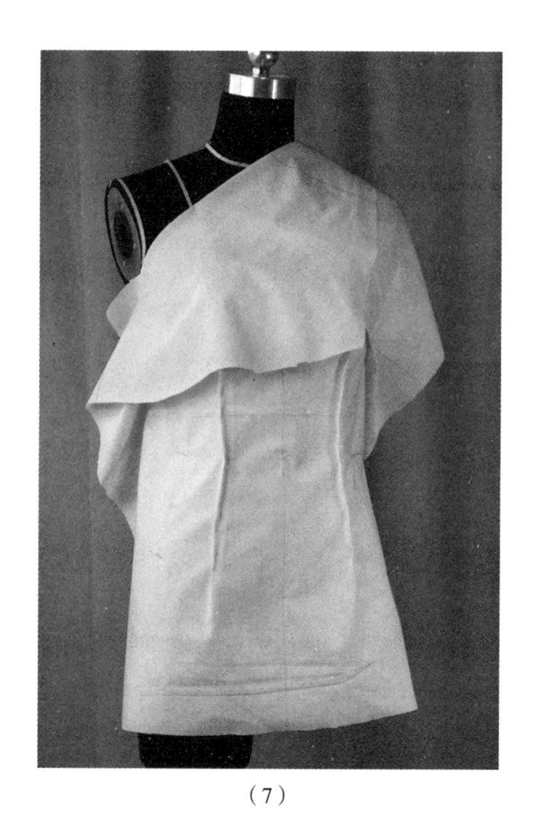

（7）

7. 将外层面料以斜线造型向下折，如图 5-15（7）所示。

8. 再向下折。根据设计款式，用粘带标出翻折部分的造型,剪去多余面料，如图 5-15（8）所示。

9. 剪去侧缝多余面料。侧面造型效果如图 5-15（9）所示。

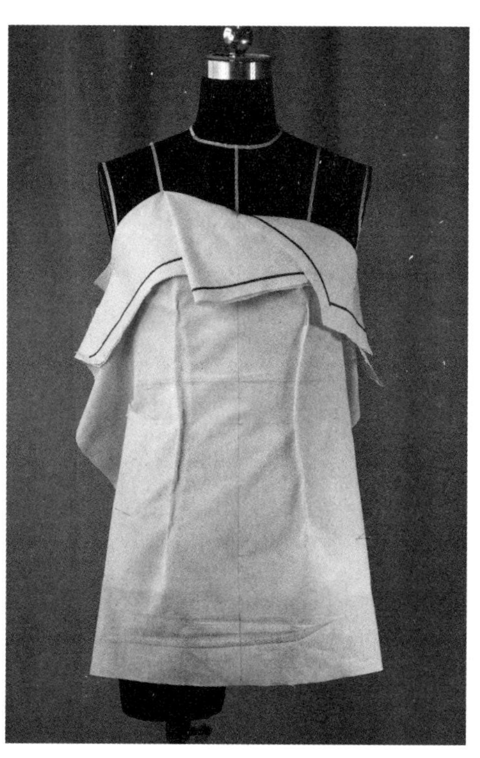

（8）

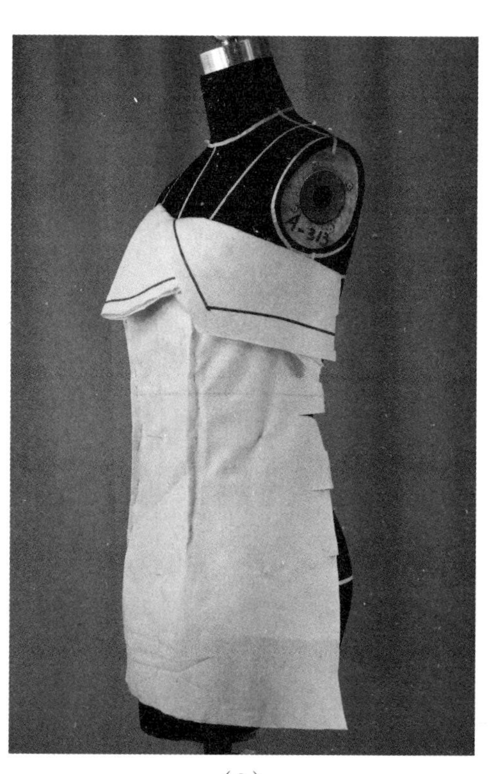

（9）

10. 后片的造型，对准面料与人台的后中心线和胸围线，用大头针固定，如图 5–15（10）所示。

11. 做后片的腰背省，在腰围处加适当的放松量，如图 5–15（11）所示。

12. 抓合侧缝，包括前片翻折部分，如图 5–15（12）所示。

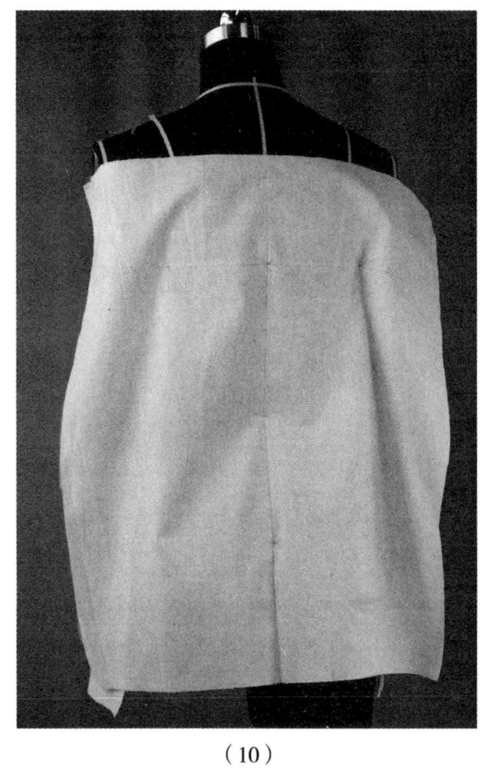

（10）

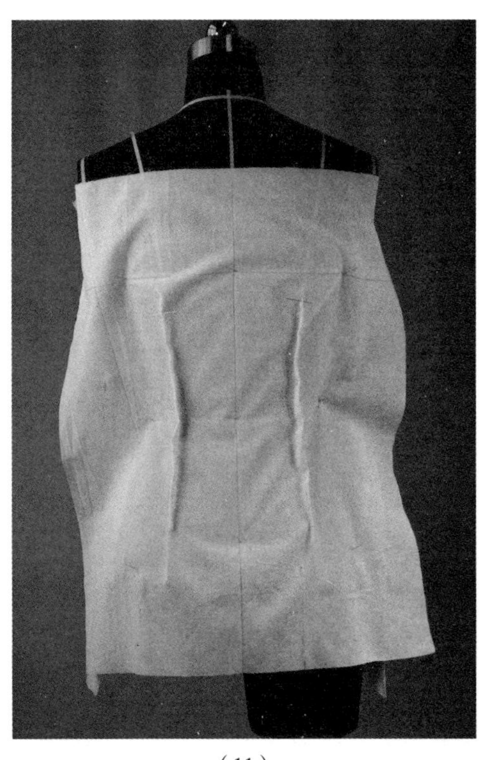

（11）

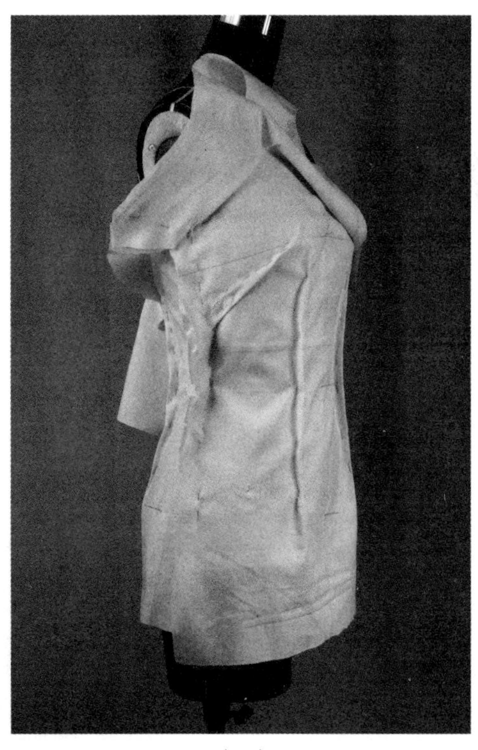

（12）

图 5–15

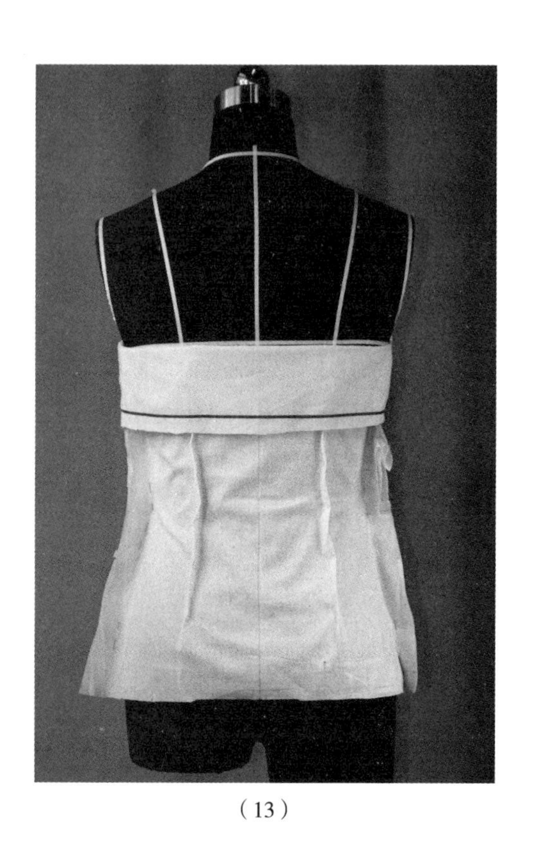

（13）

13. 后片与前片对位，后片上端向下翻折，用粘带标出造型，如图 5–15（13）所示。

14. 做下半部分裙子的左片。对准面料与人台的臀围线，用大头针别合，在臀围处加放松量，如图 5–15（14）所示。

15. 腰围留适当放松量，把腰部面料余量推至侧缝，腰部做翻折，如图 5–15（15）所示。

（14）

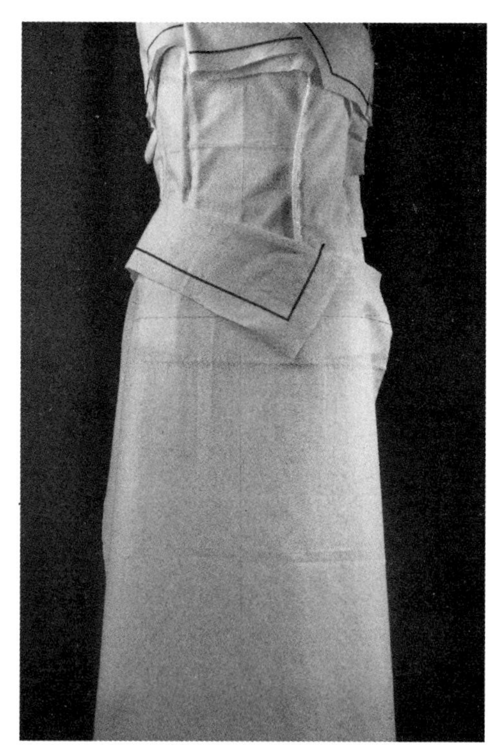

（15）

16. 后裙片立裁。对准面料与人台的后中心线，用大头针固定，如图 5–15（16）所示。

17. 翻折裙后腰，在布边打剪口，如图 5–15（17）所示。

18. 后裙片围转至前身，如图 5–15（18）所示。

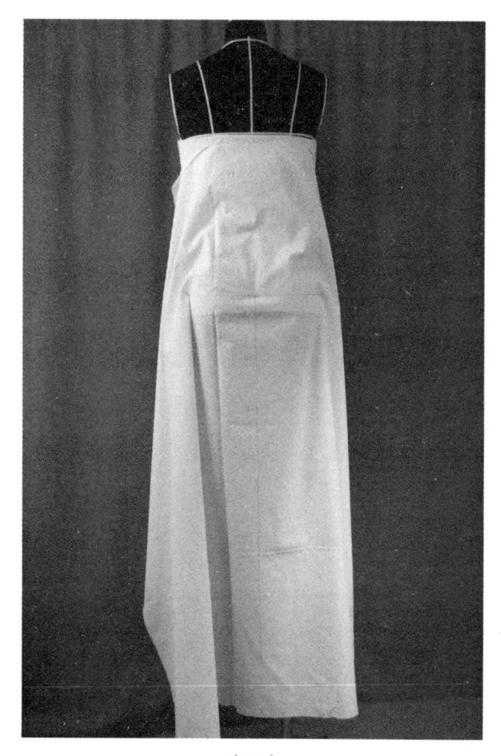

（16）

（17）

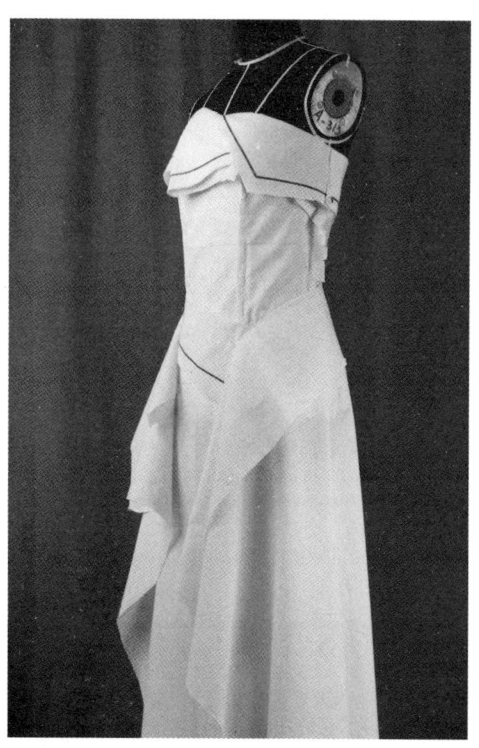

（18）

图 5–15

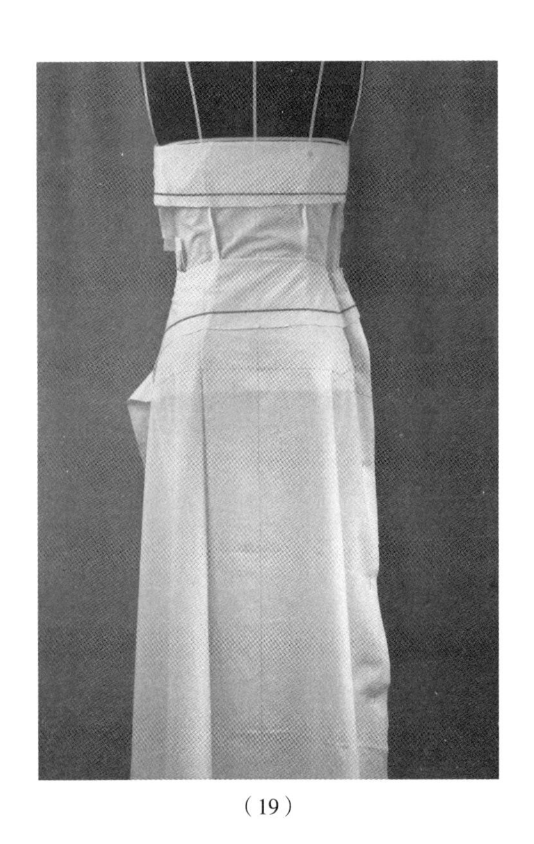

（19）

19. 标出后片翻折部分的造型，如图 5-15（19）所示。

20. 转至前身的后裙片与前裙片交叠，标出翻折部分的造型，如图 5-15（20）所示。

21. 右前裙片内折边，和左裙片叠合 10cm，剪去多余面料，沿交叠线用大头针固定。抓合裙右侧缝，如图 5-15（21）所示。

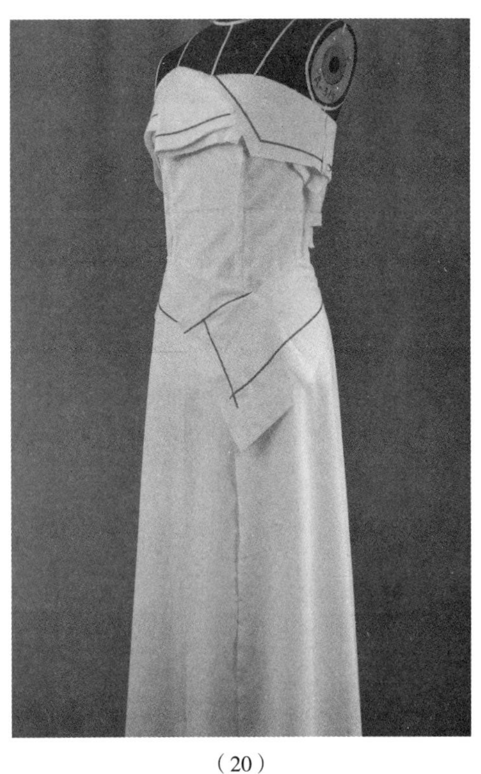

（20）

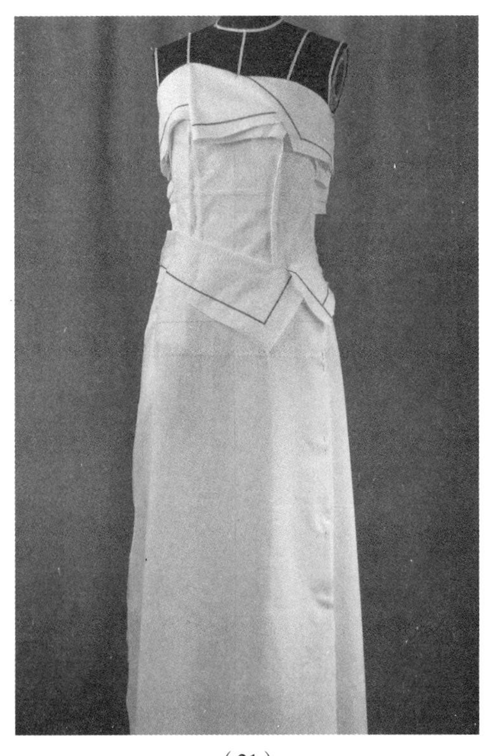

（21）

22. 确定裙长，下摆水平，如图 5–15（22）所示。

23. 点位，取得裁片。上身裁片如图 5–15（23）所示，前裙片如图 5–15（24）所示，后裙片如图 5–15（25）所示。

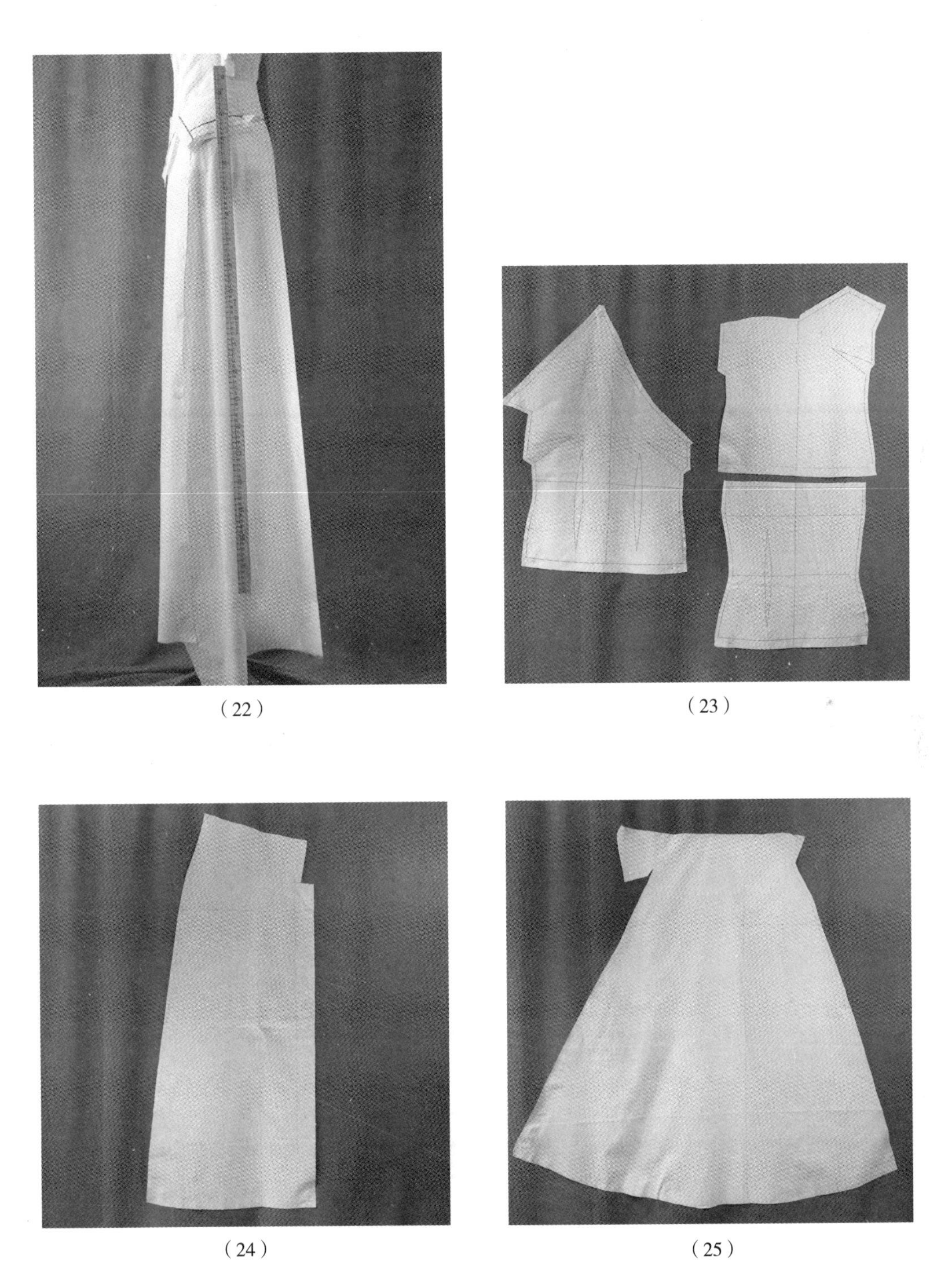

（22）　（23）　（24）　（25）

图 5–15

（26）

24. 完成样衣效果。正面效果如图5–15（26）所示，侧面效果如图5–15（27）所示，背面效果如图5–15（28）所示。

（27）

（28）

图5–15　折叠礼服的操作步骤

（五）折叠礼服操作技术要点

1. 礼服上身为紧身造型，胸围放松量 0~2cm；腰围放松量 4cm 左右。
2. 上身前片，里外层松紧一致，要贴合。
3. 后裙围转至前身，左右裙片叠合 10cm，裙片门襟线在前中心到左侧缝 2/3 左右位置。
4. 处理好衣片、裙片翻折部分的比例、造型。

（六）CAD 读样

用 CAD 读图仪读入纸样，如图 5-16 所示。按生产要求制作系列生产样板。

图 5-16　折叠礼服的纸样

五、荡领礼服

（一）款式图（图 5-17）

（二）款式分析

前面是三层荡领，后背是深 V 字荡领，侧缝多褶，左右片交叠，有垂褶。紧身造型。裙长至膝下 10cm 左右。推荐选用悬垂性好的重磅真丝，或有适当弹力、悬垂性好的其他面料制作。

（三）坯布准备

将坯布熨烫平整、归正，参考图 5-18 的尺寸取料，并在坯布上标出标志线。

图 5-17　荡领礼服款式图

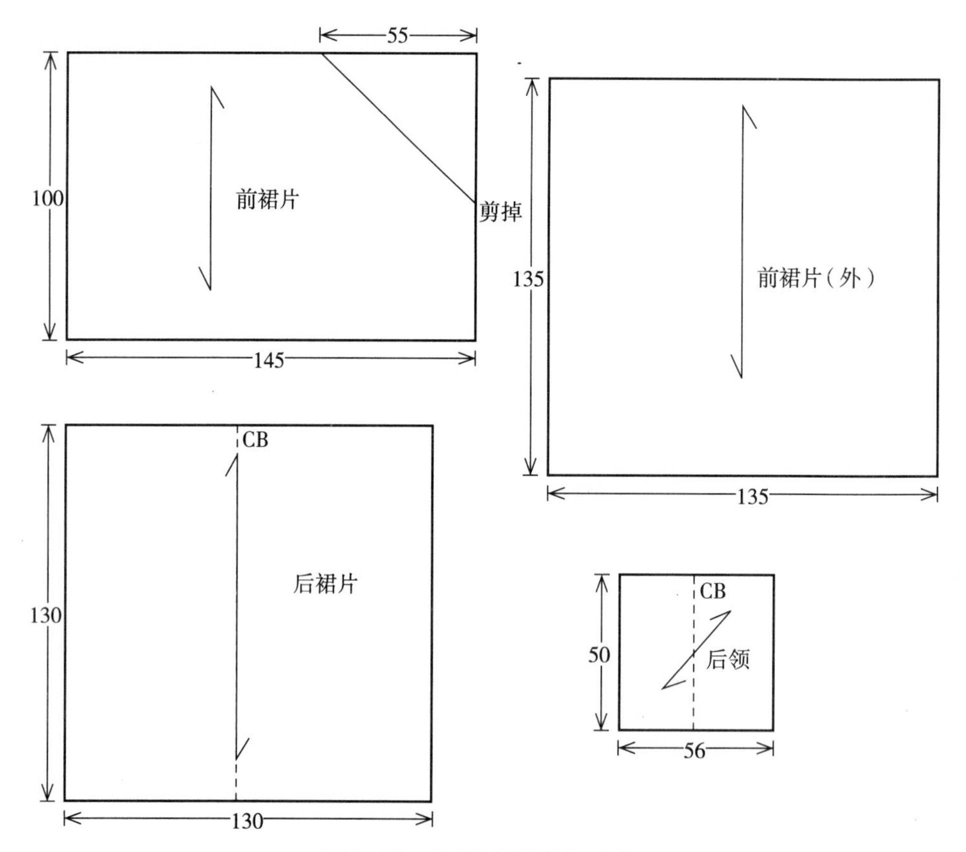

图 5-18　荡领礼服的坯布准备

（四）操作步骤（图 5–19）

1. 前片立裁操作。面料 45° 正斜对准前中心线，布片上端水平内折 5cm，领口垂荡到设计的领深位置，在左右肩上用大头针固定，如图 5–19（1）所示。

2. 在左右肩上做裥，做第二层荡领，如图 5–19（2）所示。

3. 共做三层荡领，两边褶裥叠合量一致，保持前布片 45° 正斜对准人台前中心线，如图 5–19（3）所示。

（1）

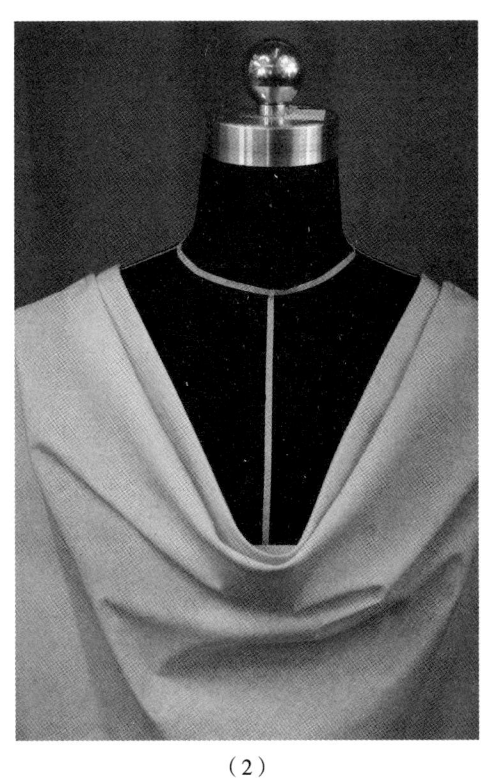

（2）

（3）

图 5–19

（4）

4. 初步剪出袖窿形状。荡领下面的面料往胸右侧做褶，用大头针固定，如图 5-19（4）所示。

5. 在胸右侧，面料贴合人台依次做褶，褶尖水平指向左侧，将左侧面料捋平服，如图 5-19（5）所示。

6. 往下，在右侧部连续做褶，如图 5-19（6）所示。

（5）

（6）

7. 剪去右侧缝多余的面料，如图5-19（7）所示。

8. 将左侧缝的面料捋平服，剪去多余面料，如图5-19（8）所示。

9. 放上正斜丝绺的外层面料，按45° 斜线造型内折8cm，用大头针在左侧缝和前端处固定，如图5-19（9）所示。

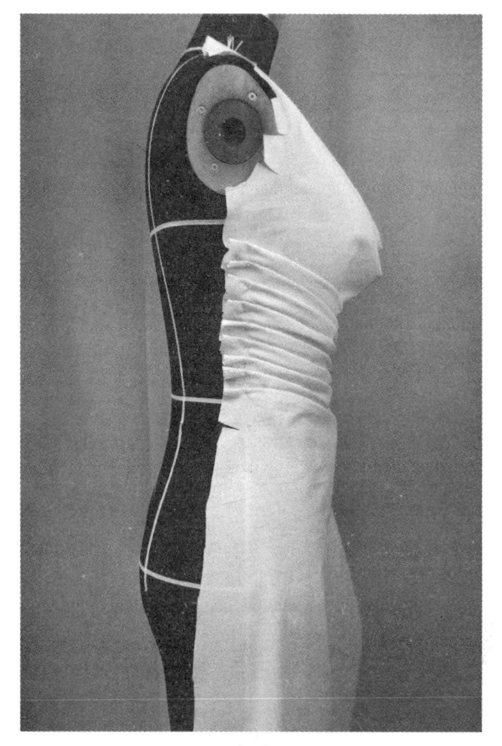
（7）

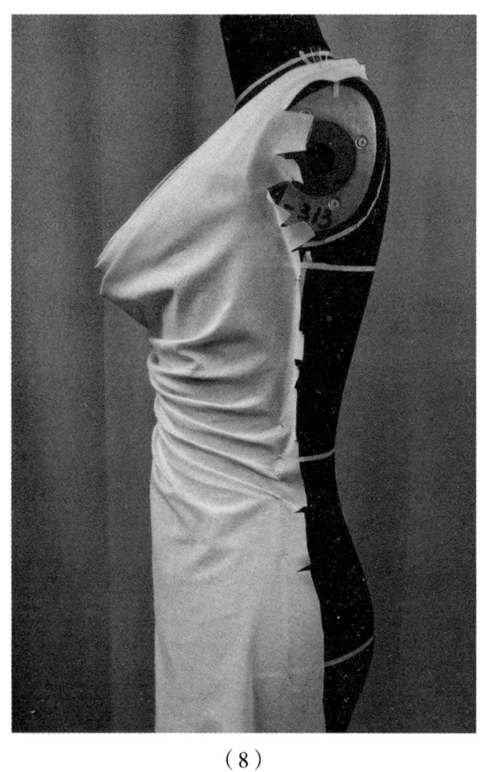
（8）

（9）

图5-19

（10）

10. 陆续做褶，在前中心偏右的部位紧密叠合褶裥，将左侧缝面料捋平服，如图 5-19（10）所示。

11. 褶裥中心部位固定 5cm 长度，如图 5-19（11）所示。

12. 做后片造型。面料中心线对准人台后中线，剪开至腰部，左右分开，在肩部用大头针固定面料，如图 5-19（12）所示。

（11）

（12）

13. 将腰背多余的量向下推，使后片裙呈喇叭造型。初步剪出袖窿造型，抓合上身侧缝，如图 5–19（13）所示。

14. 整理好裙摆造型，用大头针抓合礼服侧缝。侧面造型，如图 5–19（14）所示。

15. 做后背荡领。用粘带标出 V 领造型，领底要圆顺。后横开领应比前横开领大，留出后领宽尺寸，如图 5–19（15）所示。

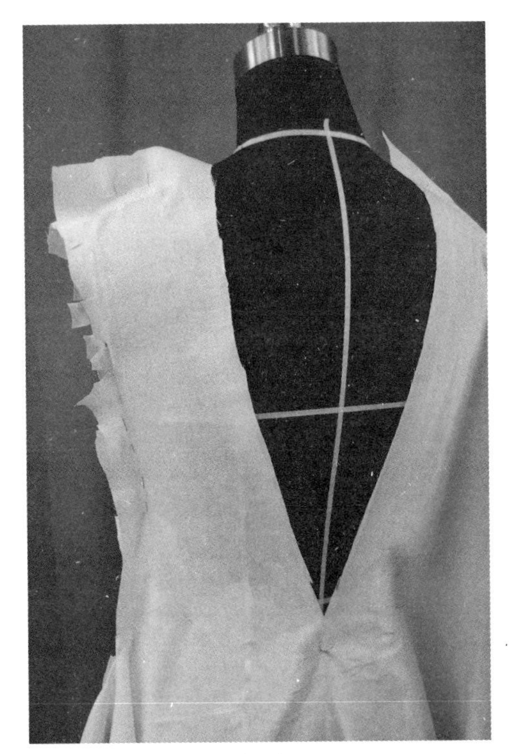

（13）

（14）

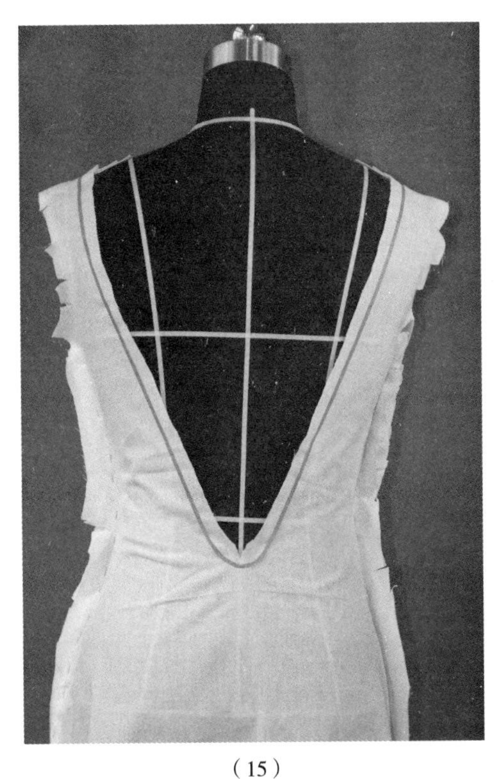

（15）

图 5–19

（16）

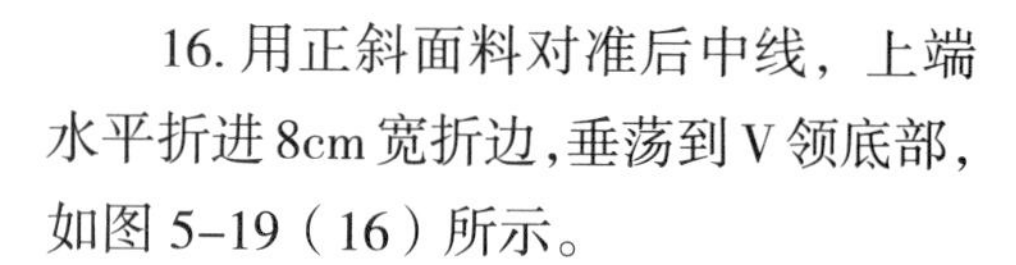

16. 用正斜面料对准后中线，上端水平折进8cm宽折边，垂荡到V领底部，如图5-19（16）所示。

17. 下边打剪口，按设计做出荡领造型，如图5-19（17）所示。

18. 将领子和领口固定，如图5-19（18）所示。

19. 剪去荡领多余的面料，如图5-19（19）所示。

20. 确定裙子长度。点位记录衣片结构，如图5-19（20）所示。

21. 完成样衣效果。正面效果如图5-19（21）所示，背面效果如图5-19（22）所示，侧面效果如图5-19（23）所示。

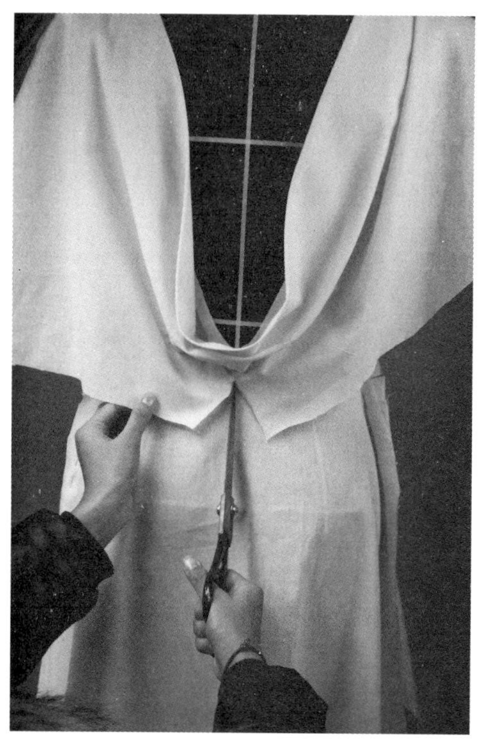

（17）

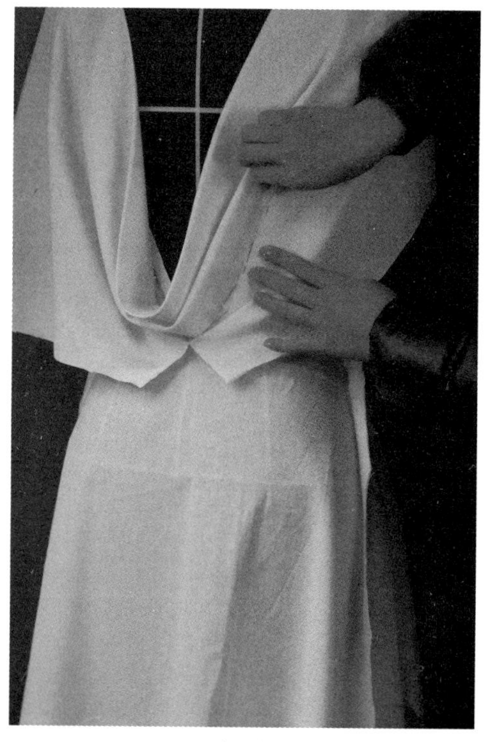

（18）

（19）

（20）

（21）

（22）

（23）

图 5-19　荡领礼服的操作步骤

（五）荡领礼服操作技术要点

1. 前衣片荡领和后背荡领，均用 45° 正斜面料。
2. 做荡领时，左右褶要对称，中心线保持不变。
3. 礼服为紧身造型。
4. 裙子右侧的褶要均匀，左侧褶尖消失，要平服。

（六）CAD 读样

用 CAD 读图仪读入纸样，如图 5-20 所示。按生产要求制作系列生产样板。

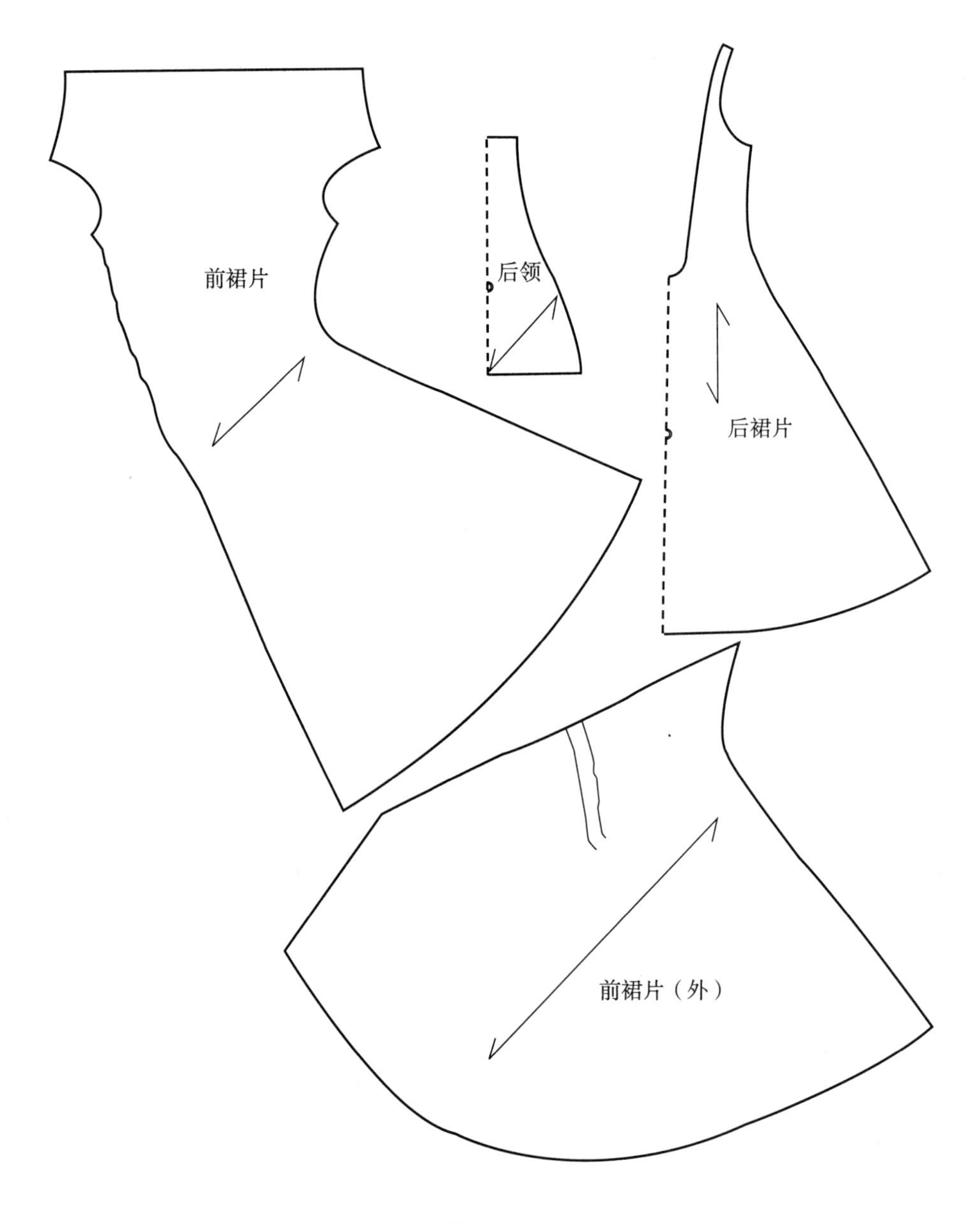

图 5-20

第六章　外套系列的立体裁剪

一、西装小外套

（一）款式图（图 6–1）

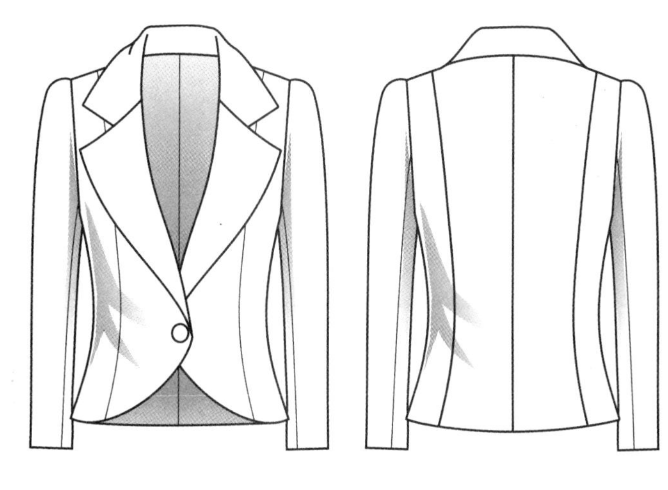

图 6–1　西装小外套款式图

（二）款式分析

时尚、年轻、活泼的西装小外套。大西装翻领，单门襟，一粒扣，公主线分割，圆弧下摆，两片袖。整体造型合身，衣长较短，胸围放松量 6~8cm，腰围放松量 6cm 左右，款式定位年轻化。推荐选择纯毛花呢、精纺毛料、棉麻等面料品种。

（三）坯布准备

将坯布熨烫平整、归正，参考图 6–2 的尺寸取料，并按虚线在坯布上标出标志线。

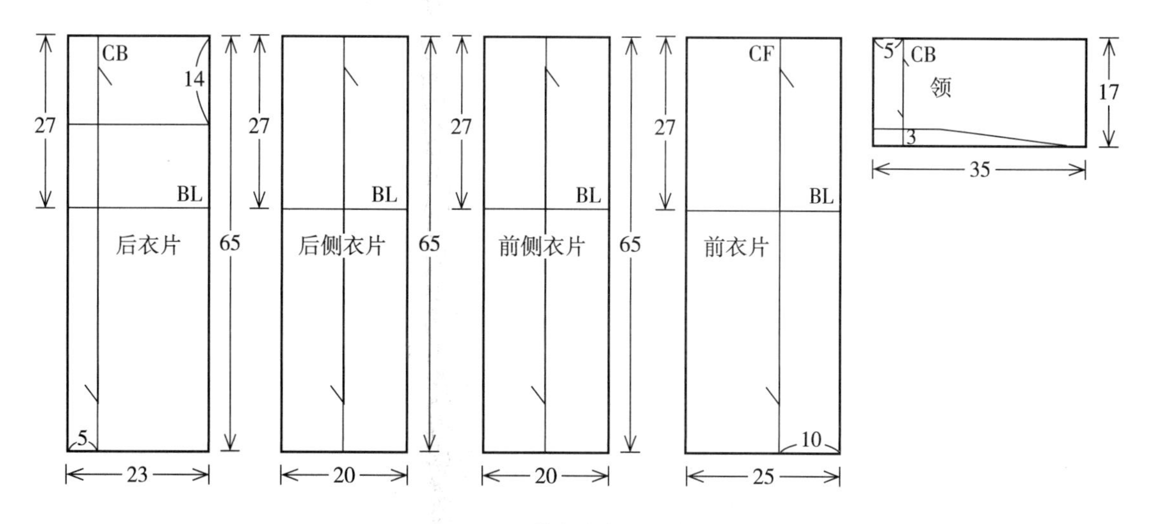

图 6–2　西装小外套的坯布准备

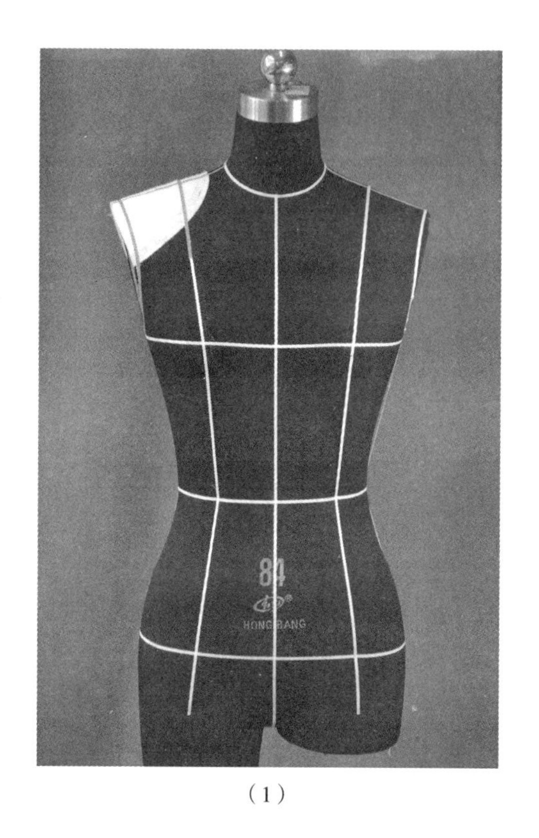

（1）

（四）操作步骤（图 6–3）

1. 在人台上放上垫肩。选用厚度为 0.7~1cm 的普通圆装袖垫肩；用粘带贴出公主线；确定肩宽，在垫肩上贴出袖窿线上半部分，如图 6–3（1）所示。

2. 西装前片立裁操作。将前衣片的中心线对准人台前中心线，前衣片的胸围线对准人台胸围线。从胸围线往上捋平肩部面料，用大头针固定，如图 6–3（2）所示。

3. 设计 2cm 的叠门，根据驳领造型，确定翻折止口位置。水平线打剪口至翻折止口，翻折面料，确定翻折线。沿叠门线内折 5cm 宽面料，剪去多余面料，如图 6–3（3）所示。

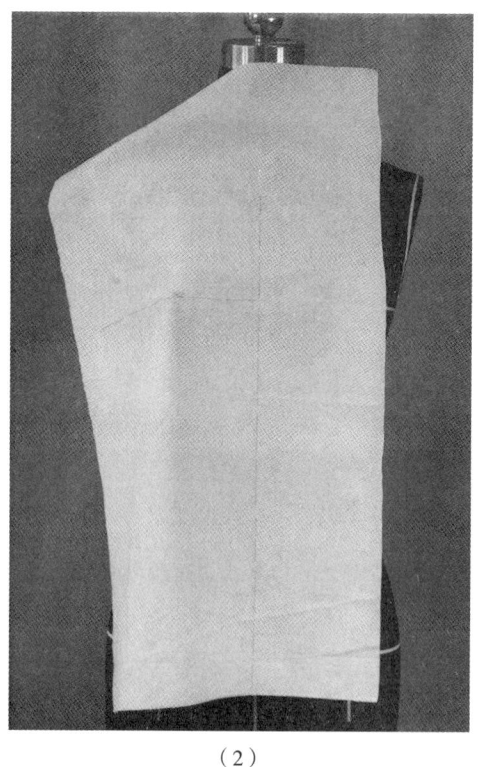
（2）

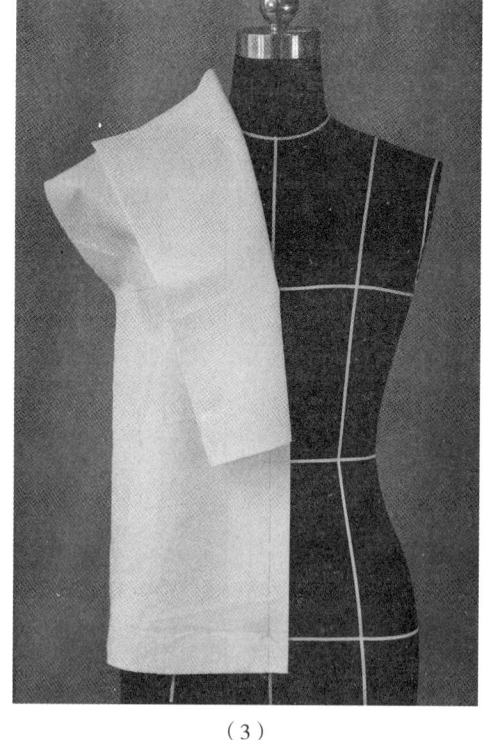
（3）

4. 标出驳头造型，剪去驳头和肩部的多余面料，如图 6–3（4）所示。

5. 在胸宽处推出适当松量，用大头针固定。确定分割线（公主线）在过 BP 点偏侧面 1~1.5cm 处，在衣片上用粘带标出分割线，剪去侧面的多余面料，如图 6–3（5）所示。

6. 前侧片立裁操作。前侧片纵向标志线保持垂直，胸围线保持水平，用大头针固定，如图 6–3（6）所示。

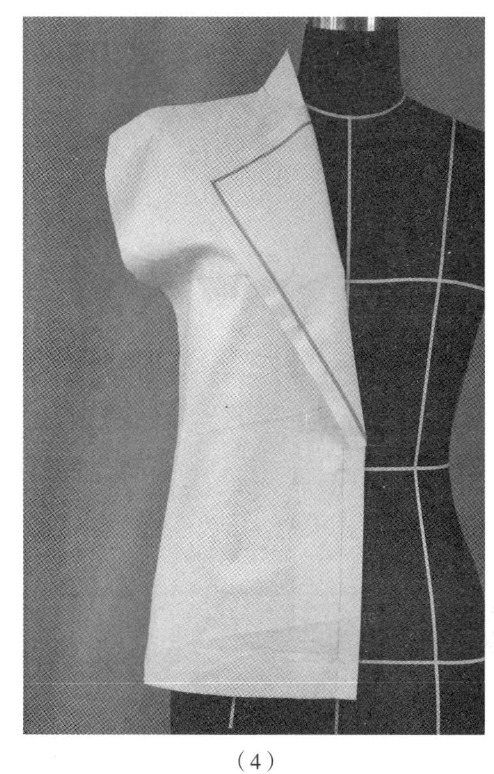

（4）

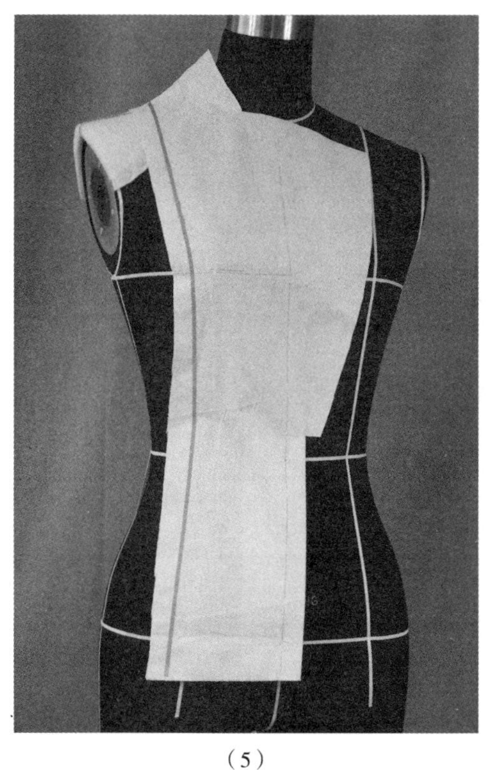

（5）

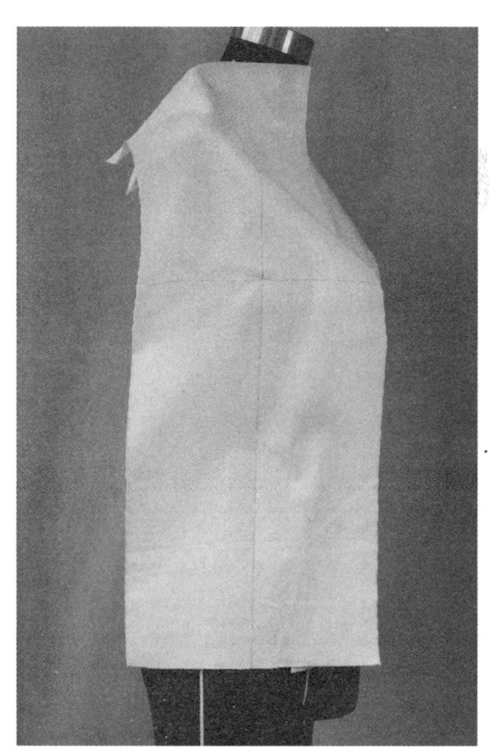

（6）

图 6–3

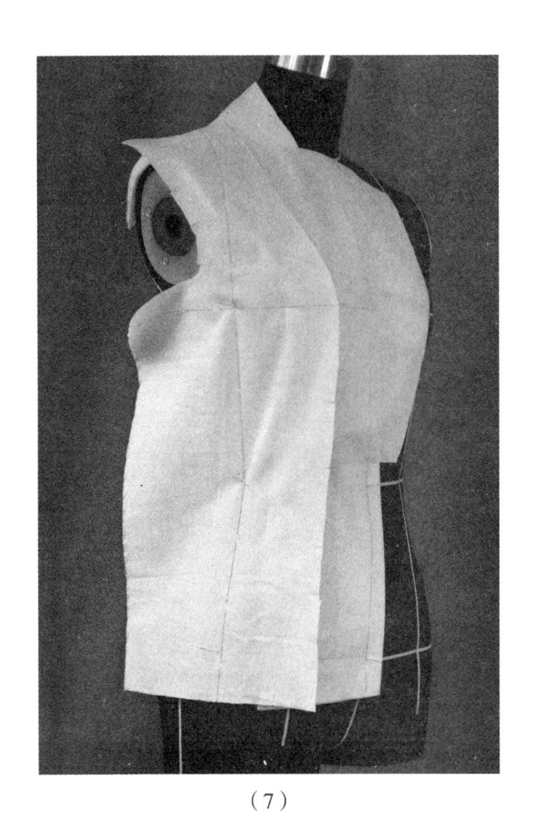

（7）

7. 根据分割线，初步裁剪前侧片，如图 6–3（7）所示。

8. 用抓合针法，沿分割标志线抓合前中片和侧片，胸部和腰部应有一定的松量，如图 6–3（8）所示。

9. 后中片立裁操作。后片中心线对准人台后中线，保持自然垂直，肩胛骨处标志线水平。背部垂直往下捋平面料，面料后中标志线偏离人台后中线，在人台后中的腰围线处用大头针固定，确定后中的收腰量。腰围线以下，面料后中线垂直，如图 6–3（9）所示。

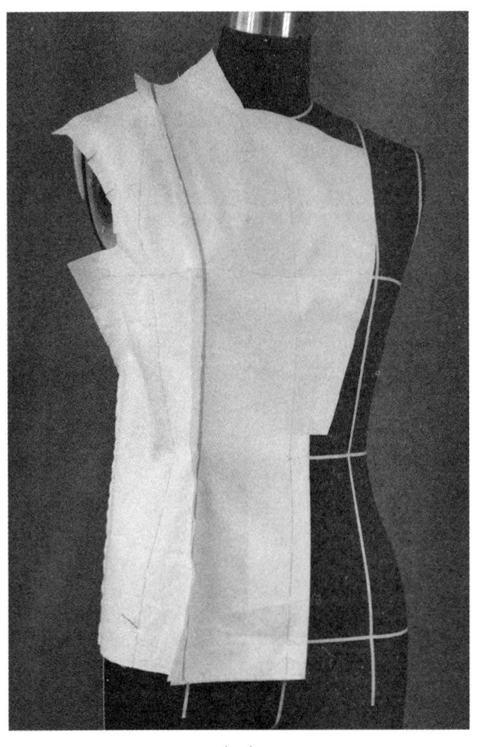

（8）

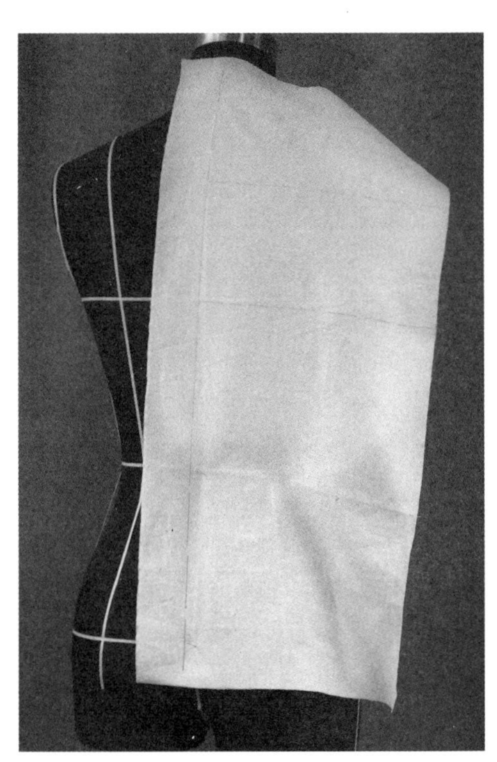

（9）

10. 初步裁剪后领口，在领口上边打剪口，后领围稍加松量，在侧颈点处用大头针固定。背宽推出适当松量，标出后背分割线，如图 6–3（10）所示。

11. 剪去分割线侧缝方向多余的面料，如图 6–3（11）所示。

12. 立裁后侧片。后侧片纵向标志线保持垂直，胸围线保持水平。根据后背分割线初步裁剪侧片。用抓合针法，沿分割标志线抓合后中片和后侧片，背部应有一定的松量，如图 6–3（12）所示。

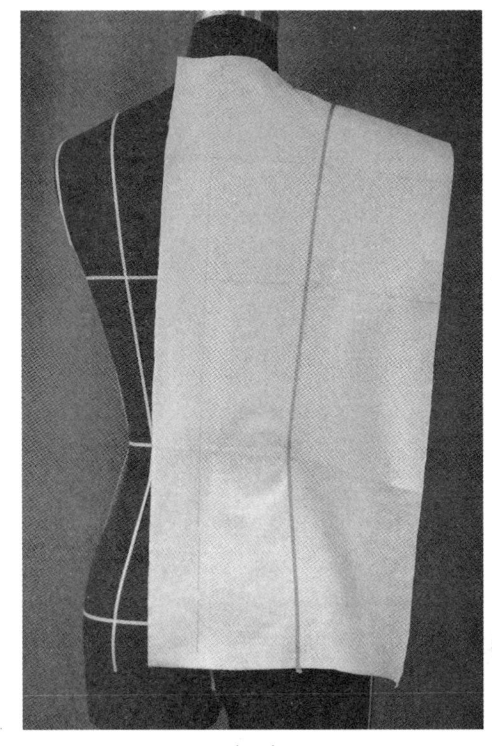

（10）

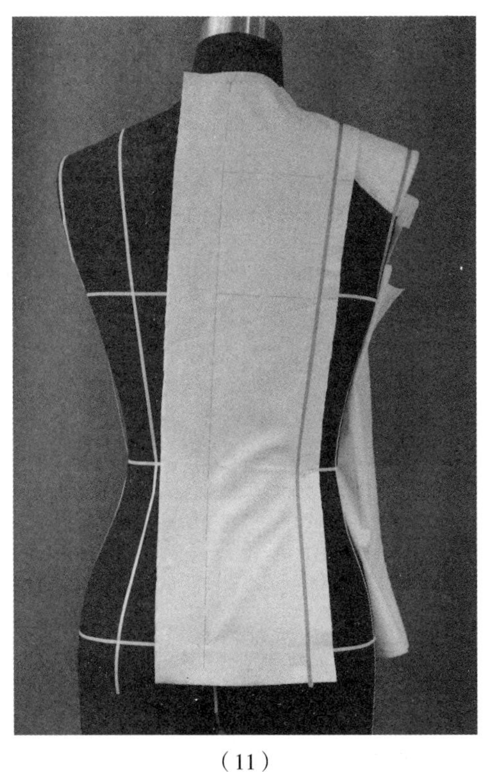

（11）

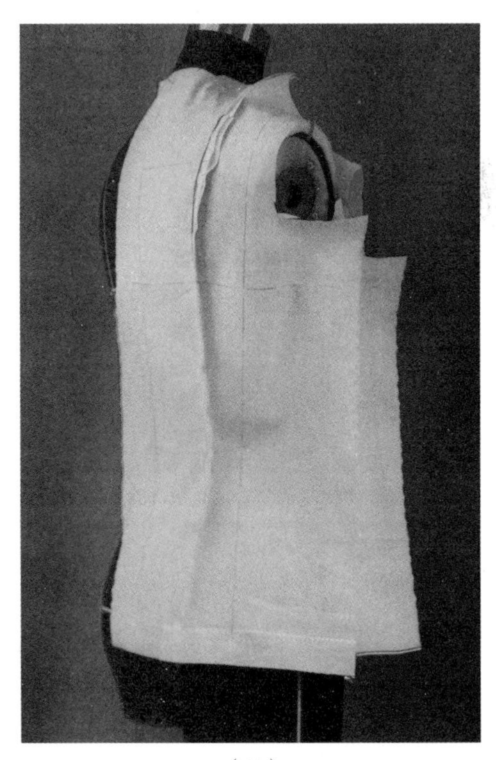

（12）

图 6–3

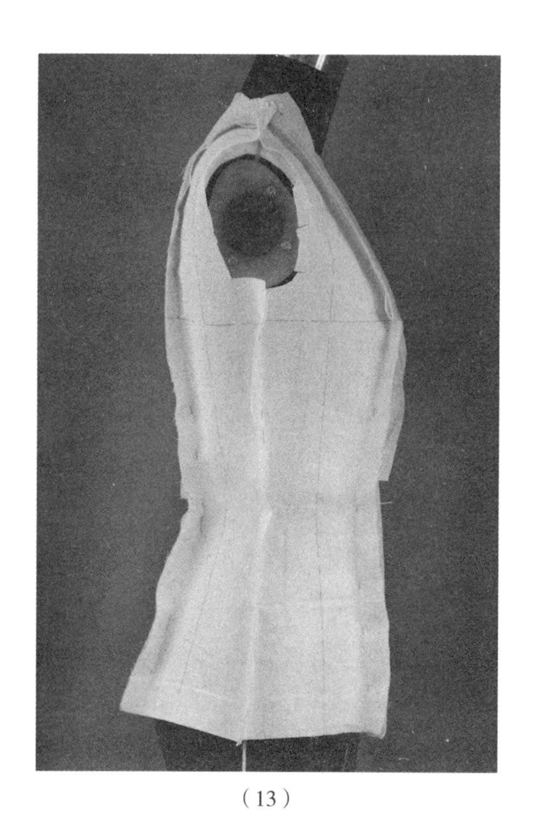

（13）

13. 前后片在胸围侧放出 1cm 松量，腰围、臀围各放 0.7cm 松量，抓合侧缝，如图 6–3（13）所示。

14. 翻转驳头面料，根据已完成的驳头造型，用粘带标出西装领的翻折线、串口线、前领口线，如图 6–3（14）所示。

15. 修剪圆弧下摆的造型，如图 6–3（15）所示。

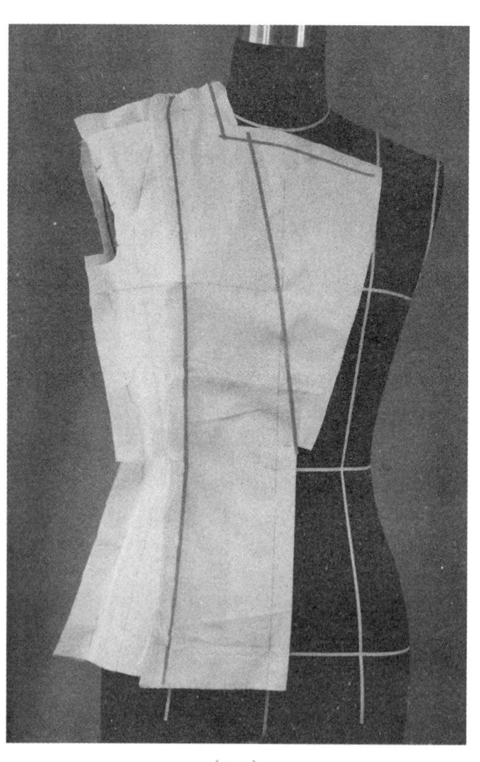

（14）

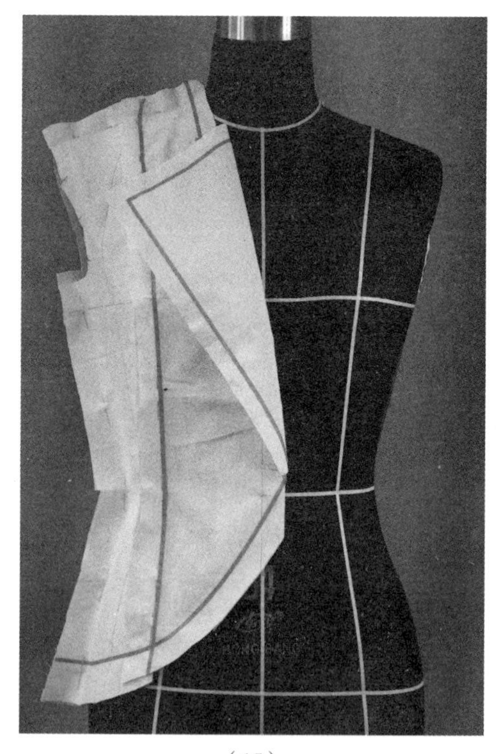

（15）

16. 标出后领口线，如图 6–3（16）所示。

17. 点位记录衣身结构，取得裁片，假缝，检查衣身造型，如图 6–3（17）所示。

18. 立裁翻领。准备衣领片，领片后中抬高 3cm, 距中心线 3cm 水平后再弧线向下，剪出初步的领底线。水平线下留 1cm 的缝份。领片中心线与后衣片中心线对齐，领下口线对准领口线，从中心线起始的 3cm，水平地用叠合针法别合，如图 6–3（18）所示。

19. 后中心取领座高 3cm 往下折面料，再取领面宽 4.5cm，领子多余的面料折起，使领子外口线紧贴衣身，如图 6–3（19）所示。

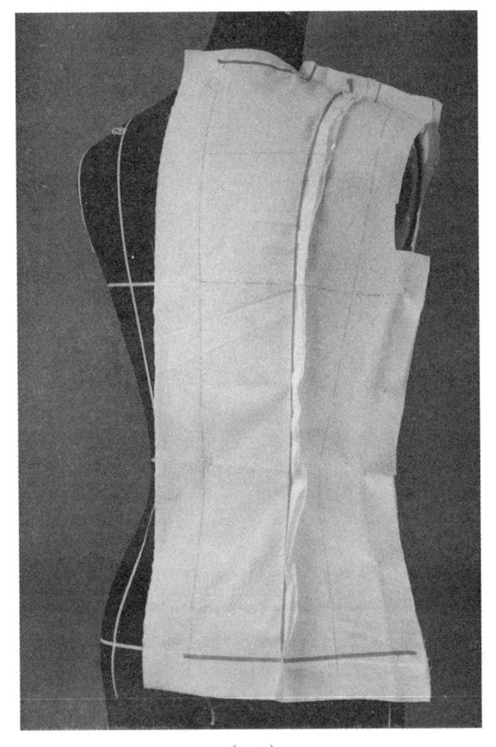

（16）

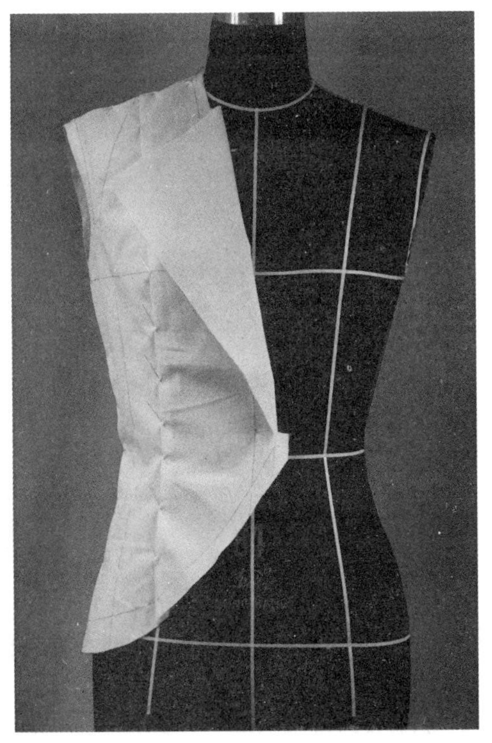

（17）

（18）

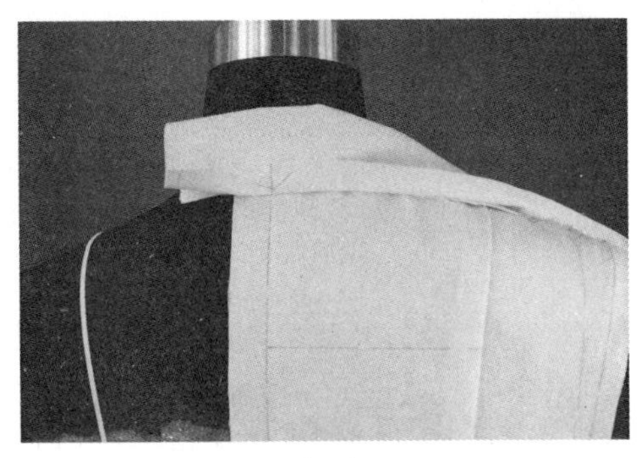

（19）

图 6–3

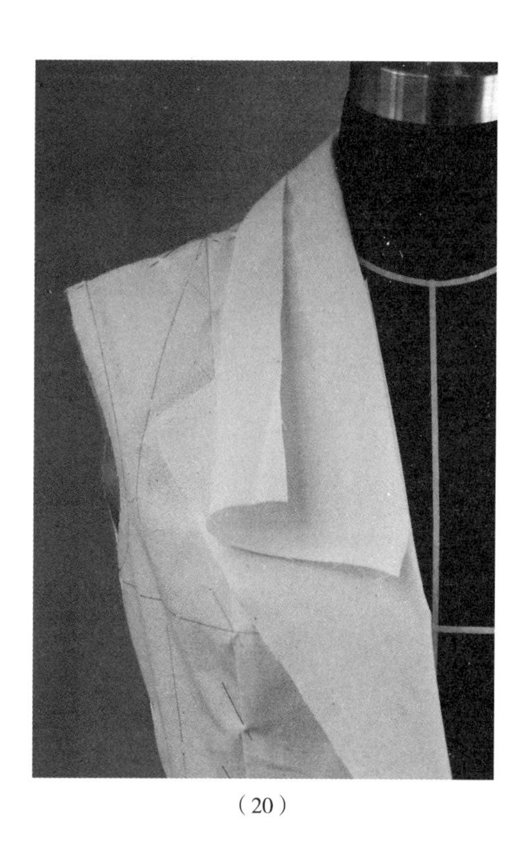

（20）

20. 领片从后面往前身绕。领子翻折线和颈部保持适当松量，翻领与驳领的翻折线重合对接，如图 6–3（20）所示。

21. 在领子外围的缝份上打剪口，调整、确定领子造型。翻起领片，在领下口线附近打剪口，进一步调整合适，沿领口线将领片与衣片用大头针固定，确认领下口线，剪去领下口线处多余的面料，如图 6–3（21）所示。

22. 用粘带贴出领子造型，如图 6–3（22）所示。

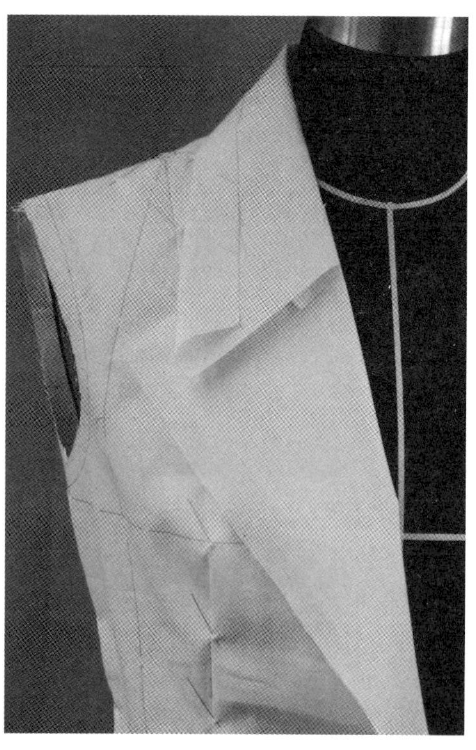

（21）

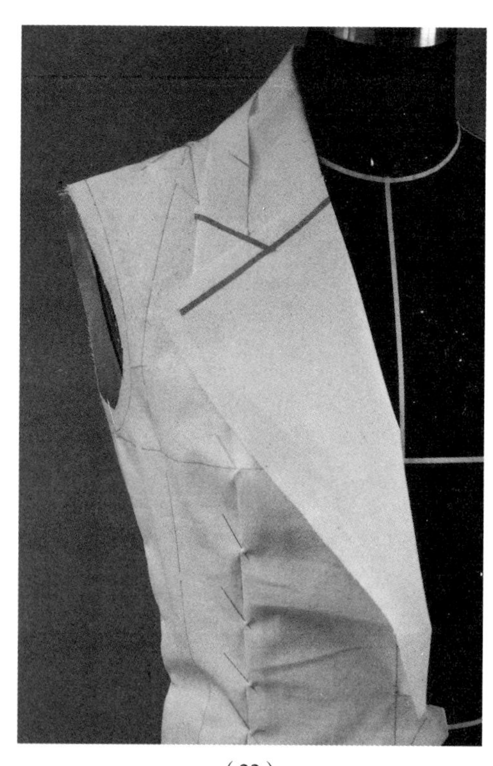

（22）

23. 点位记录翻领的结构，取得裁片。将翻领与衣身假缝，用藏针法绱领，核对领底线尺寸，核对翻领与驳领翻折线是否重合，核对翻领与驳领缝合情况，如图 6–3（23）所示。

24. 取得的裁片，如图 6–3（24）所示。

25. 量取袖窿尺寸，用平面方法配两片袖，如图 6–3（25）所示。

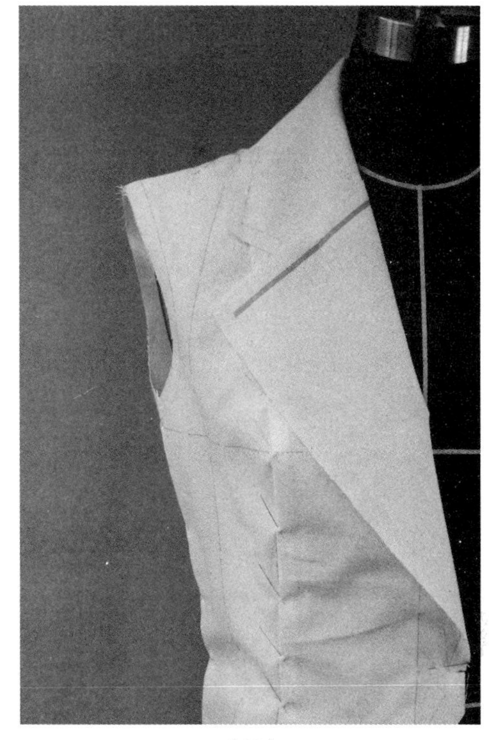

（23）

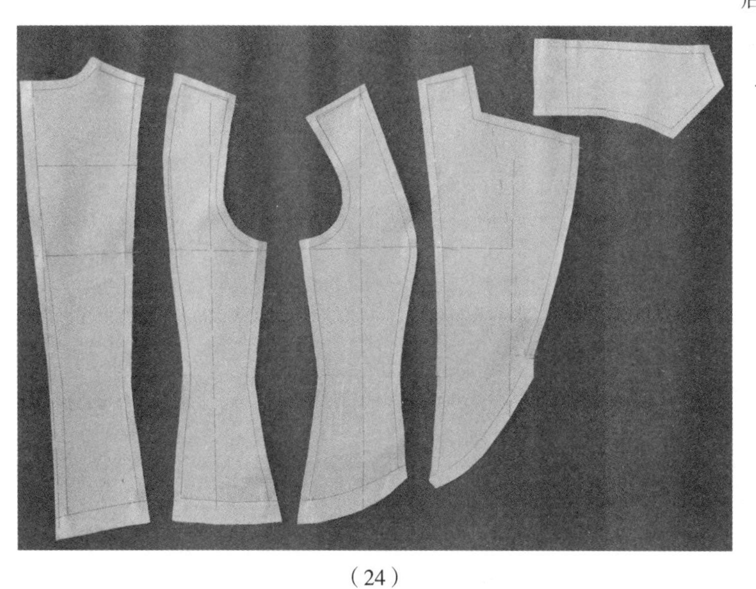

（24）

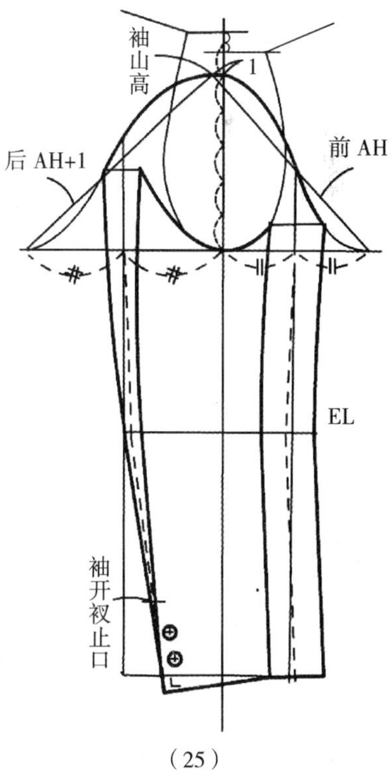

（25）

图 6–3

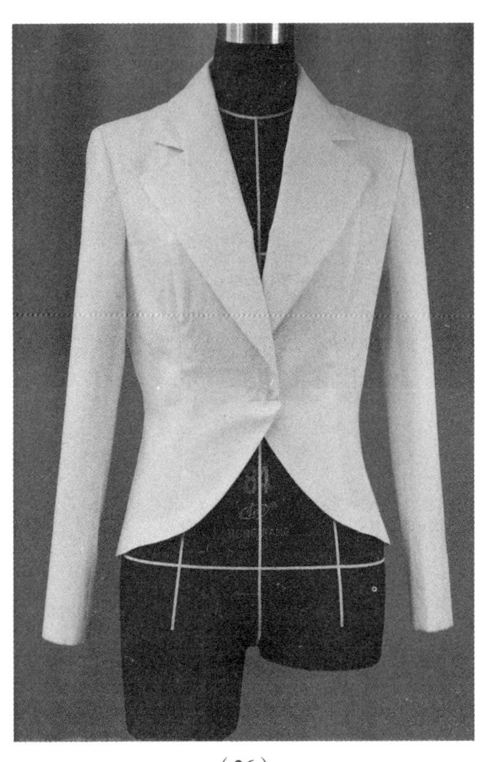

（26）

26. 试样效果。正面效果如图 6–3（26）所示，侧面效果如图 6–3（27）所示，背面效果如图 6–3（28）所示。

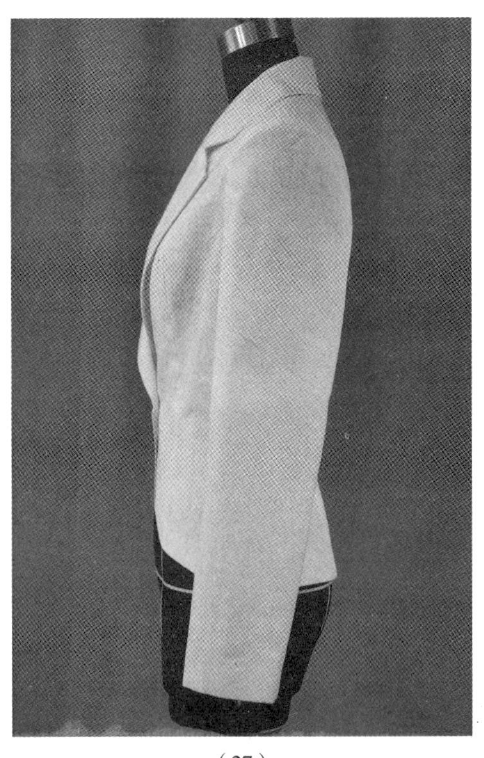

（27）

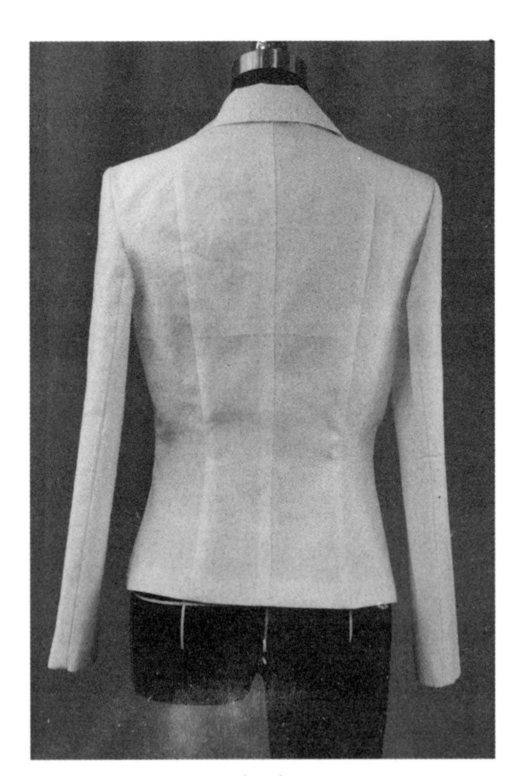

（28）

图 6–3　西装小外套的操作步骤

（五）西装小外套操作技术要点

1. 衣片放置横平竖直，胸围线水平，衣身丝绺竖直，各衣片胸围标志线对位。

2. 放松量适当，胸围、腰围各放 6~8cm。

3. 公主线在过胸点偏侧缝 1~2cm 的位置，公主线造型要流畅。

4. 做到翻领外口线与衣身贴合，翻领与驳领的翻折线重合对接，翻领领线与驳领串口线重合对接。

5. 平面方法配两片袖，注意袖型与衣身配伍、袖山和袖肥的比例。

（六）CAD 读样

用 CAD 读图仪读入纸样，如图 6–4 所示。按生产要求制作系列生产样板。

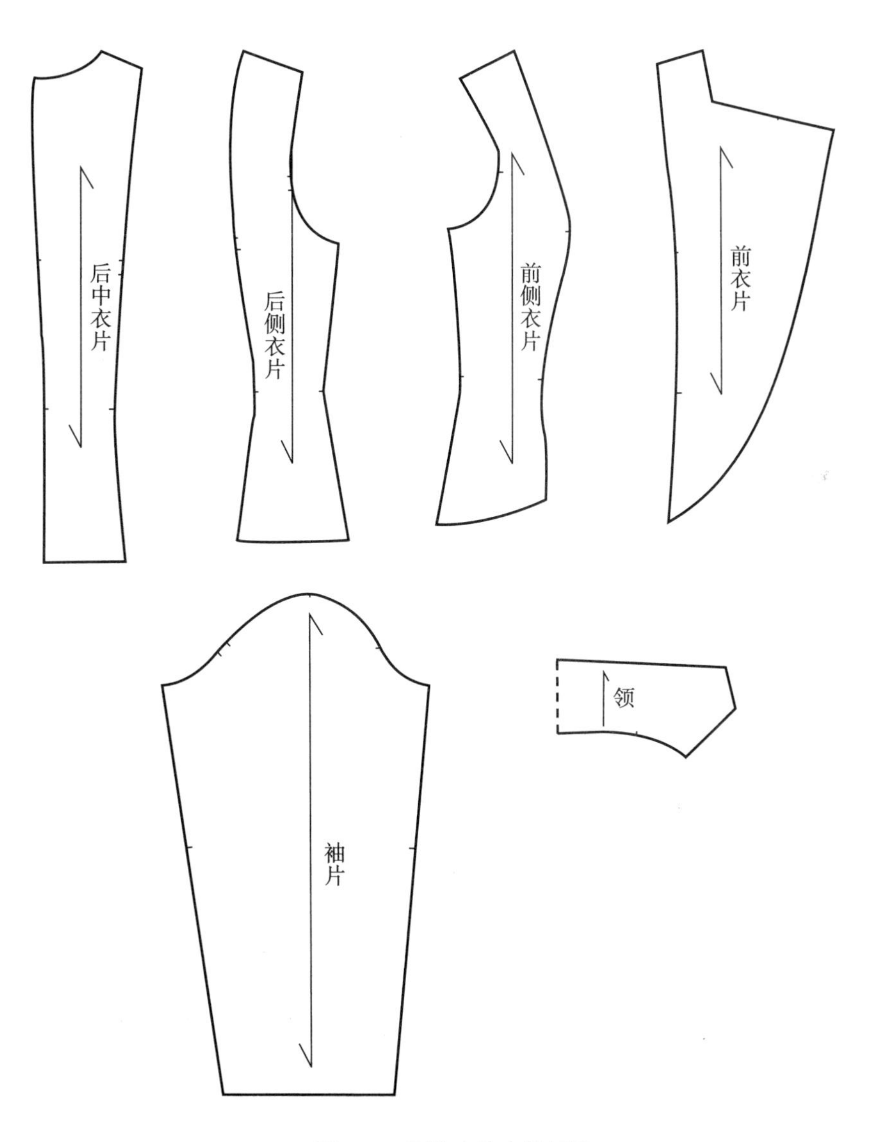

图 6–4 西装小外套的纸样

二、不对称外套

（一）款式图（图 6–5）

（二）款式分析

时尚、成熟、优雅的外套款式。宽门襟V字交叠，左右不对称，右前片做放射状的褶；袖窿公主线分割，后片腰节有分割，后下摆呈喇叭造型；立翻领，两片袖。整体造型合体，胸围、腰围的放松量在8~10cm，推荐选择亚麻、精纺毛料、皮革等面料。

（三）坯布准备

将坯布熨烫平整、归正，参考图 6–6 的尺寸取料，并按虚线在坯布上标出标志线。

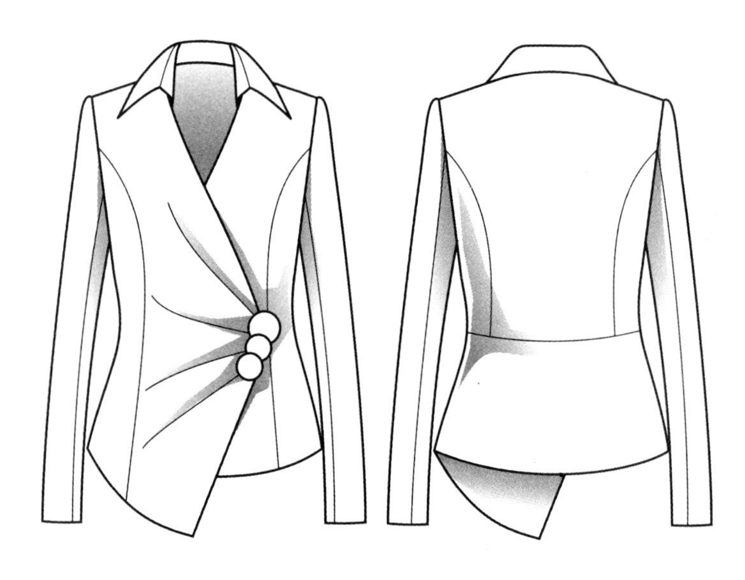

图 6–5　不对称外套款式图

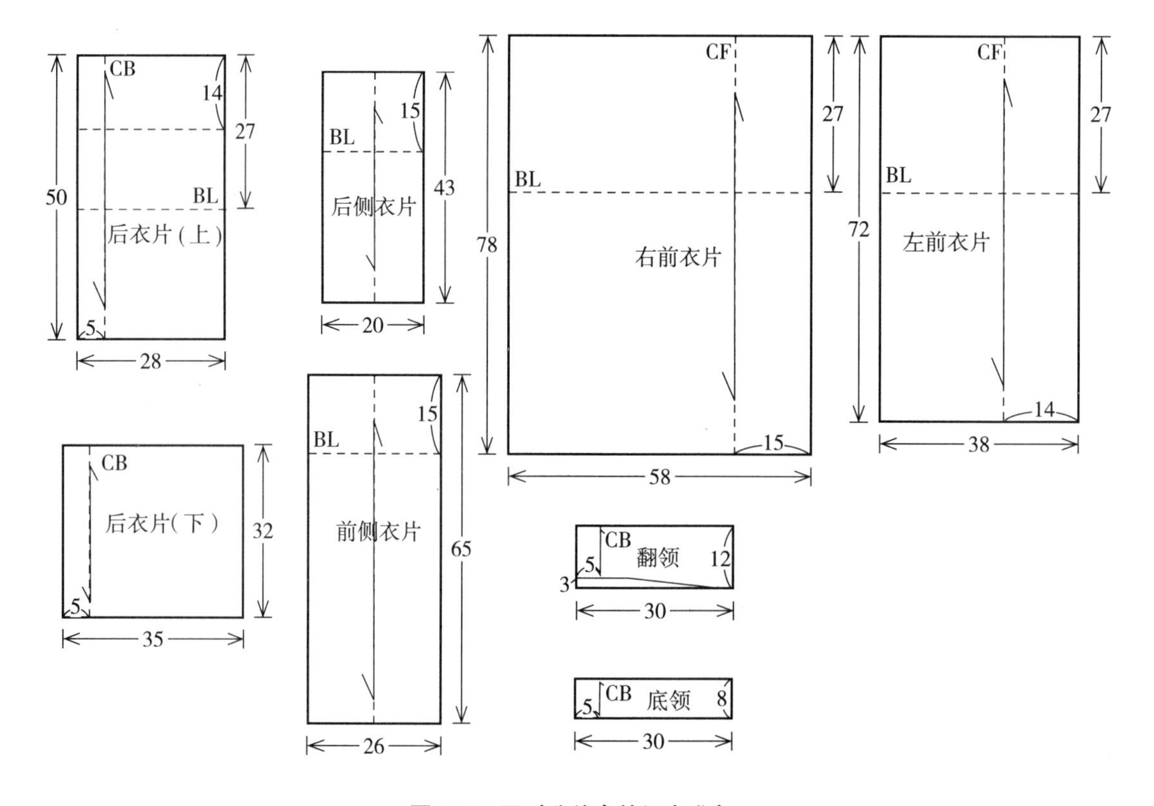

图 6–6　不对称外套的坯布准备

（四）操作步骤（图 6–7）

1. 用粘带在人台左边标出左前中片的造型，对称标在人台右边。为了操作方便，左前中片放在人台右边操作，如图 6–7（1）所示。

2. 左前中片的立裁操作。将前衣片的中心线对准人台前中心线，前衣片的胸围线对准人台胸围线，如图 6–7（2）所示。

3. 捋平前胸和肩部，初步裁剪领口斜线，如图 6–7（3）所示。

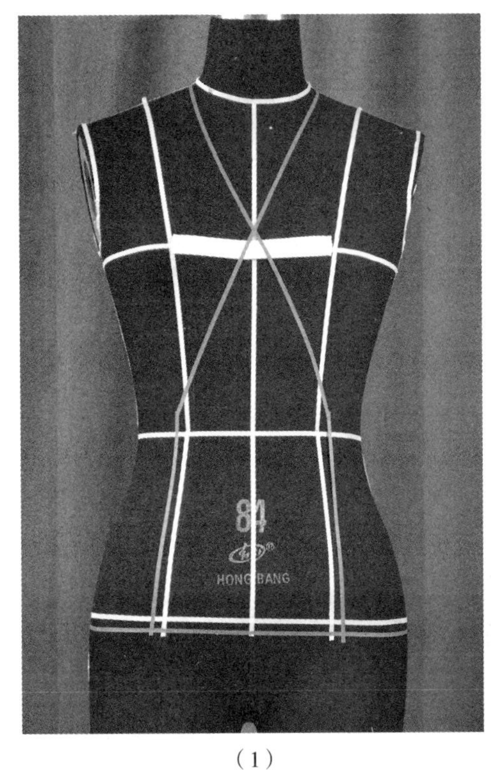

（1）

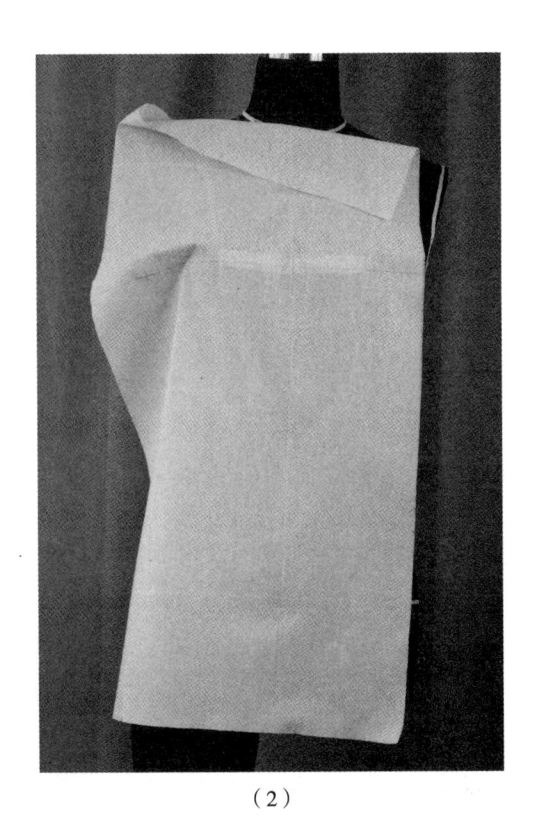

（2）

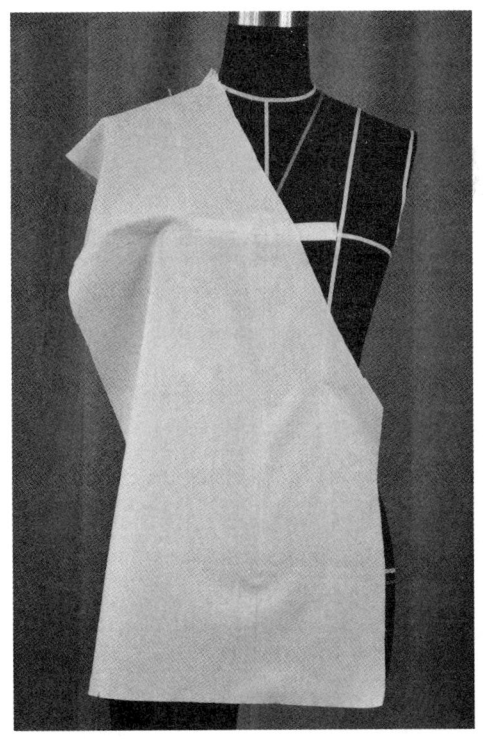

（3）

图 6–7

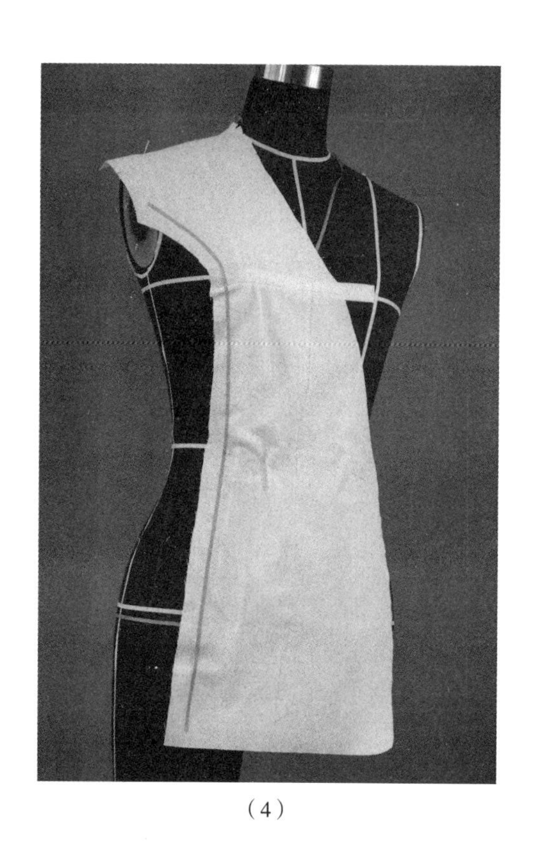

（4）

4. 前胸推出 1cm 左右的胸围松量，用粘带标出袖窿公主线，剪去多余面料，如图 6-7（4）所示。

5. 前侧片立裁。将面料的纵向标志线保持垂直，胸围线保持水平。按公主线造型剪去侧片在分割线处的多余面料，缝份上打剪口，在胸围线以下，抓合前中片和前侧片，如图 6-7（5）所示。

6. 在胸围线处，对分割线缝份打剪口，胸围线以上部分，前侧片在上，前中片在下，用折叠针法别合，使分割弧线造型准确，如图 6-7（6）所示。

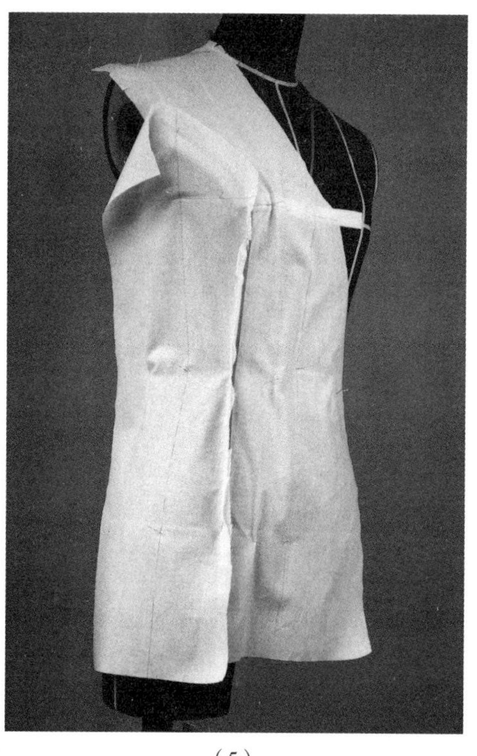

（5）

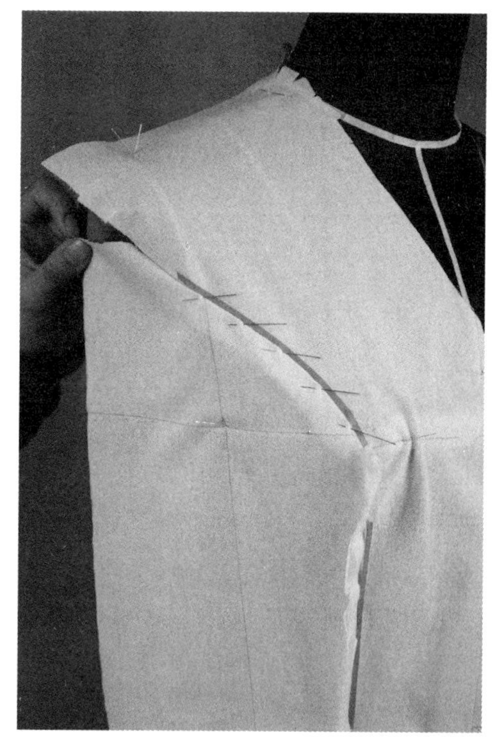

（6）

7. 后中片立裁操作。后片中心线对准人台后中线，肩胛骨处标志线水平。推出后背适当的松量。用粘带标出分割线，剪去多余面料，如图 6–7（7）所示。

8. 参照前侧片操作，根据分割线剪去后侧片靠分割线的多余面料，如图 6–7（8）所示。

9. 在胸围线以下，抓合后中片和后侧片。胸围线以上，后侧片在上，后中片在下，用折叠针法别合，如图 6–7（9）所示。

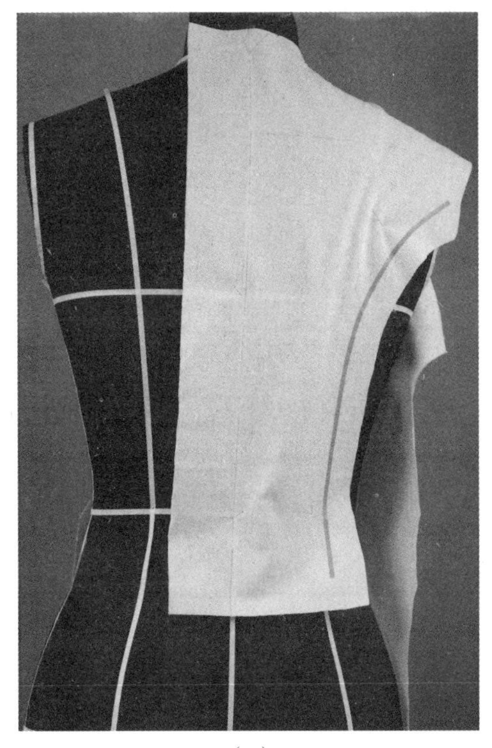

（7）

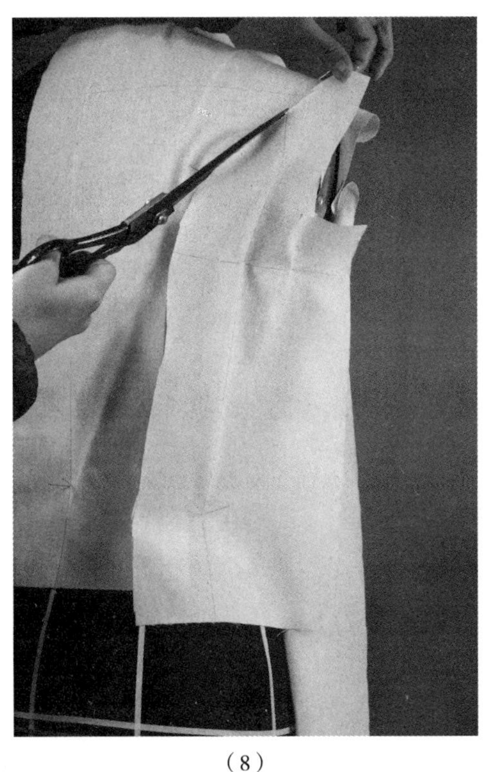

（8）

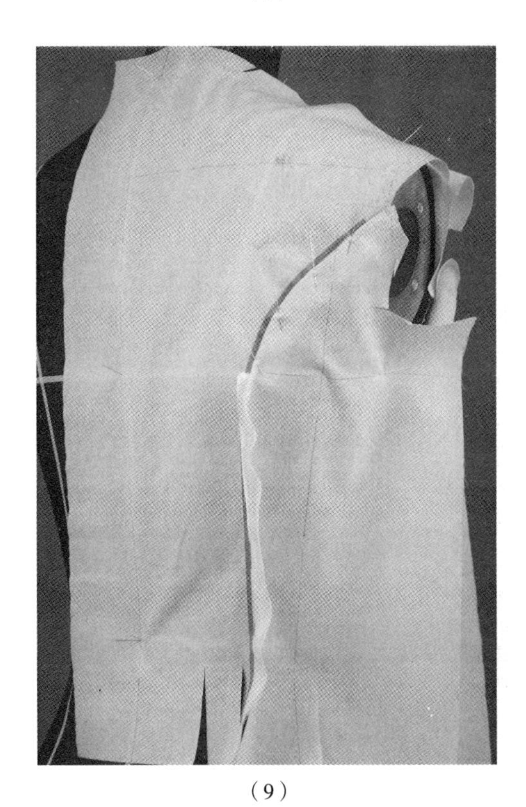

（9）

图 6–7

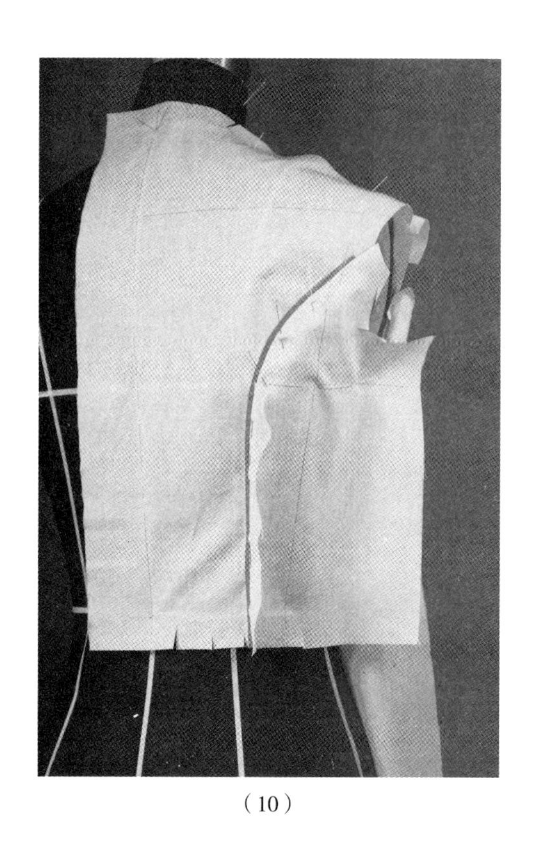

（10）

10. 剪去后腰节下多余的面料，如图 6-7（10）所示。

11. 后下片操作。后片中心线对准人台后中线，边剪去腰围线以上多余的面料，边推出下摆少许波浪，如图 6-7（11）所示。

12. 用折叠针法别合上下后片，如图 6-7（12）所示。

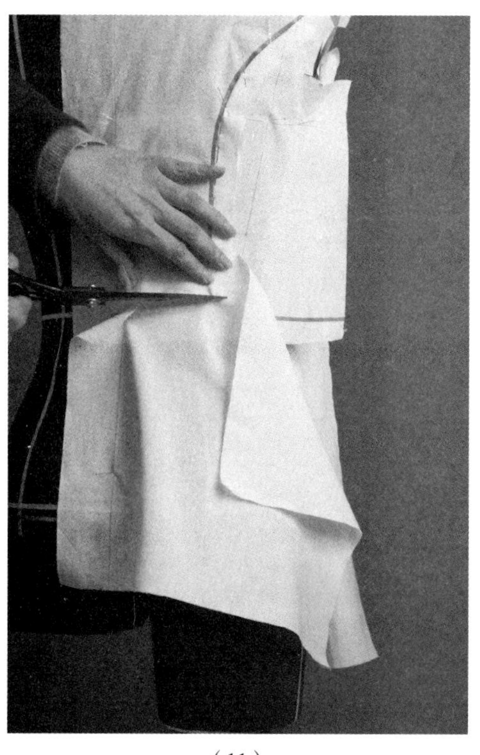

（11）

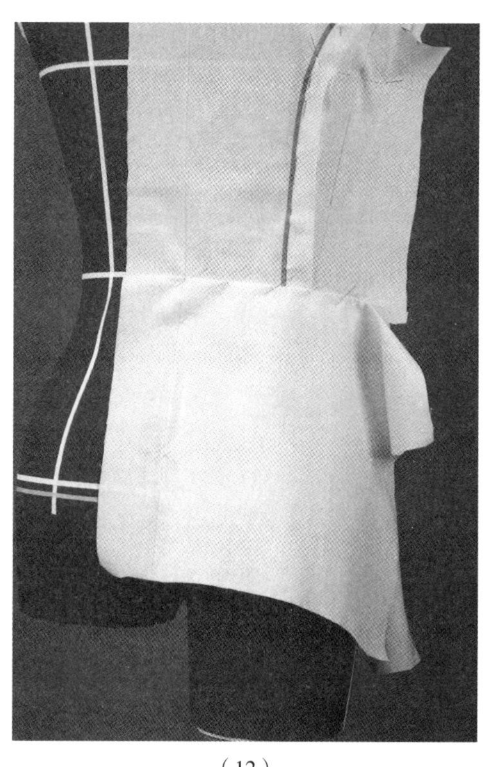

（12）

13. 抓合侧缝和肩缝。前后片在胸围侧各放出 1cm 松量，在腰围、臀围侧各放 0.7 cm 松量，如图 6–7（13）所示。

14. 用粘带标出左前片的下摆线。前中和后边剪去多余面料，前侧片保留长度，如图 6–7（14）所示。

15. 右前中片的操作。将前衣片的中心线对准人台前中心线，前衣片的胸围线对准人台胸围线，如图 6–7（15）所示。

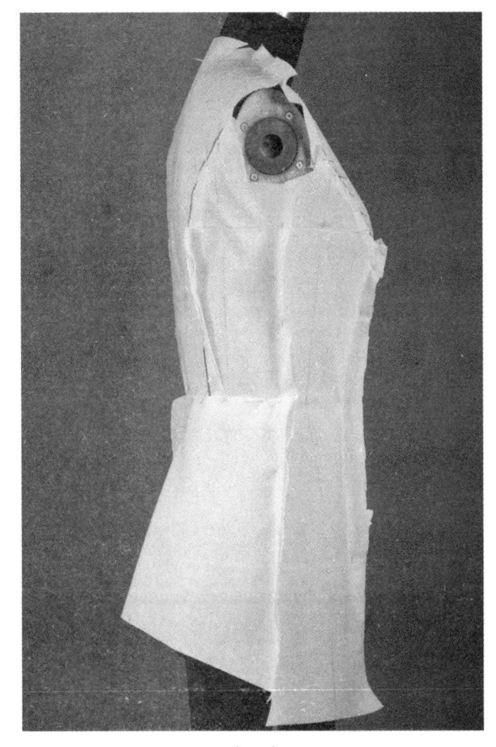

（13）

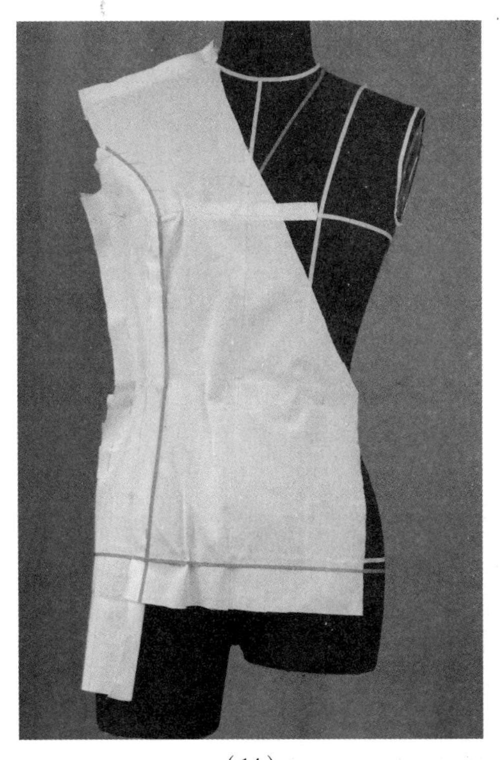

（14）

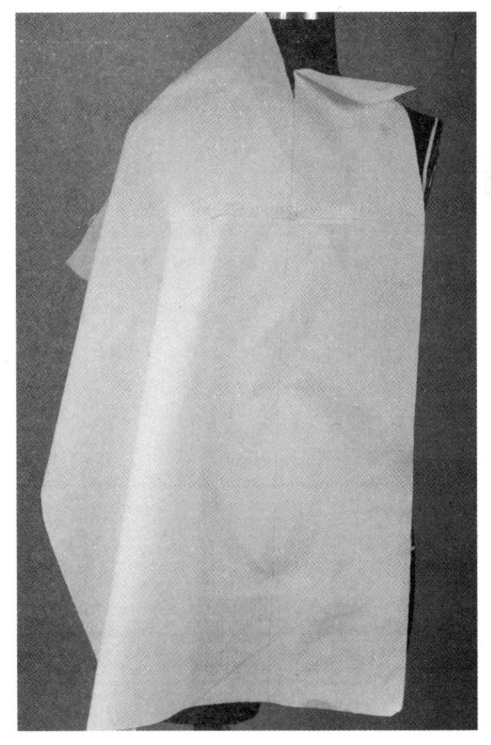

（15）

图 6–7

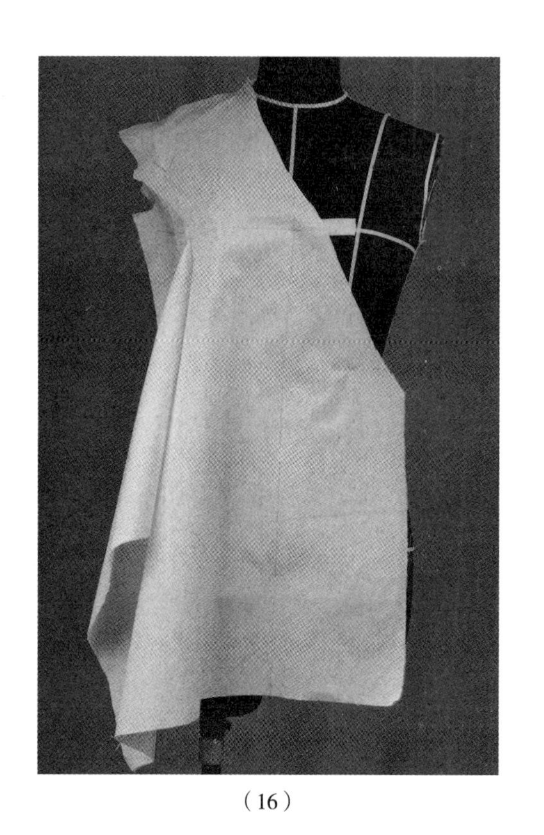

（16）

16. 胸围线以上，右前中片对准下层的左前中片，捋平前胸和肩部，剪出领口斜线，沿袖窿分割线，用叠合针法与侧片叠合。剪去袖窿、袖窿分割线处的多余面料，如图 6–7（16）所示。

17. 边抓合右前中片与侧片，边沿分割线做四个放射状褶，往门襟处集中，分割线处面料平服。用粘带标出右前片的造型，如图 6–7（17）所示。

18. 剪去右前片门襟和下摆处多余的面料，如图 6–7（18）所示。

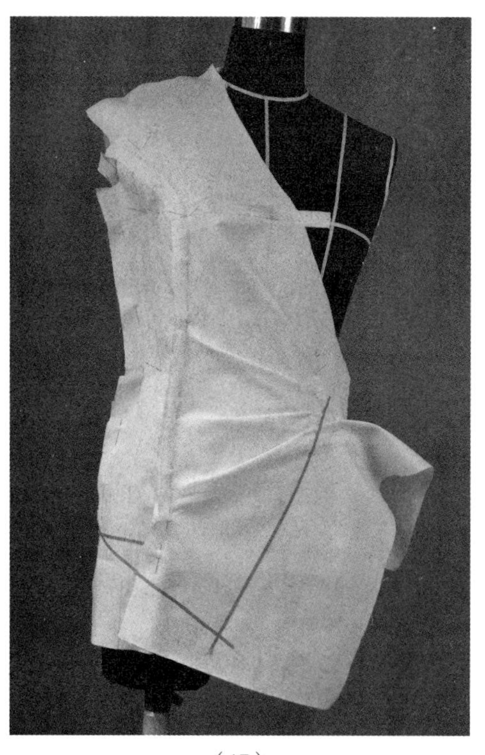

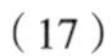

（17）

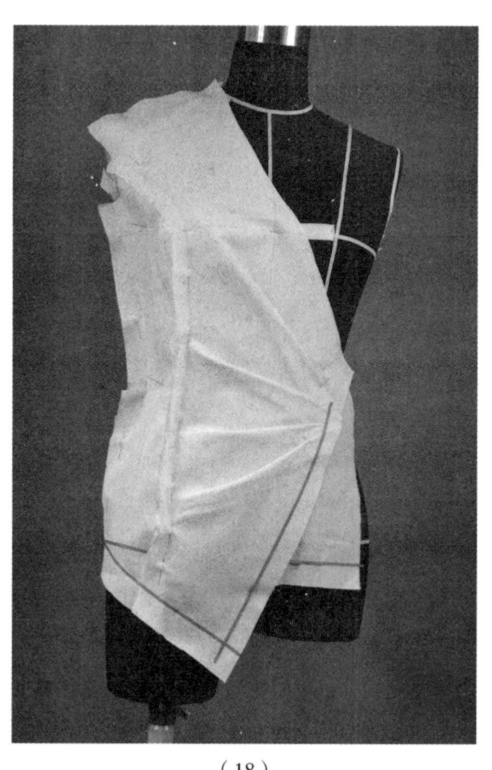

（18）

19. 操作立翻领的底领部分。底领中心线与后衣片中心线对齐，底领下口线与领口线水平叠合 3cm，如图 6–7（19）所示。

20. 底领缝份往上折起，领片沿领口线往前转至领止点位置。布片上口往头颈靠，沿领口线，用大头针别出底领下口线。确定底领上口与颈部留一指松量，用粘带标出底领造型，剪去多余面料，如图 6–7（20）所示。

21. 做翻领造型。翻领中心线与底领中心线对齐，翻领的绱领线与底领上口线水平叠合 3cm，如图 6–7（21）所示。

22. 确定翻领的宽度，翻领的缝份往上折起。将翻领布片转至前面，领片往下推，增加外围尺寸，使翻领外围与衣身正好贴合。用叠合针法固定翻领的装领线与底领上口线，如图 6–7（22）所示。

23. 用粘带贴出翻领造型，修剪多余缝份量，如图 6–7（23）所示。

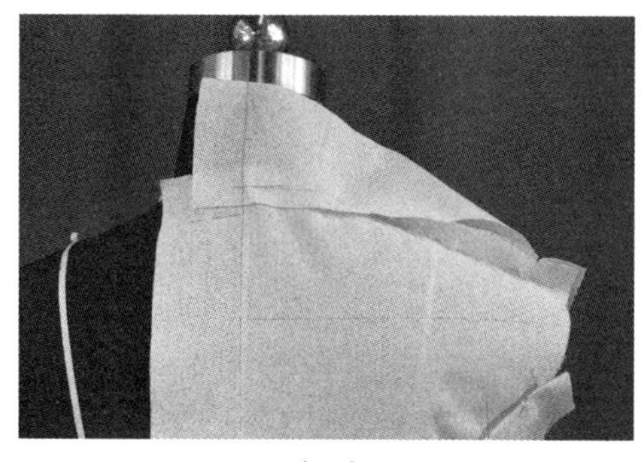

（19）

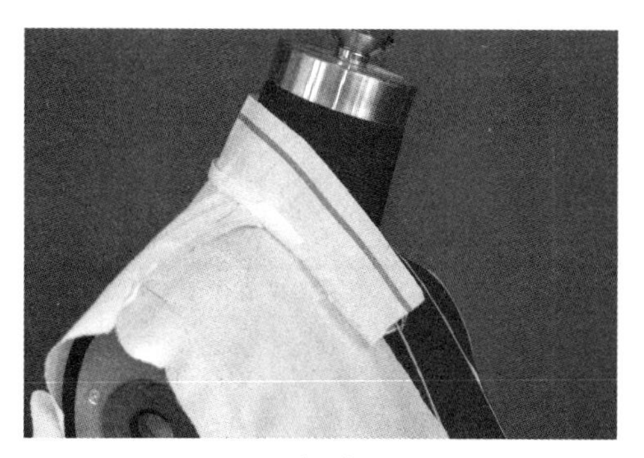

（20）

（21）

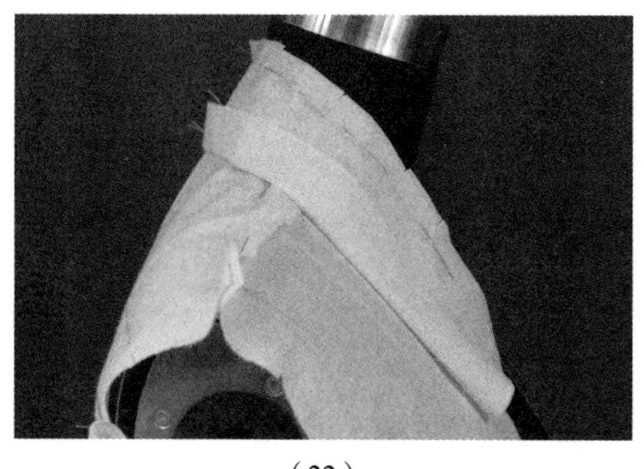

（22）

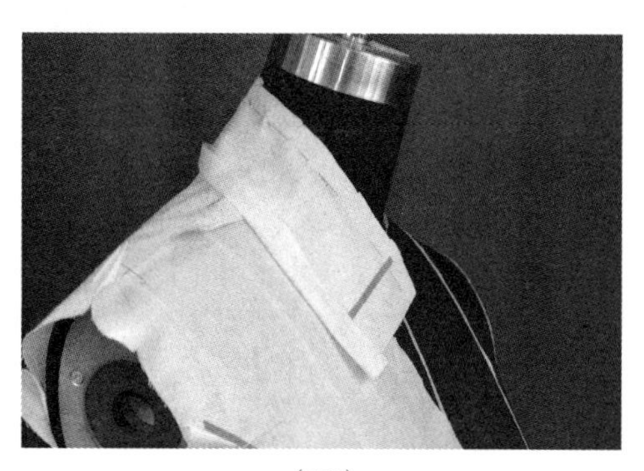

（23）

图 6–7

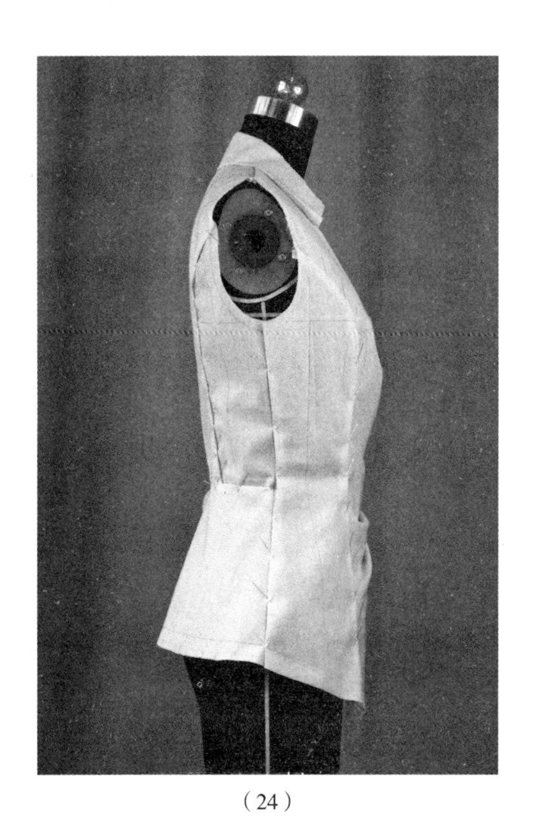

（24）

24. 点位记录结构，取得裁片。假缝衣身与领子，调整整体造型，如图 6–7（24）所示。

25. 量取袖窿尺寸，用平面方法配两片袖，如图 6–7（25）所示。

26. 取得裁片，如图 6–7（26）、图 6–7（27）所示。

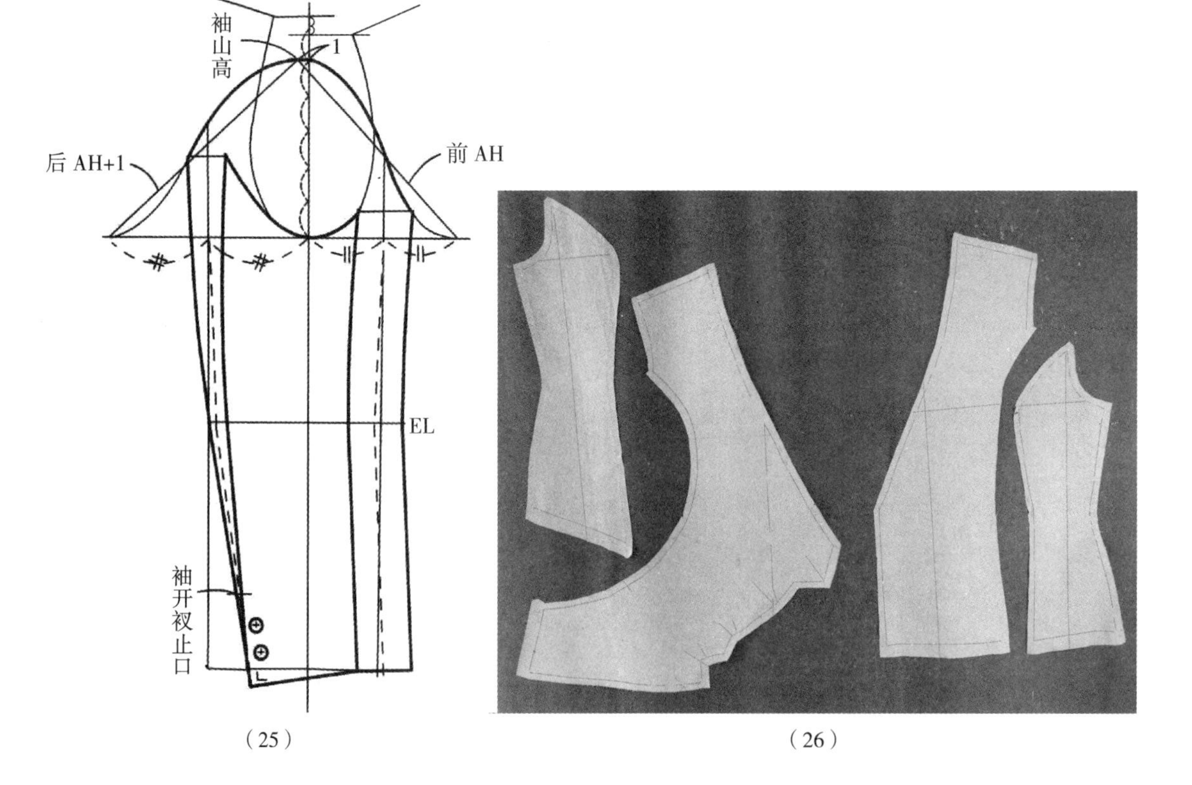

（25）

（26）

27. 试样效果。正面效果如图 6–7（28）所示，侧面效果如图 6–7（29）所示，背面效果如图 6–7（30）所示。

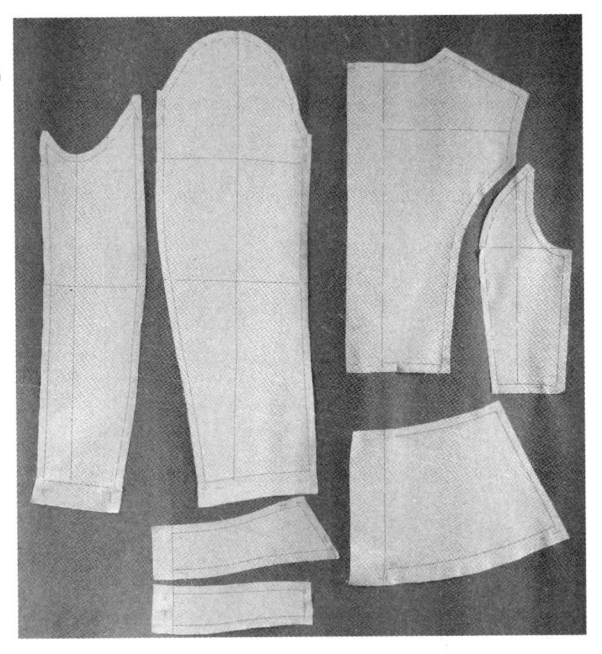

（27）

（28）

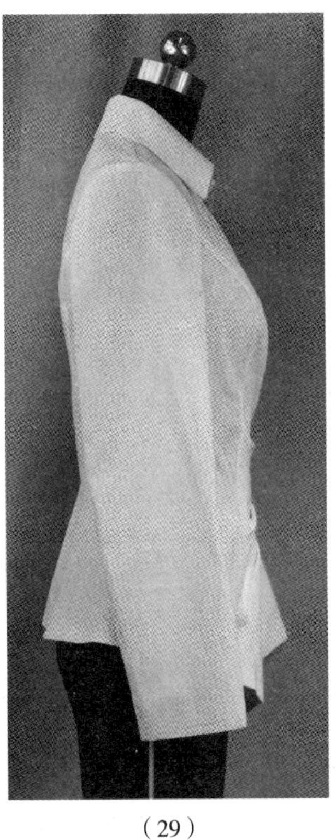

（29）

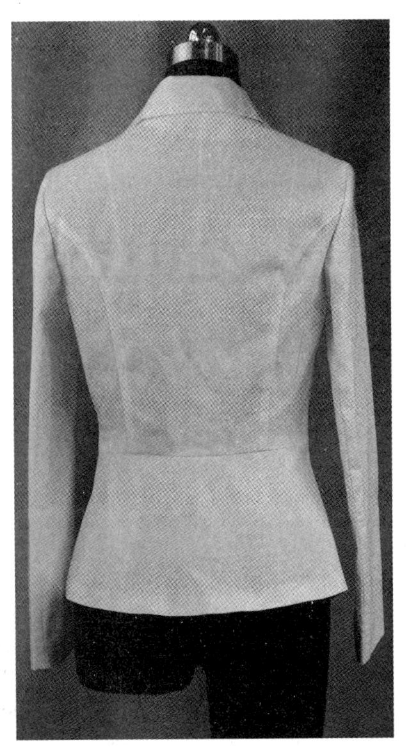

（30）

图 6–7　不对称外套的操作步骤

（五）不对称外套操作技术要点

1. 用粘带标出左右片廓型，处理好左右片的形状、长度等造型关系，袖窿公主线造型要流畅。

2. 虽然是左右不对称款，但左前片、右前片放均在人台右边操作，使袖窿公主线左右造型一致。

3. 胸围、腰围放松量 8~10cm。

4. 以右前片门襟的纽扣部位为中心，做放射状褶，袖窿公主线处平服。

（六）CAD 读样

用 CAD 读图仪读入纸样，如图 6-8 所示。按生产要求制作系列生产样板。

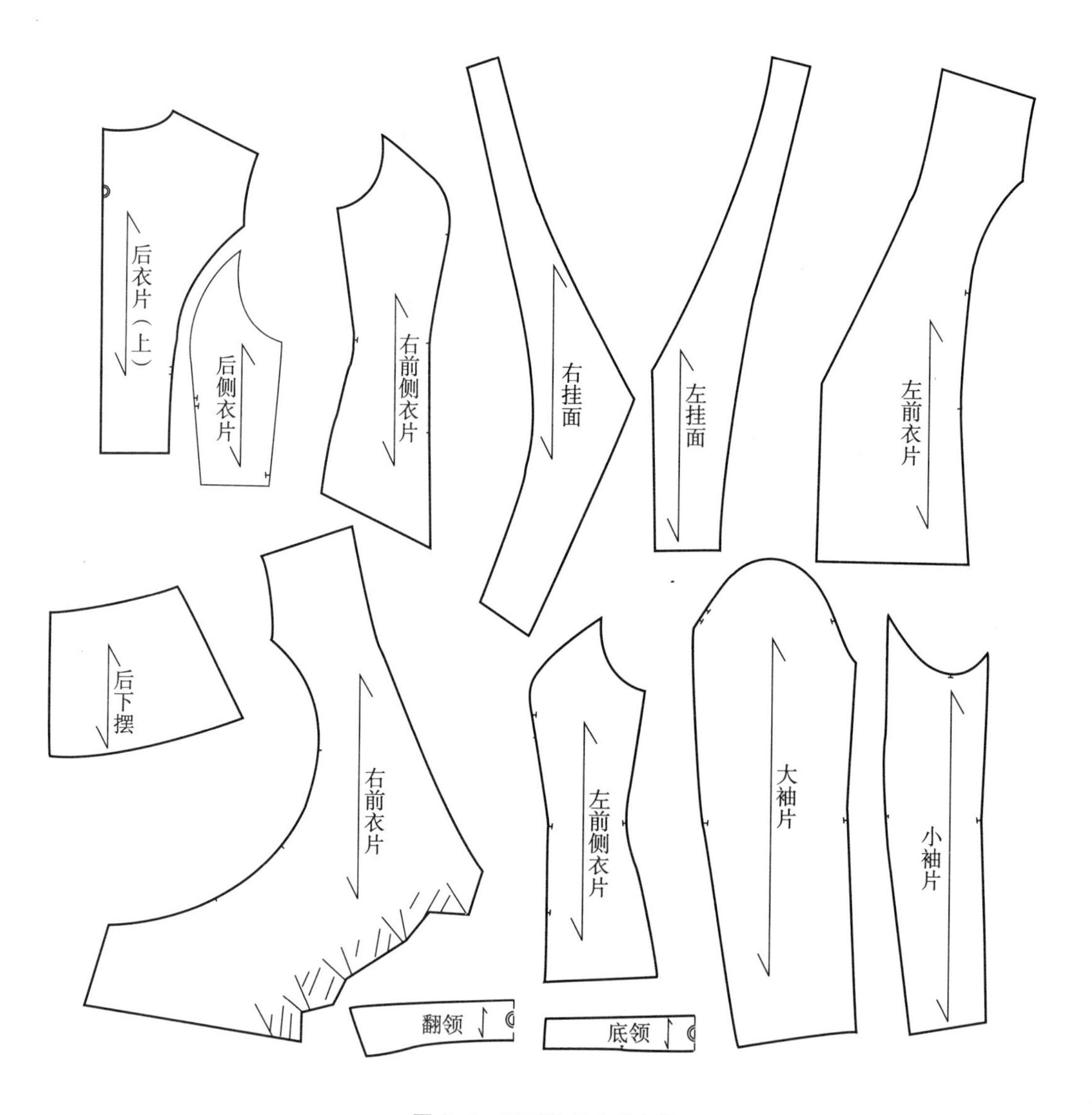

图 6-8　不对称外套的纸样

三、玫瑰肩外套

（一）款式图（图 6-9）

（二）款式分析

时尚、优雅的外套款式。大 V 领，公主线分割，立体的转角玫瑰花布艺装饰肩部；一粒扣，两片袖。整体造型合身，衣长较短，胸围、腰围放松量 6~8cm，款式定位年轻化。推荐选择亚麻、精纺毛料、皮革及牛仔布等面料。

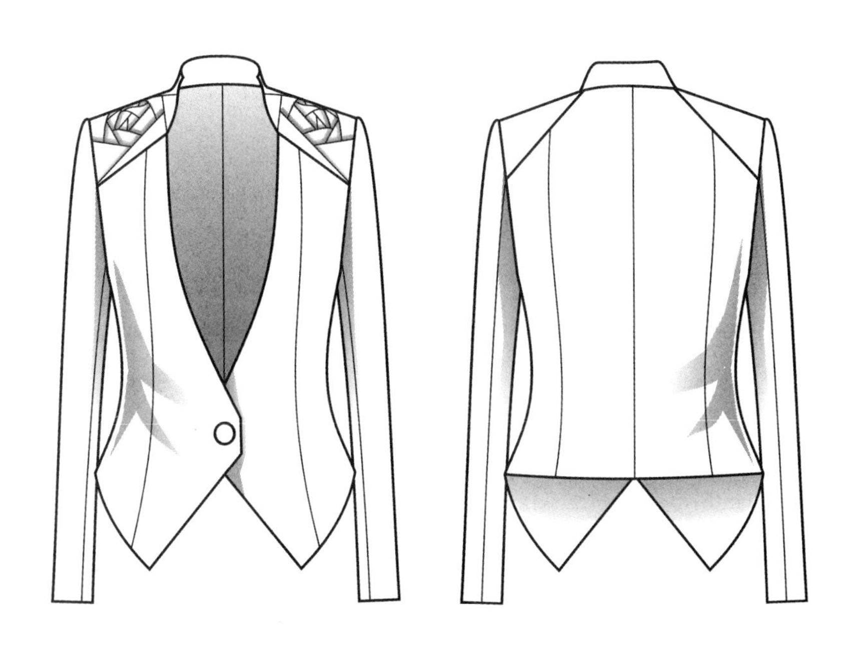

图 6-9 玫瑰肩外套款式图

（三）坯布准备

将坯布熨烫平整、归正，参考图 6-10 的尺寸取料，并按虚线在坯布上标出标志线。

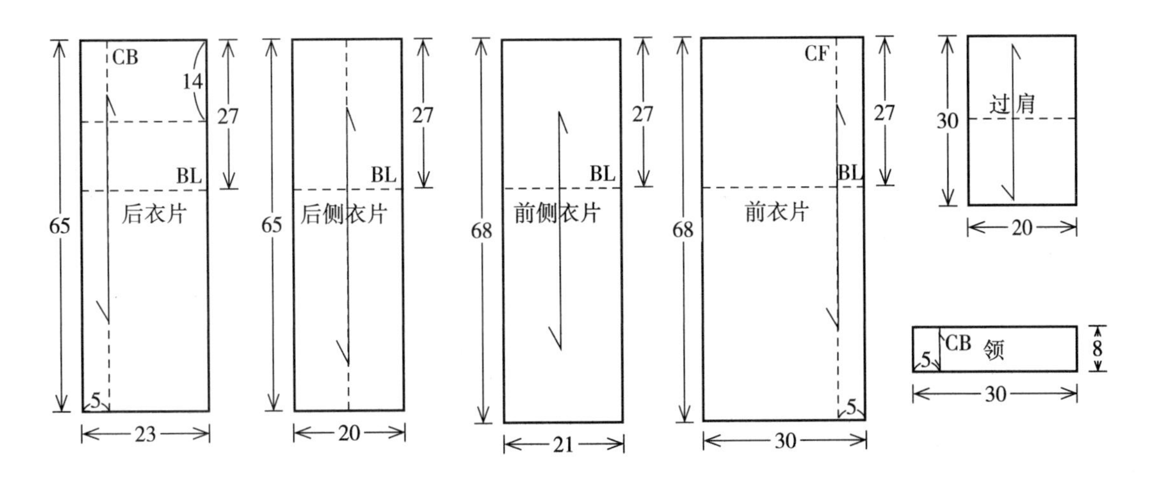

图 6-10 玫瑰肩外套的坯布准备

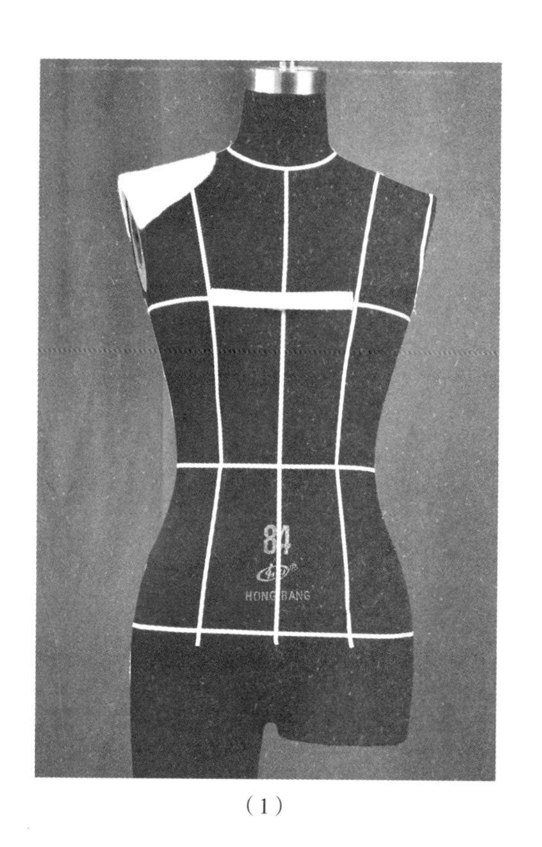

（1）

（四）操作步骤（图 6-11）

1. 在人台上放上垫肩。选用厚度为 0.7cm 的普通圆装袖垫肩，如图 6-11（1）所示。

2. 外套前片立裁操作。将前衣片的中心线对准人台前中心线，前衣片的胸围线对准人台胸围线，如图 6 11（2）所示。

3. 初步剪去领口多余面料，从胸围线往上捋平肩部面料，在胸宽、腰围处推出适当松量，用大头针固定。用粘带在衣片上标出分割线，剪去肩部、侧面多余的面料，如图 6-11（3）所示。

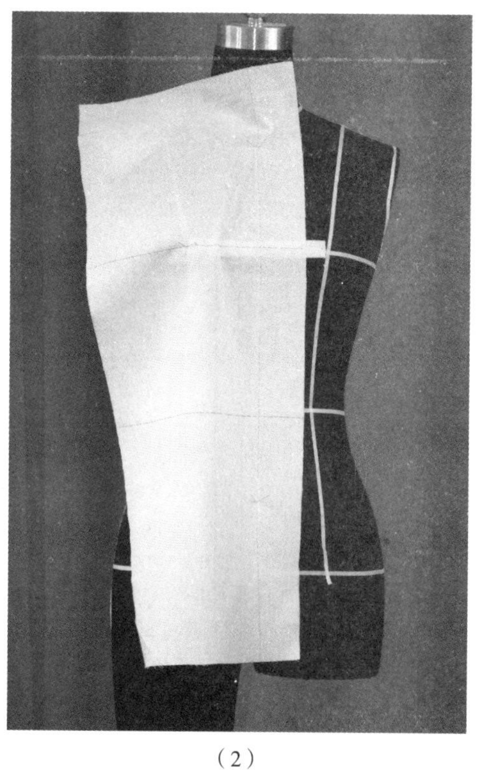

（2）

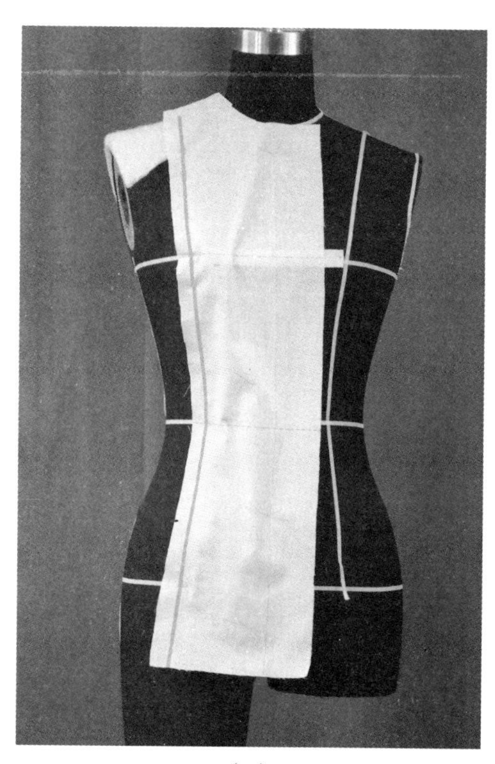
（3）

4. 前侧片立裁操作。将面料的纵向标志线保持垂直，胸围线保持水平。根据分割线，初步剪去前侧片的多余面料，初剪前袖窿。沿分割标志线抓合前中片和侧片，胸部和腰部应有一定的松量，如图 6–11（4）所示。

5. 后中片立裁操作。在领口缝份上打剪口，后领围稍加松量，初剪后领口，在侧颈点处用大头针固定。背宽推出适当松量，标出后背分割线，剪去分割线侧缝方向多余的面料，如图 6–11（5）所示。

6. 后侧片纵向标志线保持垂直，胸围线保持水平。初剪后袖窿，根据后背分割线初剪侧片，沿分割标志线抓合后中片和后侧片，背部应有适当的松量，如图 6–11（6）所示。

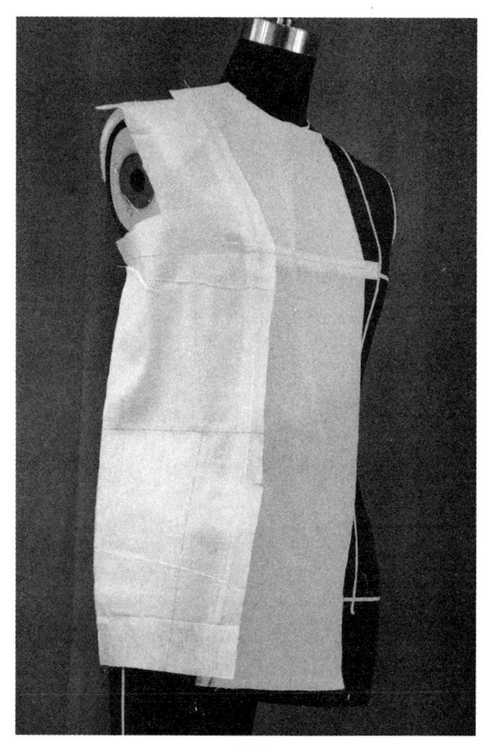

（4）

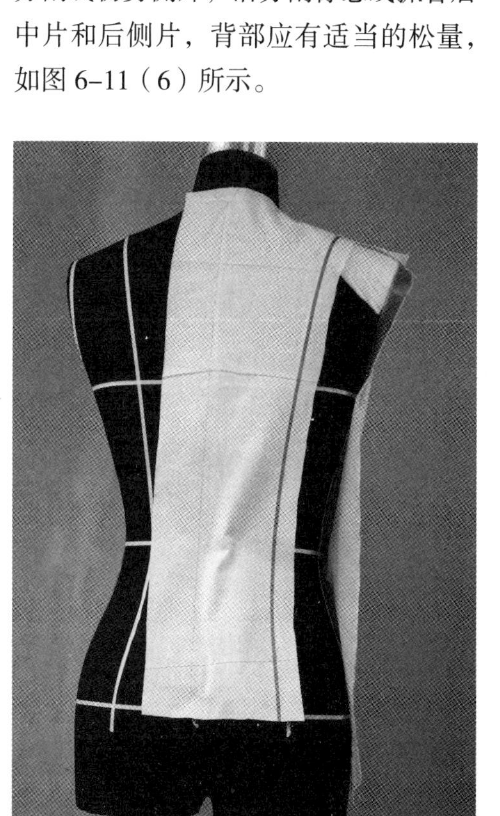

（5）

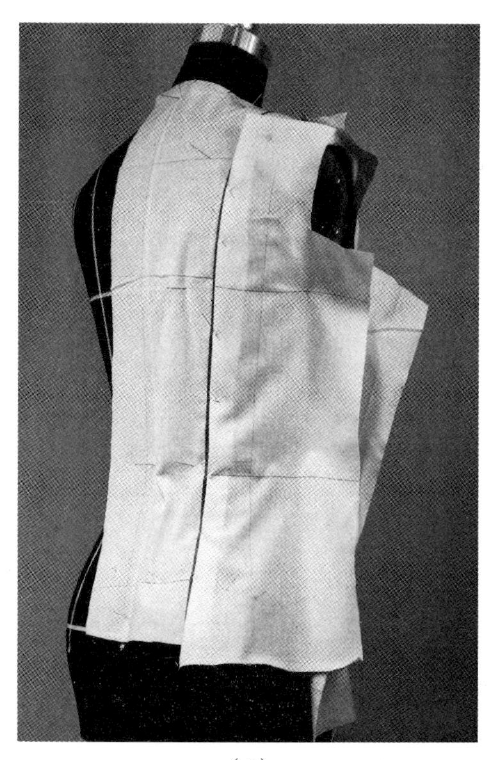

（6）

图 6–11

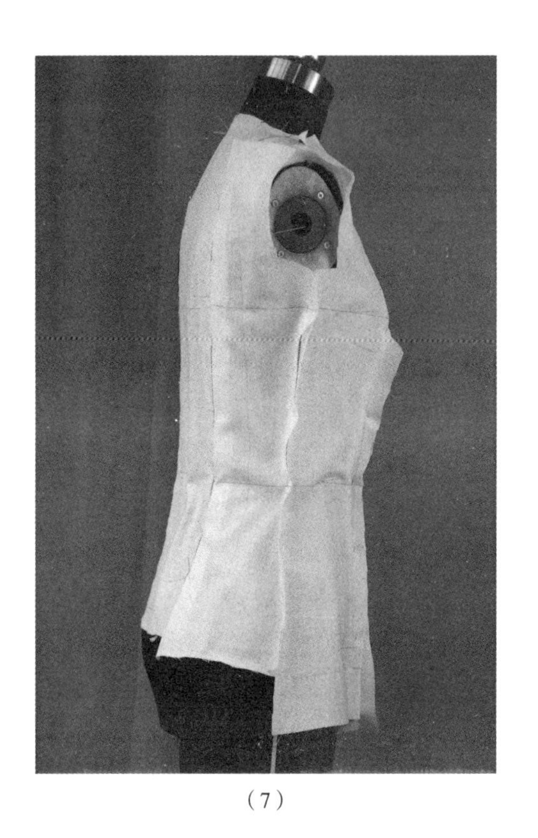
（7）

7. 前后片在胸围侧面放出 0.7~1cm 松量，在腰围、臀围侧面各放 0.7cm 松量，抓合侧缝，如图 6–11（7）所示。

8. 用粘带标出前片和后片领口线、门襟、下摆等造型，标出肩部分割线，如图 6–11（8）所示。

9. 剪去造型线外的多余面料，如图 6–11（9）所示。

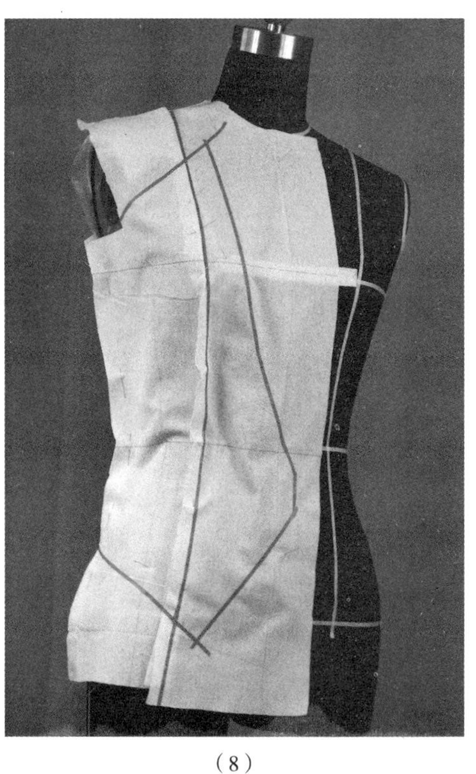
（8）

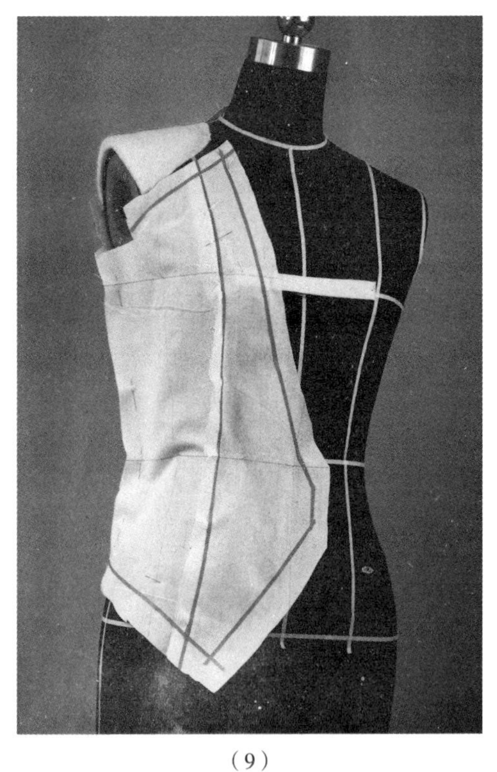
（9）

10. 用粘带标出后片下摆和肩背分割线，如图 6–11（10）所示。

11. 放上过肩布片，水平标志线对准人台肩线。侧颈点处打剪口，捋平布片，与肩部贴合，如图 6–11（11）所示。

12. 剪去过肩多余面料，用折叠针法，将过肩与前、后衣片固定。用粘带标出袖窿线，如图 6–11（12）所示。

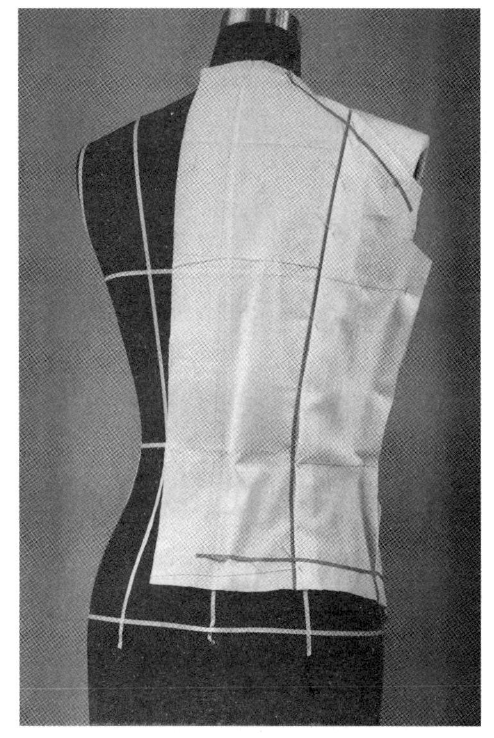

（10）

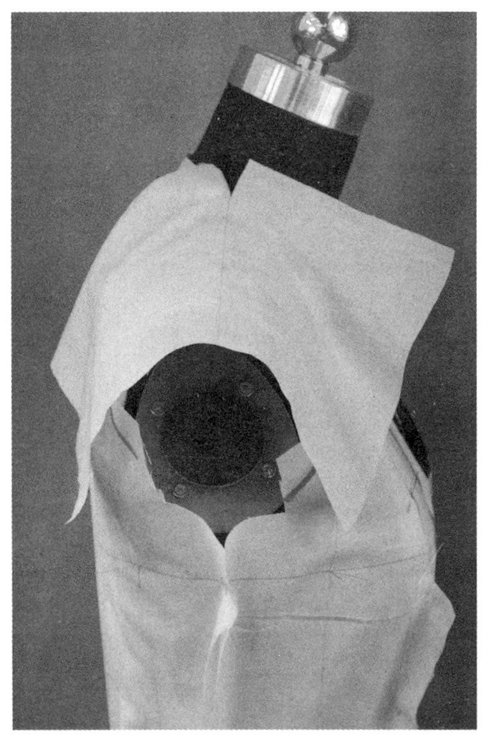

（11）

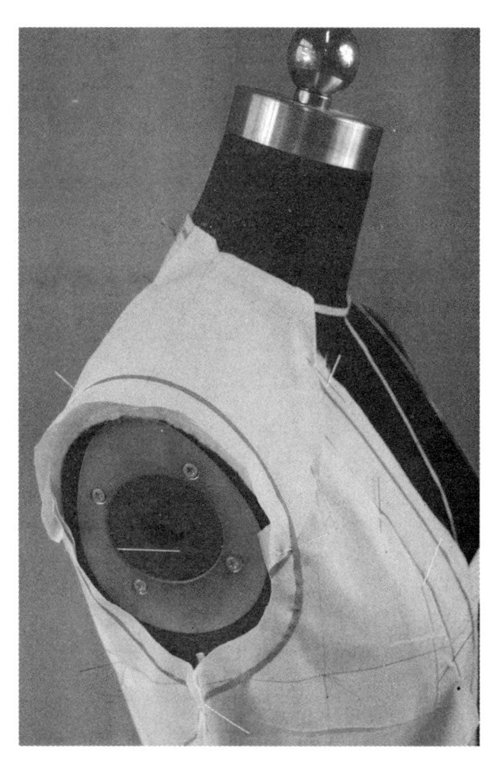

（12）

图 6–11

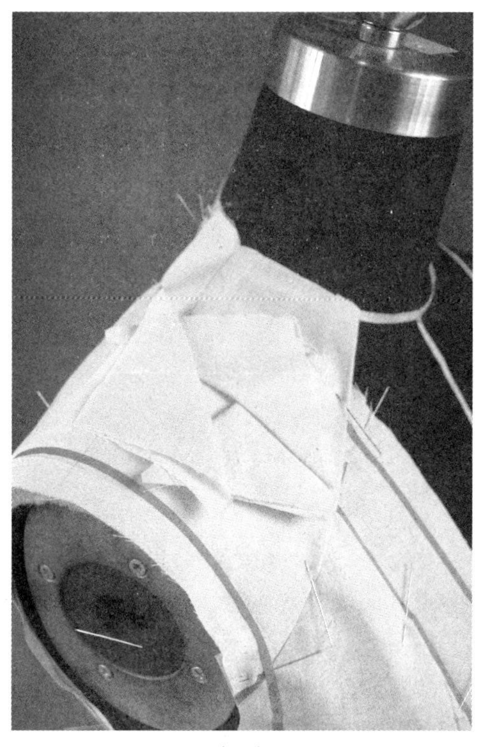

（13）

13. 在肩线下约 4cm 处确定玫瑰花中心点，围绕中心点，用对折布片做转角玫瑰，如图 6-11（13）所示。

14. 布片环绕，叠出转角玫瑰造型，如图 6-11（14）所示。

15. 按过肩的廓型，剪去转角玫瑰多余的面料；用手缝针从里面固定转角玫瑰的各层布片，如图 6-11（15）所示。

16. 立领操作。领片中心线与人台后中线对齐，领下口线与领口水平叠合 3cm，如图 6-11（16）所示。

17. 领片沿领口线往前转至领止点位置，领片上口略往头颈靠，沿领口线，用大头针别出领下口线；确定立领上口与颈部保留适当松量，用粘带标出立领造型，剪去多余面料，如图 6-11（17）所示。

18. 假缝衣身，调整造型。假缝的前身正面效果如图 6-11（18）所示。

19. 假缝的侧面效果。量取袖窿尺寸，如图 6-11（19）所示。

（14）

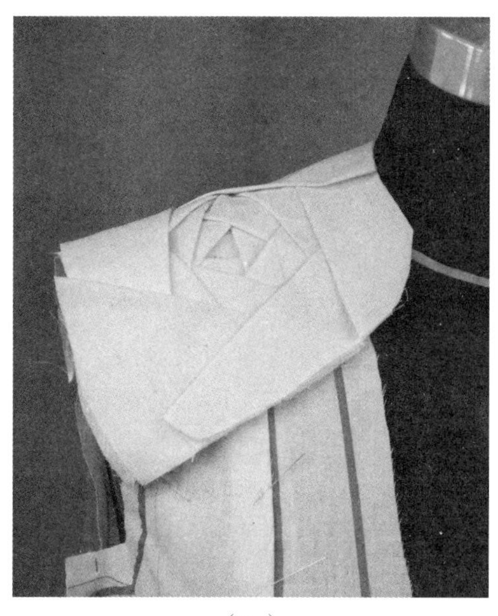

（15）

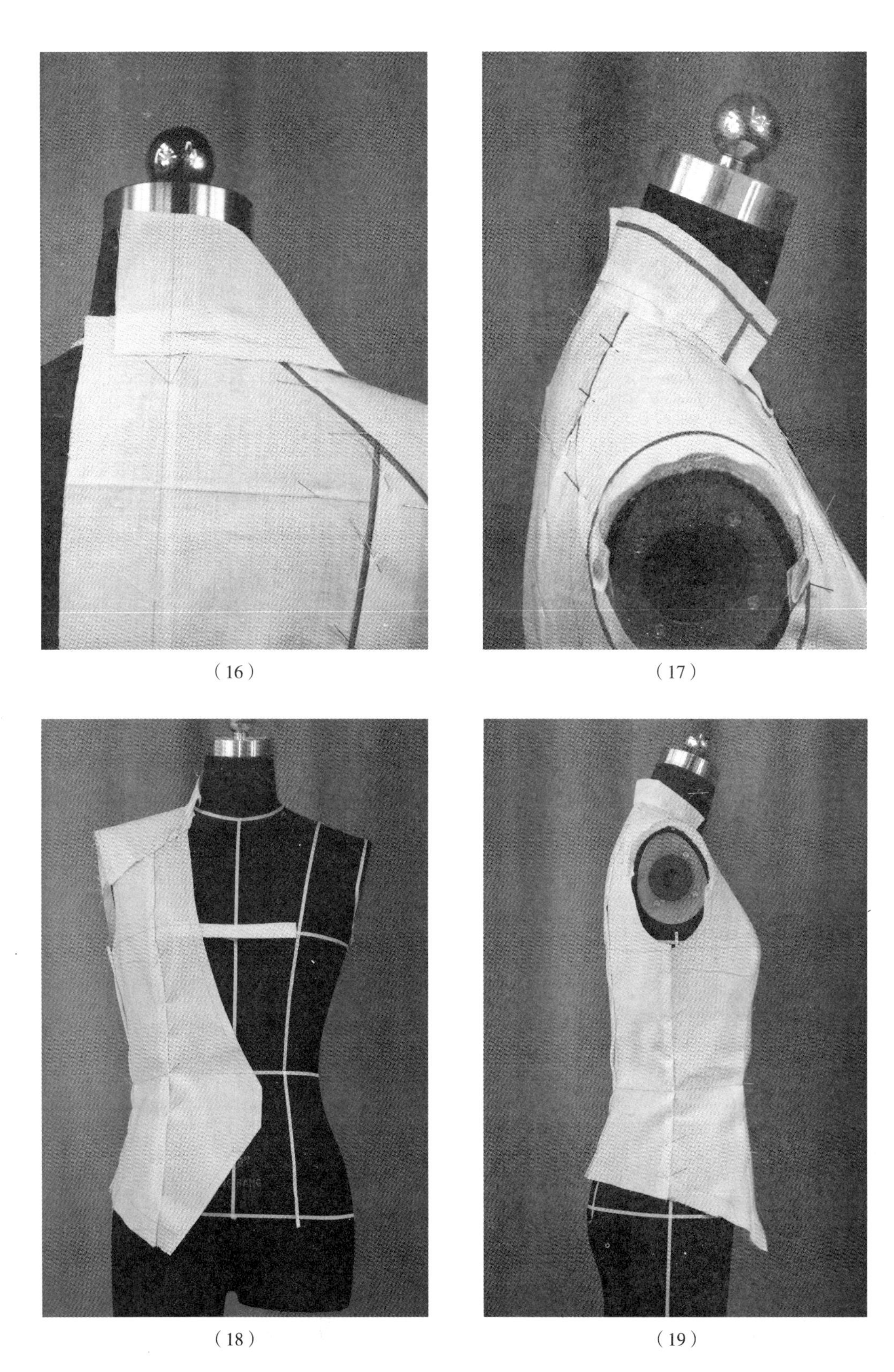

（16）　（17）

（18）　（19）

图 6-11

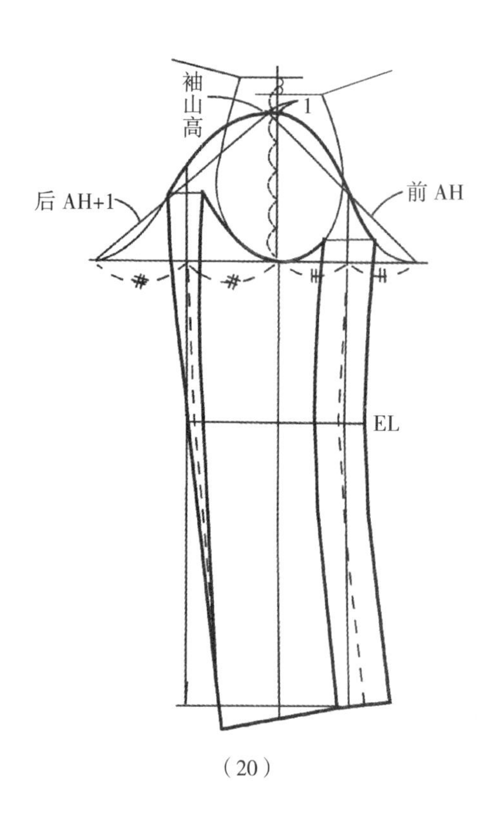

（20）

20. 用平面方法配两片袖，如图 6–11（20）所示。

21. 取得裁片，如图 6–11（21）所示。

22. 试样效果。外套正面效果如图 6–11（22）所示，侧面效果如图 6–11（23）所示，背面效果如图 6–11（24）所示。

（21）

（22）

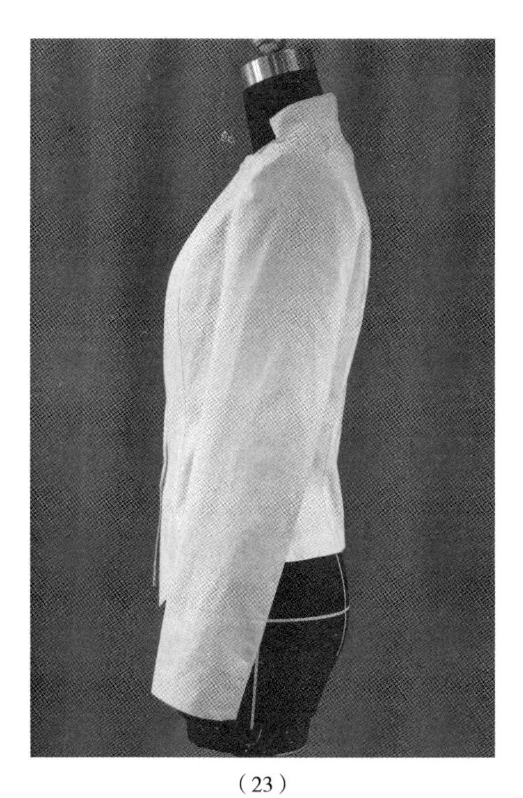

（23）

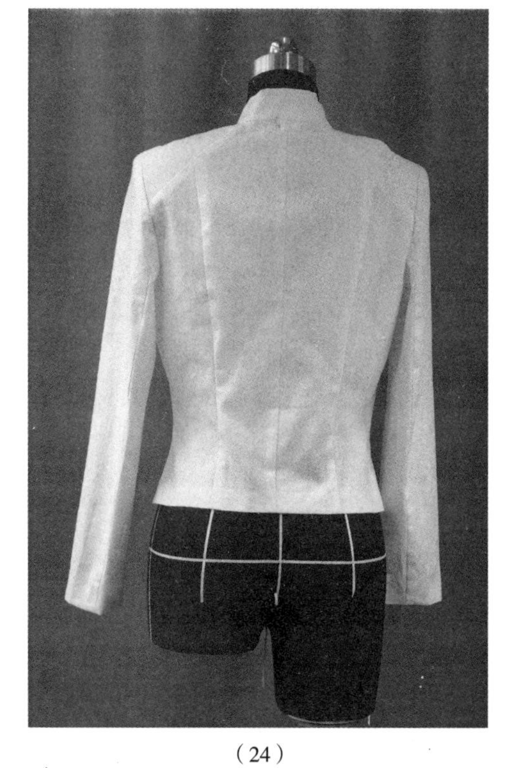

（24）

图 6-11　玫瑰肩外套的操作步骤

（五）玫瑰肩外套操作技术要点

1. 衣片放置横平竖直，胸围线保持水平，衣身丝绺竖直，各衣片胸围标志线对位。
2. 放松量适当，胸围、腰围各放 6~8cm。
3. 公主线在过胸点偏侧缝 1~2cm 的位置，公主线造型要流畅。处理好过肩分割线位置。
4. 转角玫瑰造型要有立体感。
5. 平面方法配两片袖，注意袖型与衣身配伍、袖山和袖肥的比例。

（六）CAD 读样

用 CAD 读图仪读入纸样，如图 6–12 所示。再按生产要求制作系列生产样板。

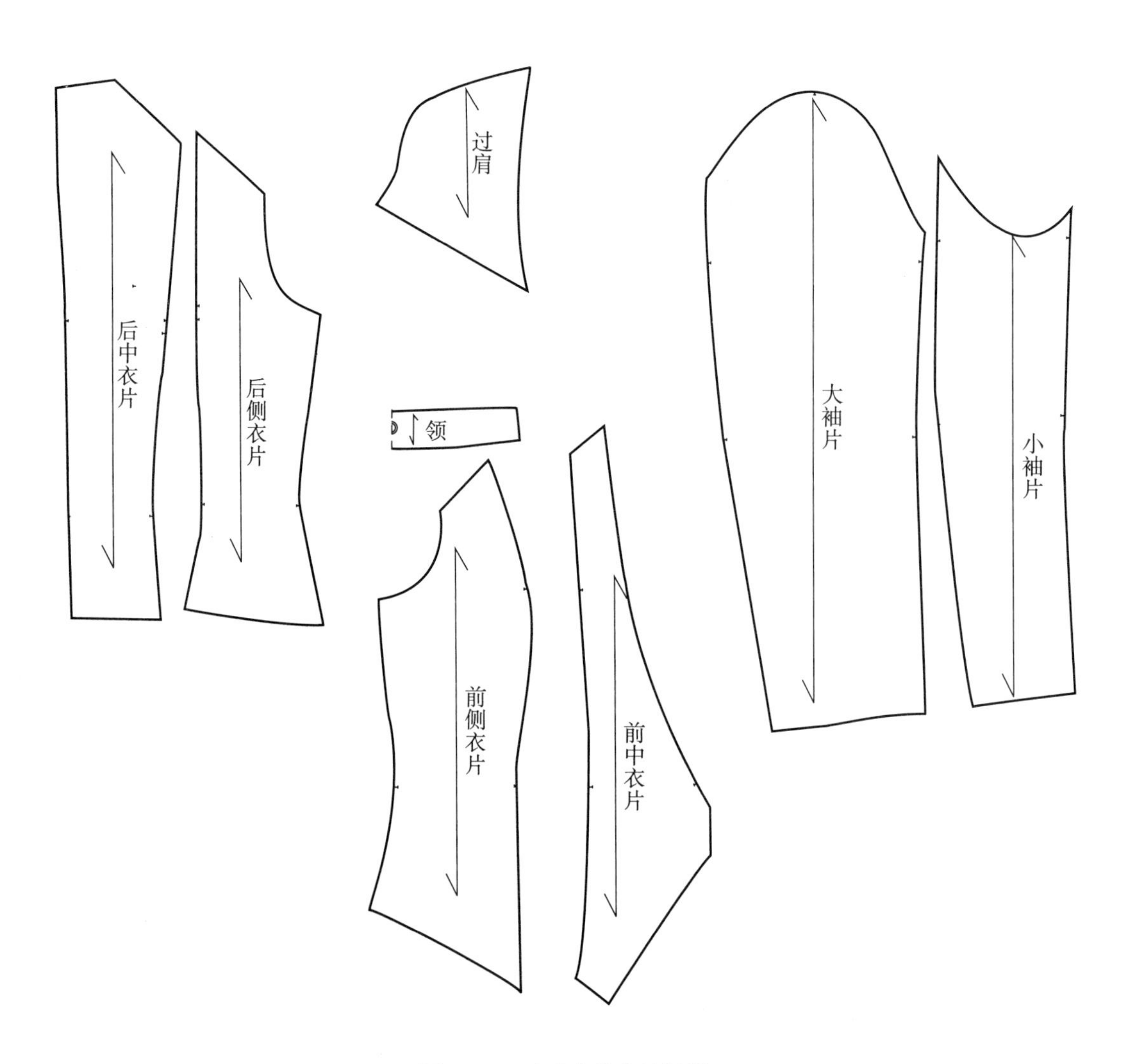

图 6–12　玫瑰肩外套的纸样

四、多层摆外套

（一）款式图（图 6-13）

（二）款式分析

时尚、活泼的外套款式。开襟设计，立体感的连身立领，领褶延伸至前下摆；后背袖窿公主线分割，侧面是三层波浪下摆；立体半袖。整体造型合身，胸围、腰围放松量 8~10cm。推荐选择绢丝纺、亚麻等有骨感的天然纤维面料。

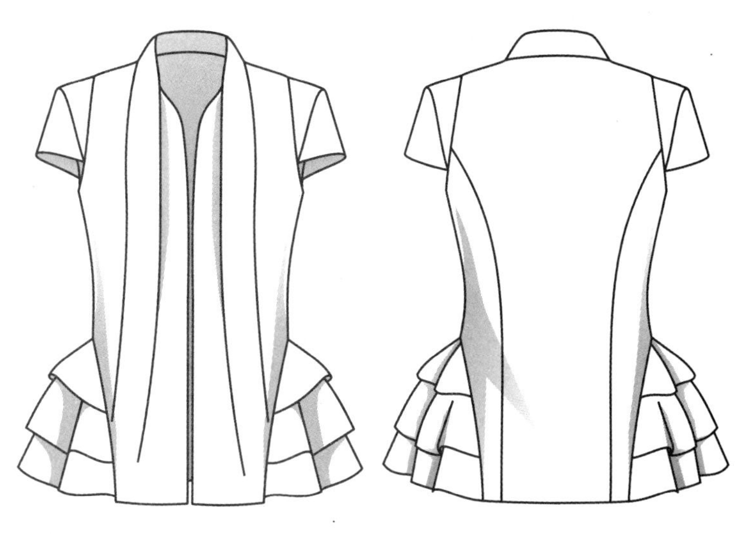

图 6-13　多层摆外套款式图

（三）坯布准备

将坯布熨烫平整、归正，参考图 6-14 的尺寸取料，并按虚线在坯布上标出标志线。

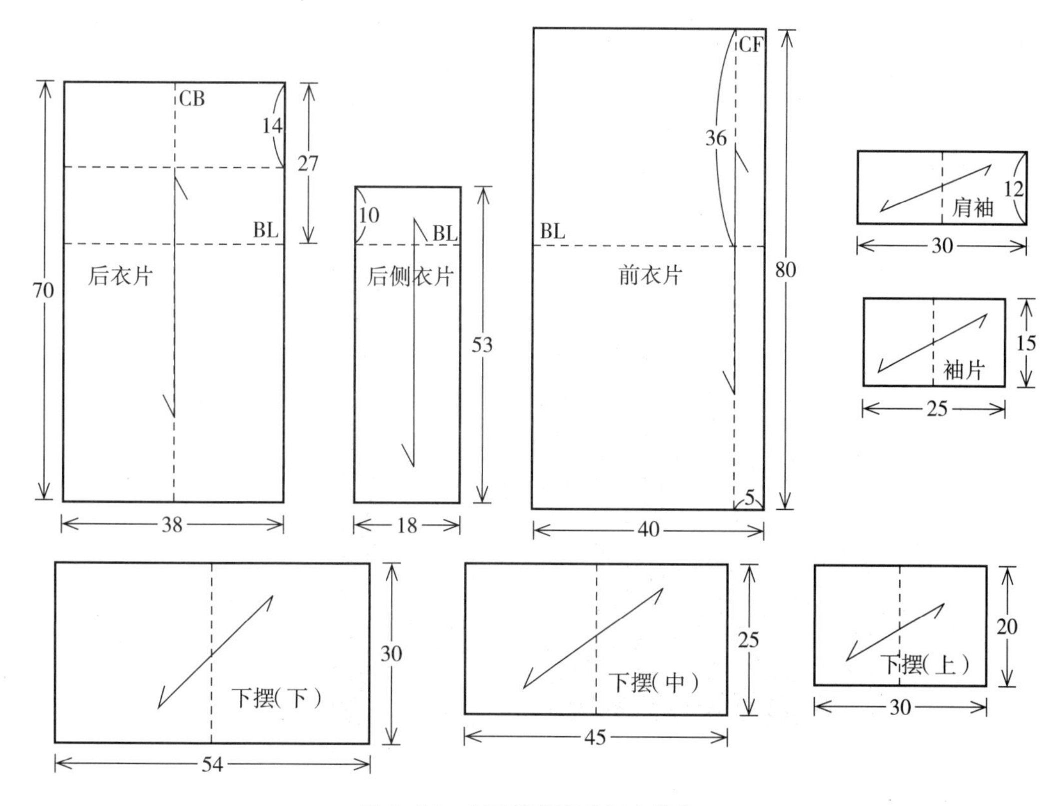

图 6-14　多层摆外套的坯布准备

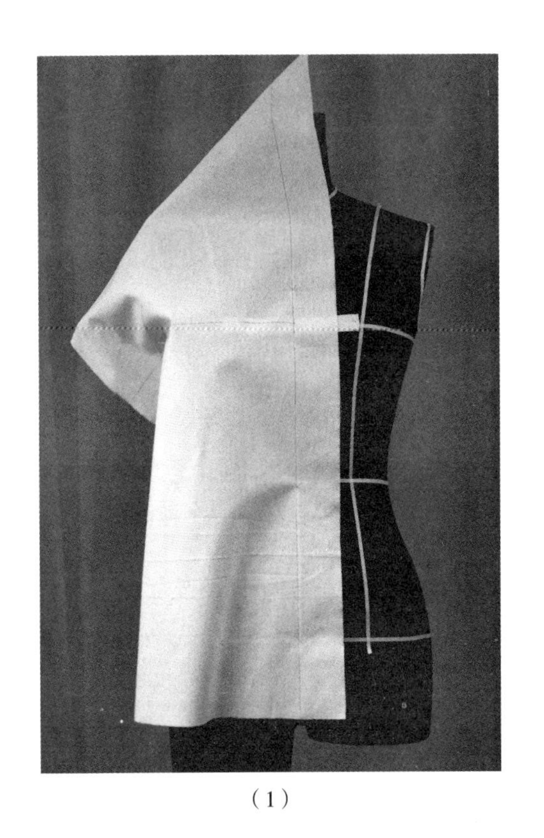

（1）

（四）操作步骤（图 6–15）

1. 前片立裁操作。将前衣片的中心线对准人台前中心线，前衣片的胸围线对准人台胸围线，如图 6–15（1）所示。

2. 靠近颈侧，做 2 × 3cm 宽的褶裥，褶边倒向侧颈点，褶尖一直延伸到下摆。剪去前颈部的面料，如图 6–15（2）所示。

3. 距第一个褶 4cm，再做一个同样宽的褶裥，褶边倒向肩端，褶尖也延伸到下摆，如图 6–15（3）所示。

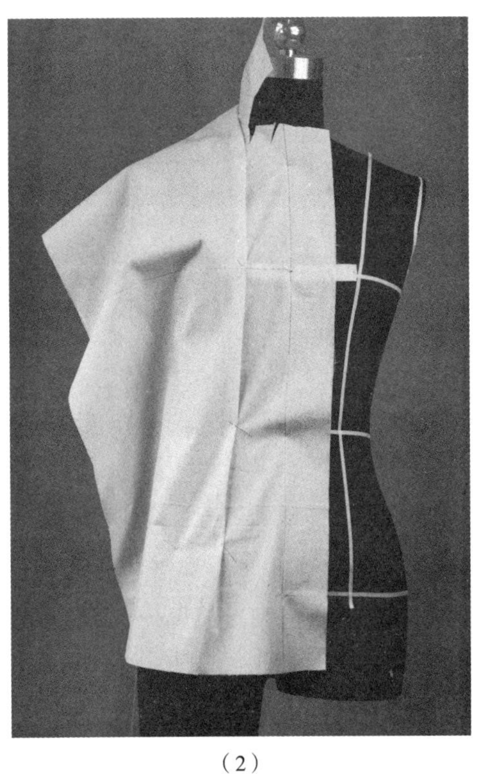

（2）

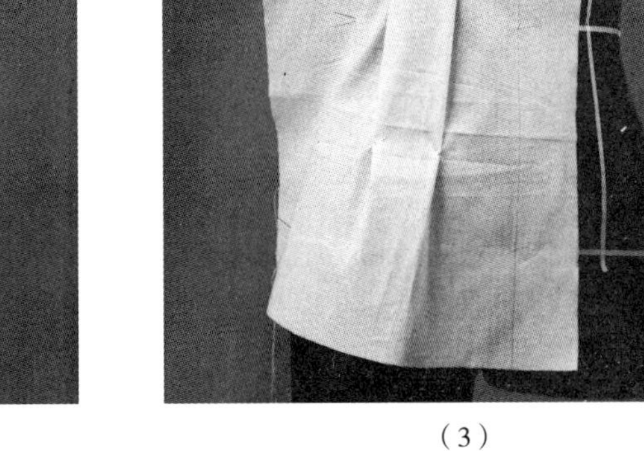

（3）

4. 两个褶形成的 4cm 宽面作为连身立领，往后颈方向绕；初步剪出袖窿造型，如图 6-15（4）所示。

5. 调整连身立领上下领口线的弧度，使立领贴合颈围往后绕。从侧颈点开始，立领上下领口线预留 1.5cm 缝份，剪去领口、肩线多余的面料，如图 6-15（5）所示。

6. 立领绕到颈后中，领围留适当松量，剪去后中多余的面料，如图 6-15（6）所示。

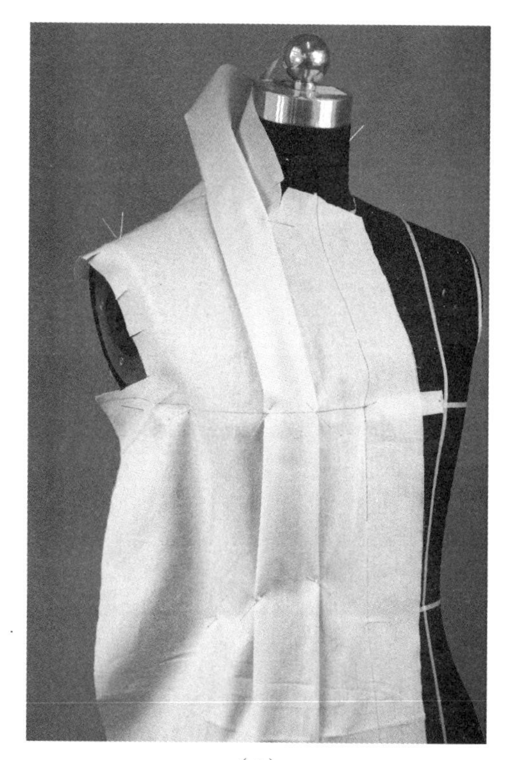

（4）

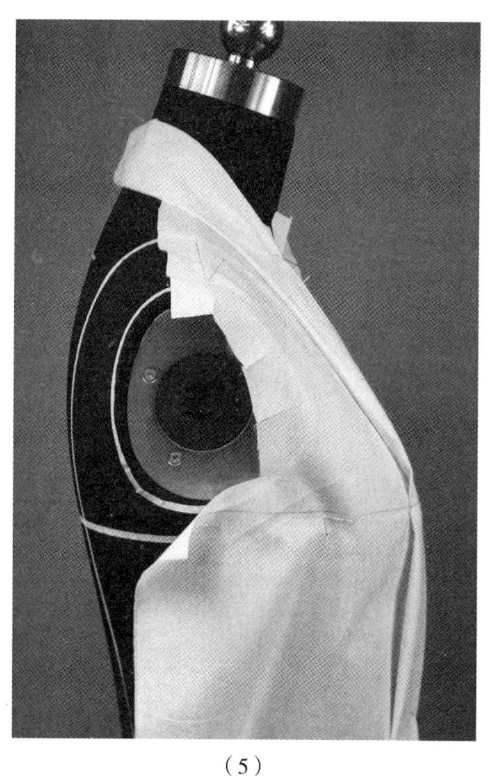

（5）

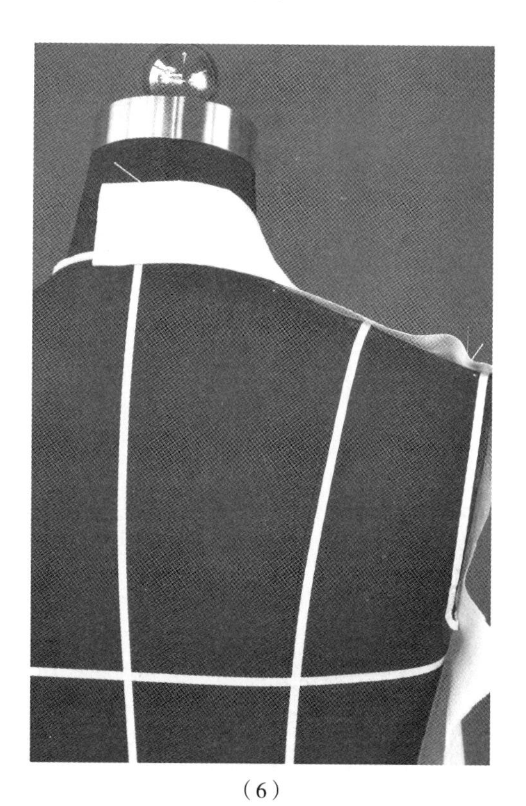

（6）

图 6-15

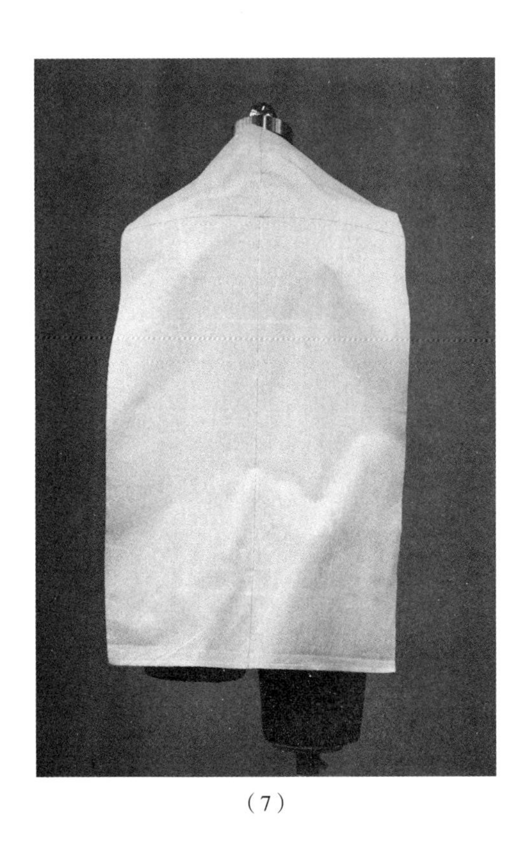

（7）

7. 后中片立裁操作。后片中心线对准人台后中线，保持自然垂直，肩胛骨处标志线水平，如图 6–15（7）所示。

8. 初步剪出后领口，在领口上边打剪口，后领围稍加松量，在侧颈点处用大头针固定，如图 6–15（8）所示。

9. 剪去肩部多余面料，后片在上，前片在下，用折叠针法，沿肩缝线叠合前后片；将立领与后片领口贴合，如图 6–15（9）所示。

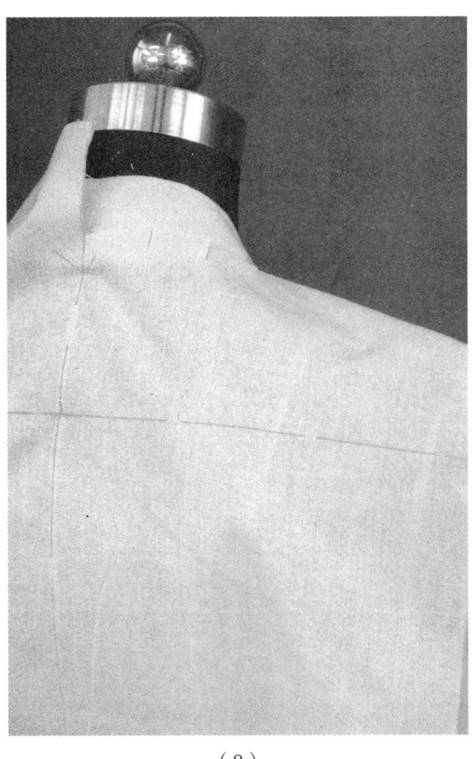

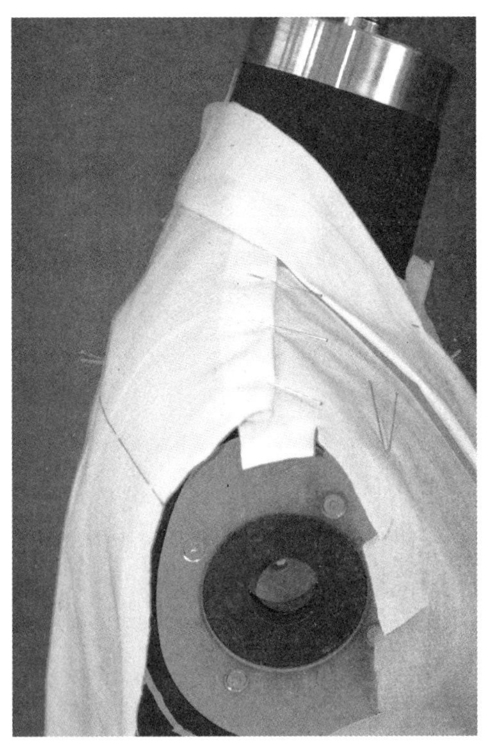

（8）

（9）

10. 背宽推出适当松量，标出后背分割线，剪去分割线处多余面料，如图 6-15（10）所示。

11. 立裁后侧片。后侧片纵向标志线保持垂直，胸围线保持水平。根据后背分割线初步裁出侧片。胸围线以上，用叠合针法；胸围线以下，用抓合针法，沿分割标志线固定后中片和后侧片，如图 6-15（11）所示。

12. 前后片在胸围侧面各放出 1cm 松量，在腰围、臀围侧面各放 0.7cm 松量，抓合侧缝，如图 6-15（12）所示。

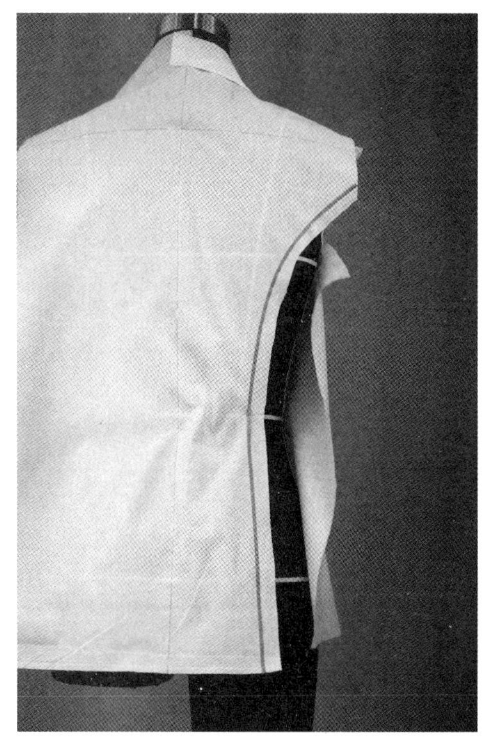

（10）

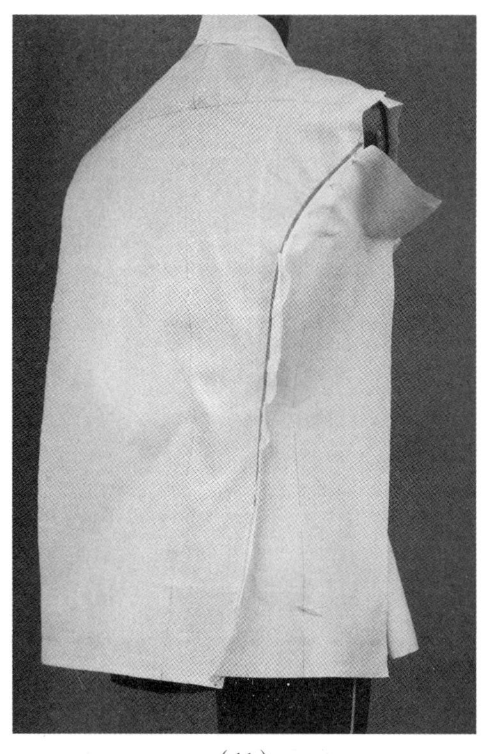

（11）

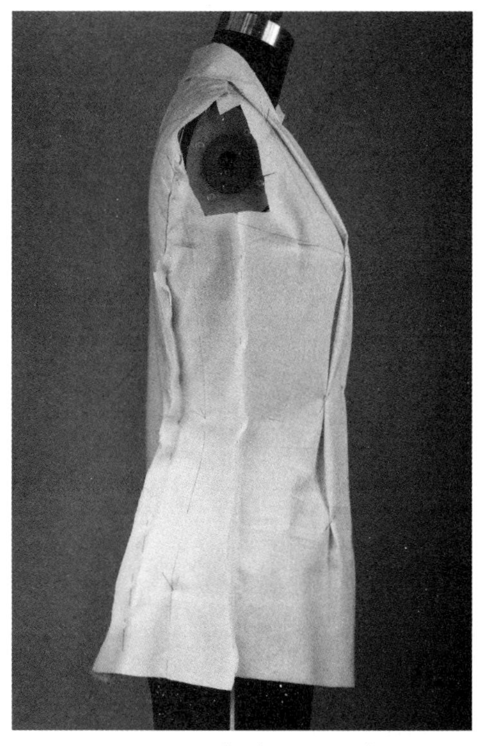

（12）

图 6-15

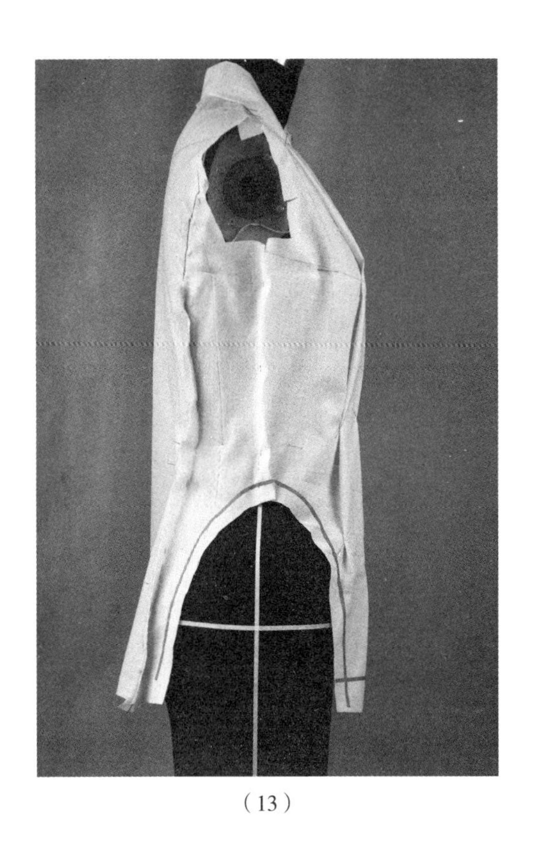

（13）

13. 用粘带标出下摆，在侧面标出做波浪下摆的圆弧造型，剪去多余面料，如图 6–15（13）所示。

14. 做最下面一层波浪下摆。将布片中心 45° 正斜的丝绺标注线对准人台侧缝线，如图 6–15（14）所示。

15. 沿圆弧造型，用叠合针法将布片的水平上边与圆弧叠合，自然形成波浪下摆，如图 6–15（15）所示。

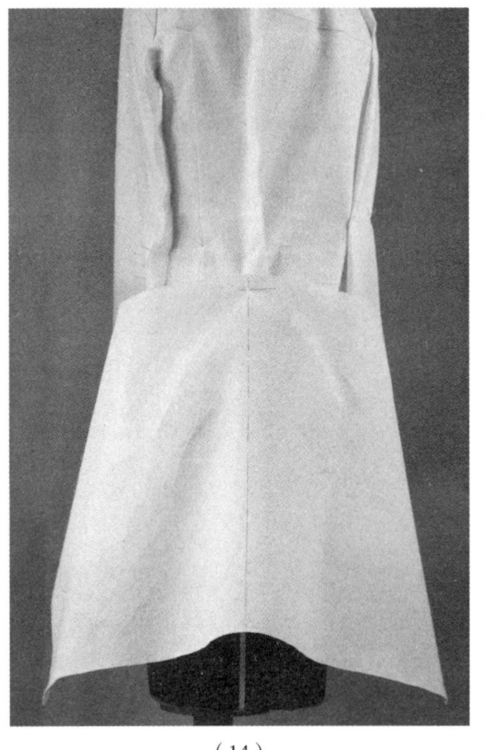

（14）

（15）

16. 依次做上面两层的波浪下摆，如图 6–15（16）所示。

17. 剪出三层波浪下摆的长度，注意节奏感，下面两层的间距稍短些，如图 6–15（17）所示。

18. 用粘带标出门襟造型，如图 6–15（18）所示。

（16）

（17）

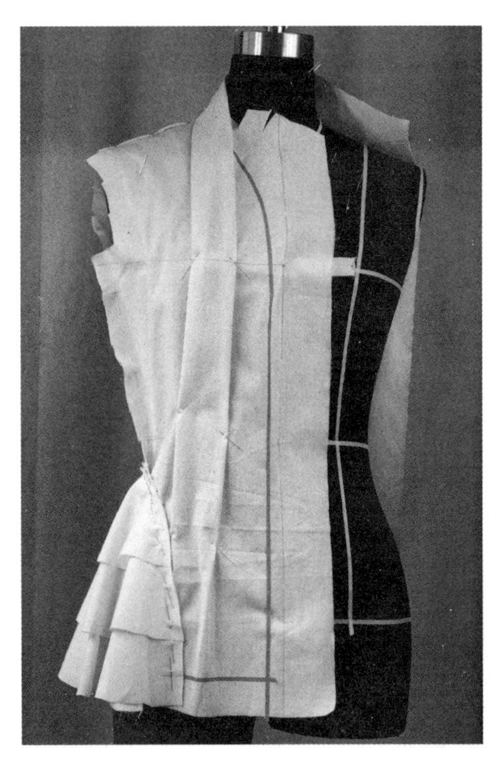

（18）

图 6–15

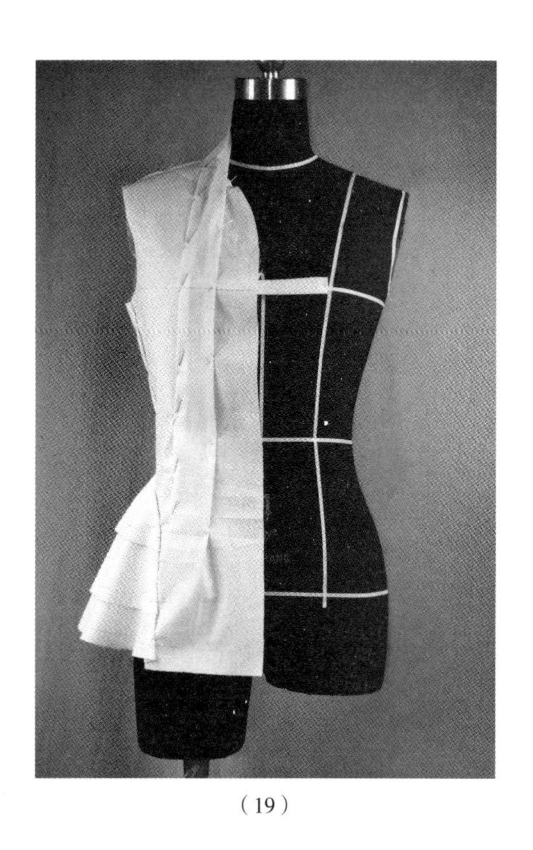

（19）

19. 假缝衣身，调整造型，如图 6–15（19）所示。

20. 从肩端偏进 3cm，标出半袖的袖窿线，如图 6–15（20）所示。

21. 做立体半袖。袖片基准线与肩线对应，用叠合针法，沿袖窿线将袖片与衣身叠合，如图 6–15（21）所示。

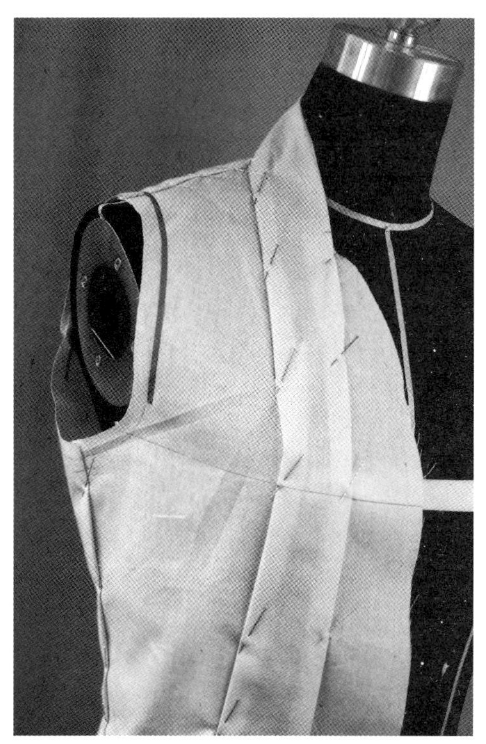

（20）

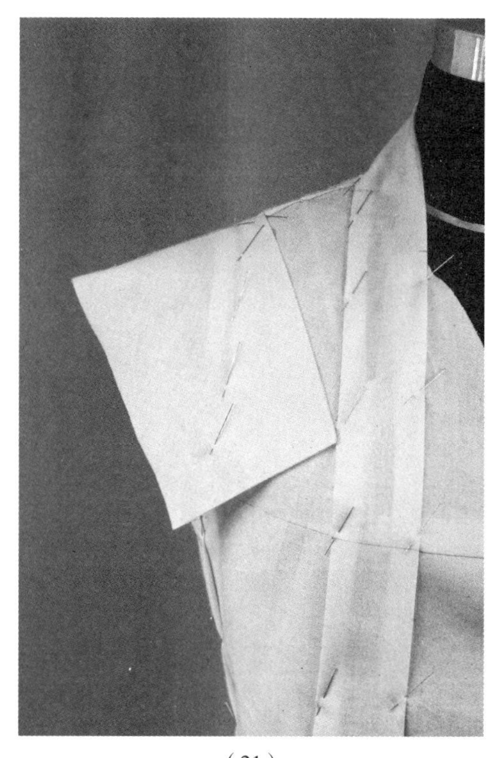

（21）

22. 用粘带贴出袖子造型，剪去袖片多余的面料，如图 6–15（22）所示。

23. 袖片的基准线，对准肩袖的基准线和肩缝线，如图 6–15（23）所示。

24. 沿造型线，用叠合针法叠合两袖片，如图 6–15（24）所示。

（22）

（23）

（24）

图 6–15

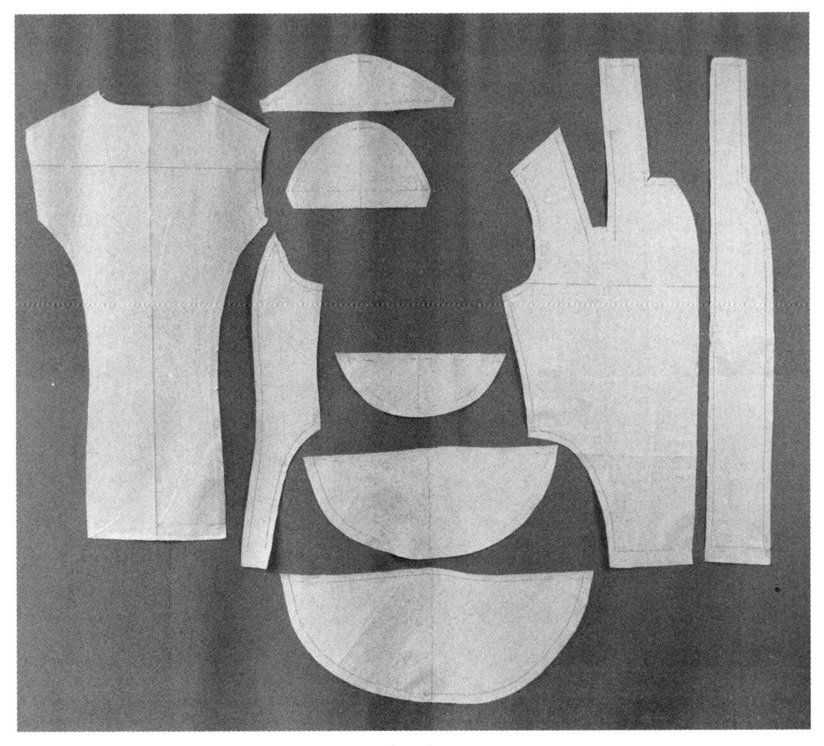
(25)

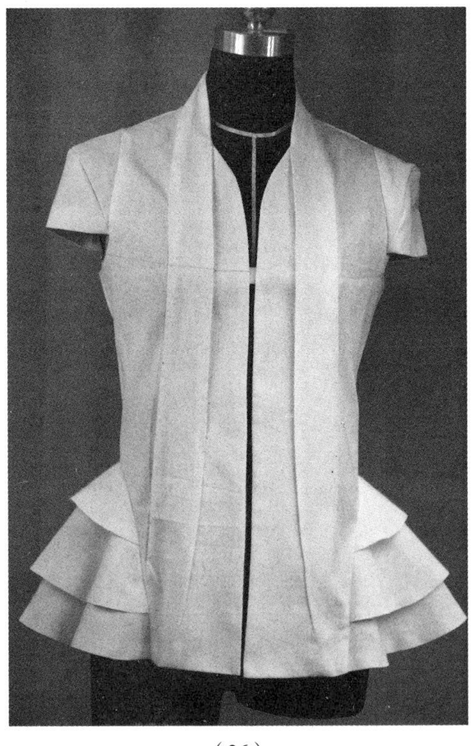
(26)

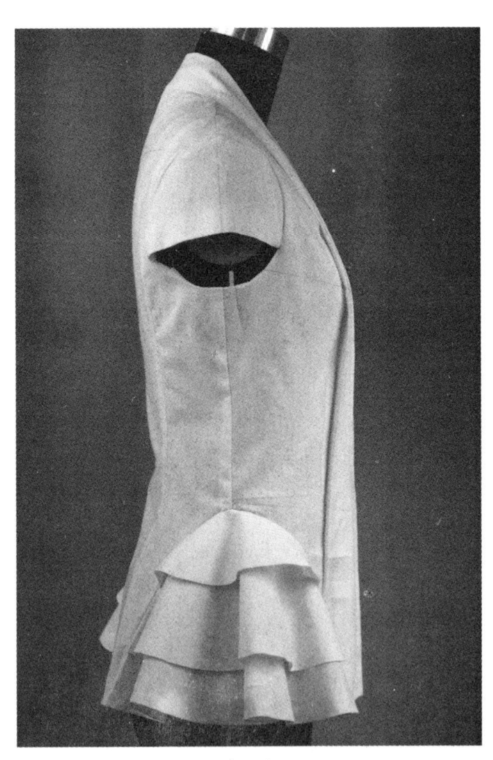
(27)

25. 点位记录衣片结构，取得裁片，如图 6–15（25）所示。

26. 试样效果。正面效果如图 6–15（26）所示，侧面效果如图 6–15（27）所示，背面效果如图 6–15（28）所示。

27. 样衣局部效果。立体袖造型如图 6–15（29）所示，侧面多层波浪下摆造型如图 6–15（30）所示。

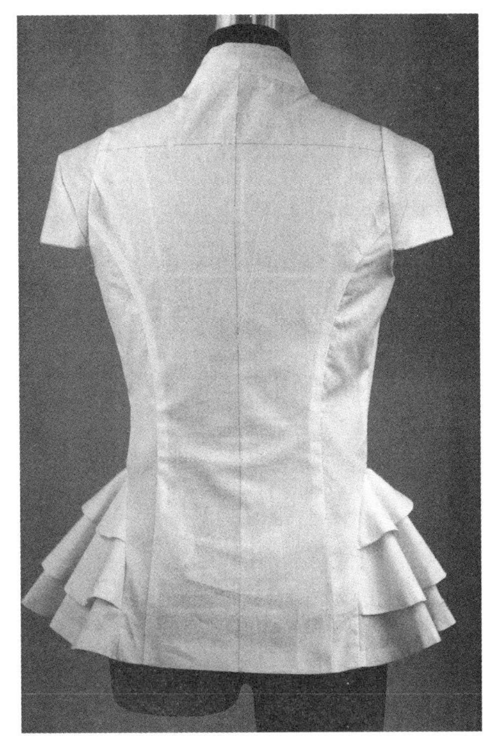

（28）

（29）

（30）

图 6–15　多层摆外套的操作步骤

（五）多层摆外套操作技术要点

1. 形成连身立领两个褶裥，一个褶裥倒向肩端点方向，另一个褶裥倒向侧颈点方向，4cm 的间距作为连身立领，绕到后颈，调整好立领弧线，调整好立领的松量与造型。

2. 两个褶尖延伸到下摆，褶尖在下摆消失。

3. 做侧面波浪下摆的布片是 45° 斜丝绺，布片的水平上边与圆弧造型叠合，自然形成波浪下摆。处理好多层下摆的层次。

4. 半袖的袖窿线，从肩端偏进 3cm；肩袖片与衣身叠合后，肩宽加出了 4~5cm，再绱袖片。

（六）CAD 读样

用 CAD 读图仪读入纸样，如图 6-16 所示，再按生产要求制作系列生产样板。

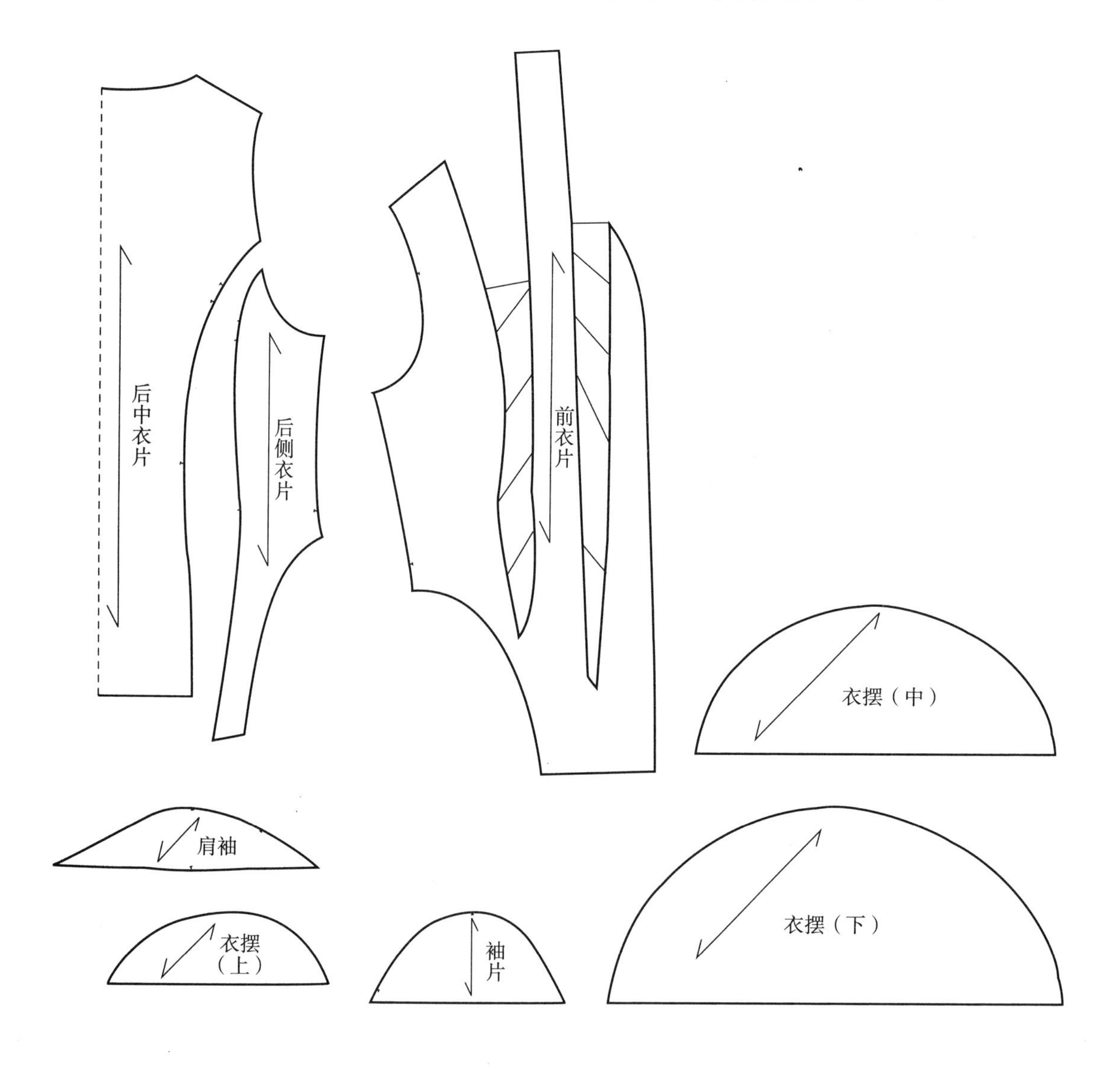

图 6-16 多层摆外套的纸样

五、立体吊挂外套

（一）款式图（图 6–17）

（二）款式分析

时尚、前卫的外套款式。前衣片的结构采用立体褶裥设计，吊挂领片延伸，转至后中腰部，后背的吊挂片与延伸领片衔接。转折门襟，一粒扣，肩部立体的两片袖。整体造型修身，衣长较短，胸围、腰围放松量 6cm 左右。推荐选用皮革、涂层布等面料。

（三）坯布准备

将坯布熨烫平整、归正，参考图 6–18 的尺寸取料，并按虚线在坯布上标出标志线。

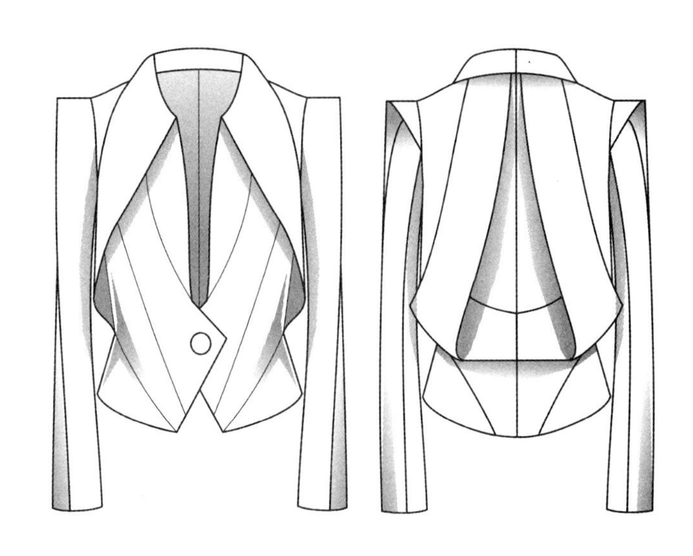

图 6–17　立体吊挂外套款式图

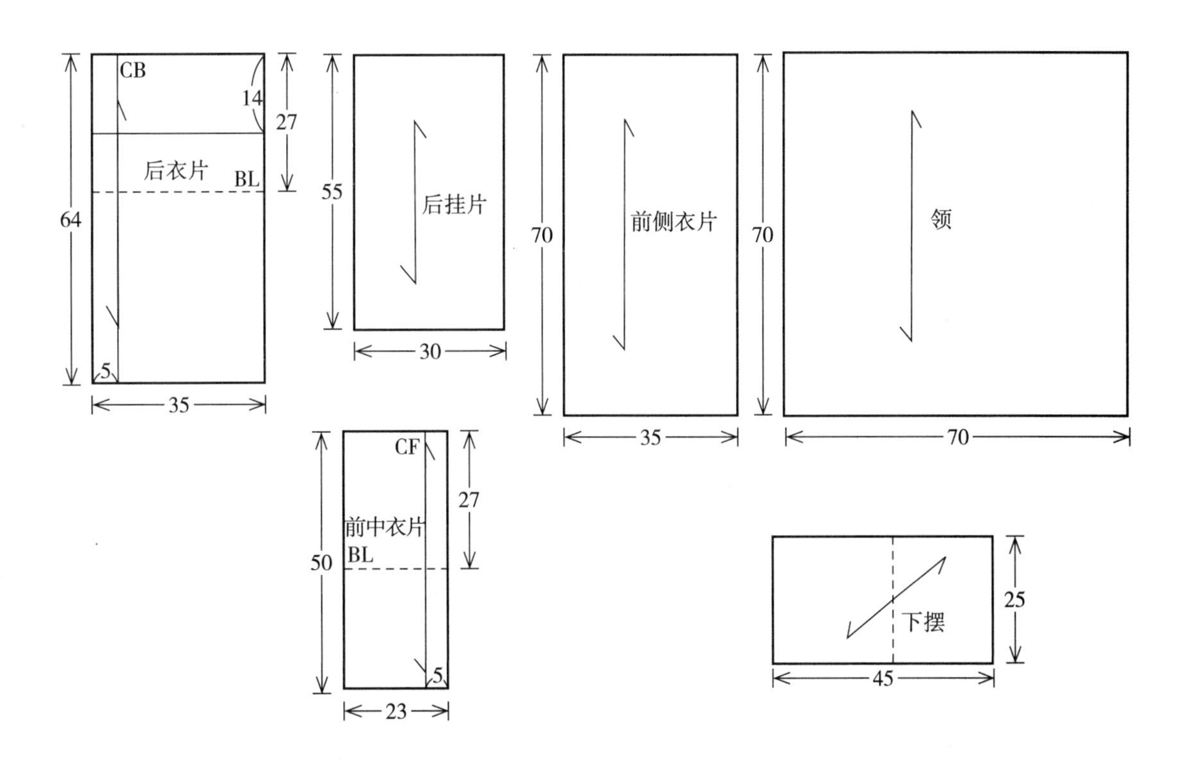

图 6–18　立体吊挂外套的坯布准备

（四）操作步骤（图 6–19）

1. 前中衣片立裁操作。将衣片的前中心线对准人台前中心线，衣片的胸围线对准人台胸围线，侧缝处用大头针固定，如图 6–19（1）所示。

2. 用粘带标出前中的弧线分割造型，剪去多余面料；初步裁剪领口，如图 6–19（2）所示。

3. 前侧片立裁操作。胸围线对准人台胸围线，推出适当胸围松量，用折叠针法沿分割线别合前侧片与前中片，如图 6–19（3）所示。

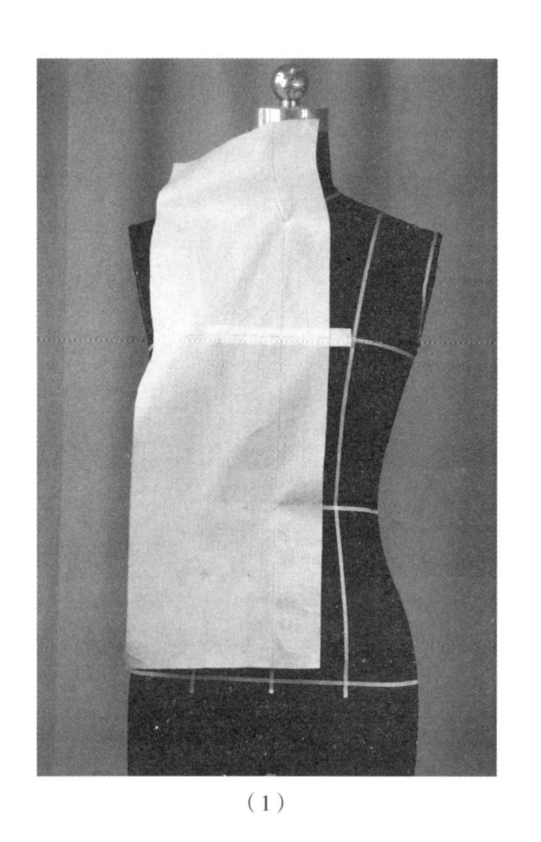

（1）

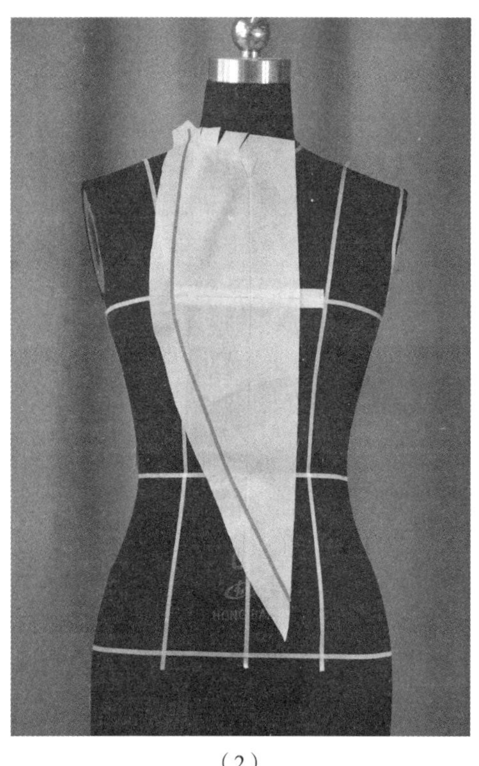

（2）

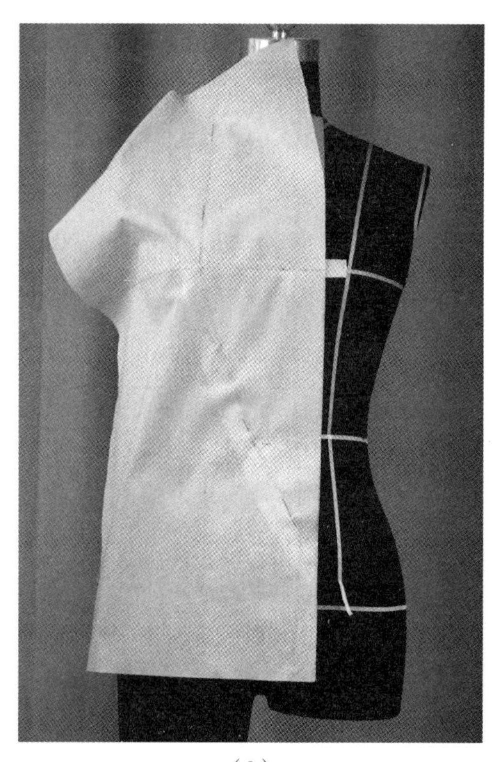

（3）

4. 将腰省量推至前中做一个活的斜褶裥，侧面大头针固定。用粘带标出尖下摆造型，剪去下摆和袖窿多余面料，如图 6-19（4）所示。

5. 后衣片的中心线对准人台的后中心线，肩胛骨处标志线水平；从背部往下捋平面料，后中收省。用粘带标出后下片的造型，初步裁剪领口与袖窿，如图 6-19（5）所示。

6. 在胸围、腰围处，前后片各放适当松量，抓合侧缝，剪去多余面料，如图 6-19（6）所示。

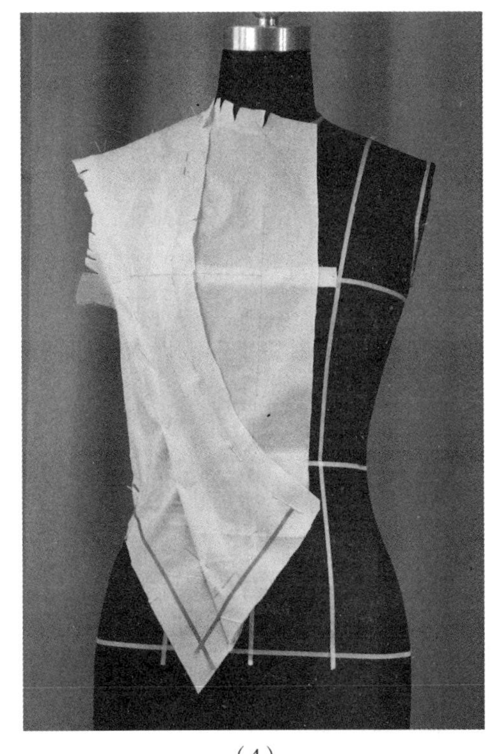

（4）

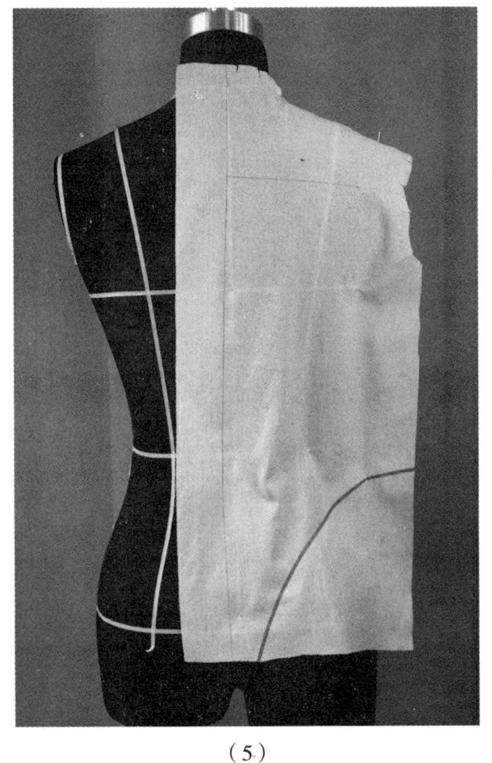

（5）

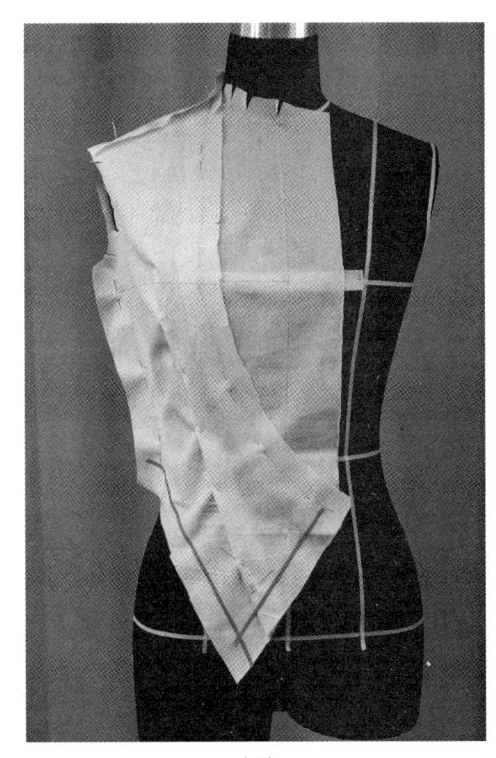

（6）

图 6-19

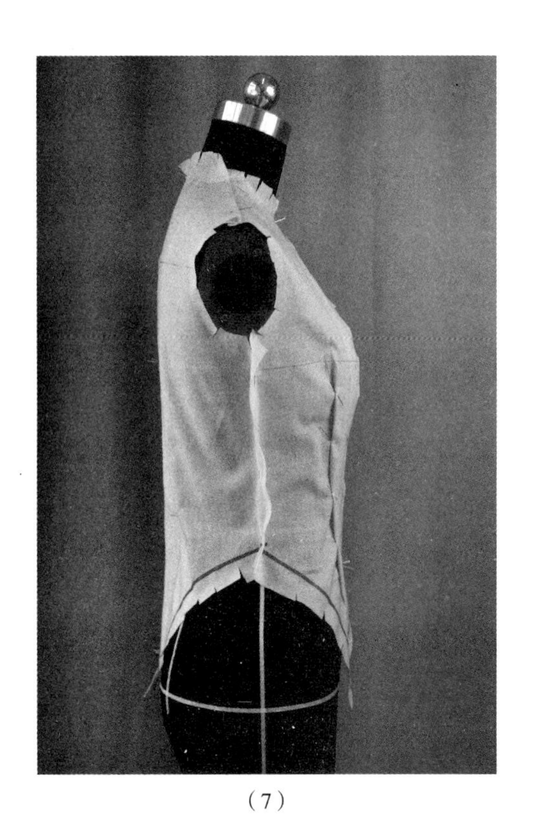
（7）

7. 用粘带标出侧面分割弧线的造型，如图 6–19（7）所示。

8. 做侧面下半部分的造型；布片 45° 斜丝对准侧缝线，如图 6–19（8）所示。

9. 用折叠针法沿弧线别合上下片，剪去弧线处和下摆的多余面料，如图 6–19（9）所示。

（8）

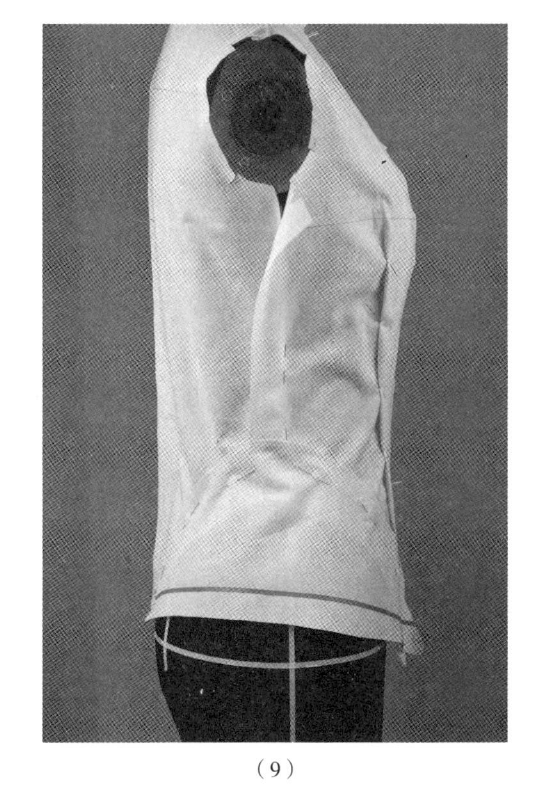
（9）

10. 用粘带标出领口、门襟的造型，剪去多余面料，如图 6–19（10）所示。

11. 将领片中心线与后衣片中心线对齐，领下口线对准领口线，从中心线起始的 3cm 水平，用叠合针法别合，如图 6–9（11）所示。

12. 翻领立裁。后中心取领座高 3cm，往下翻折布片，再取领面宽 4.5cm，剪去多余的面料，至肩线位置；折起领子缝头，使领子外围线紧贴衣身；领片从后面往前身绕，领子翻折线和颈部保持适当松量，如图 6–19（12）所示。

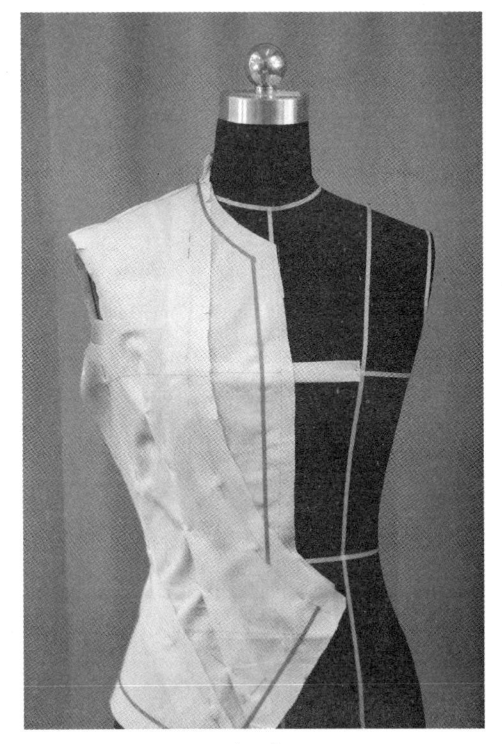

（10）

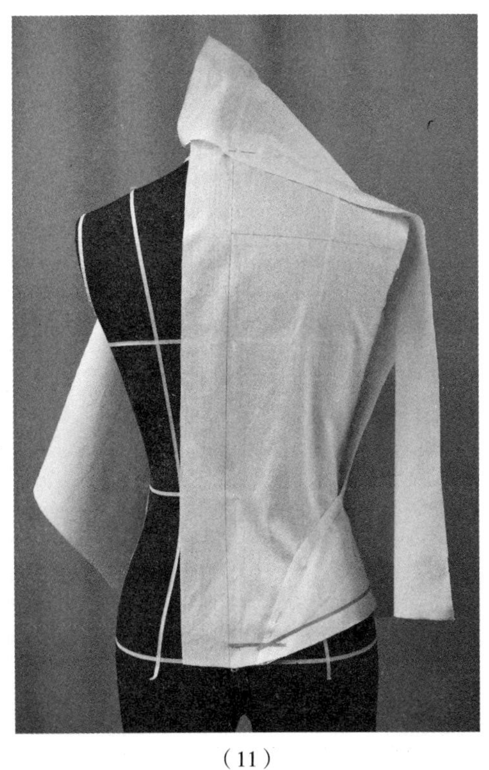

（11）

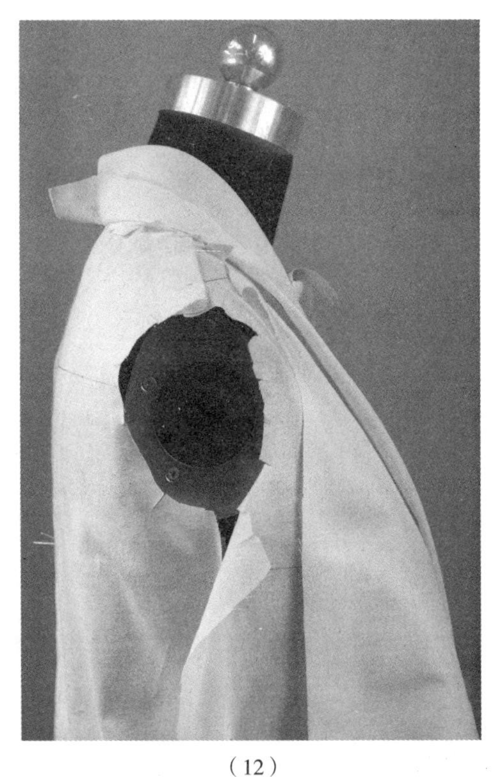

（12）

图 6–19

（13）

13. 在领子外围的缝份上打剪口，调整并确定领子造型；翻起领片，沿领口线将领片与衣片用大头针固定，确认领下口线，剪去领下口处多余的面料，如图 6–19（13）所示。

14. 翻领一直延伸至后中腰部，用粘带标出翻领造型，如图 6–19（14）所示。

15. 做后背的吊挂衣片。面料丝绺垂直，用大头针固定，如图 6–19（15）所示。

（14）

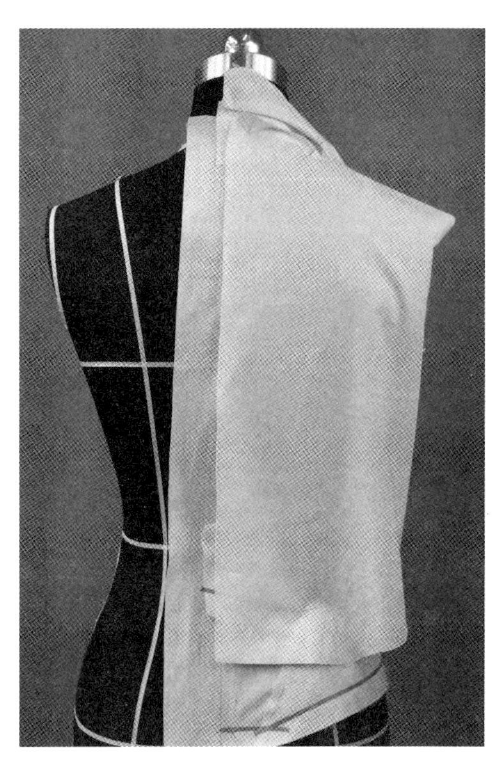

（15）

16. 用粘带标出后吊挂片的造型，剪去后中一边的多余面料，如图 6–19（16）所示。

17. 剪去上下、侧面多余的面料，衣片上边与翻领的领下口线叠合，下边与转至后身的领片叠合，如图 6–19（17）所示。

18. 观察并调整整体造型，保持吊挂领片、后片与衣身的空间松量，如图 6–19（18）所示。

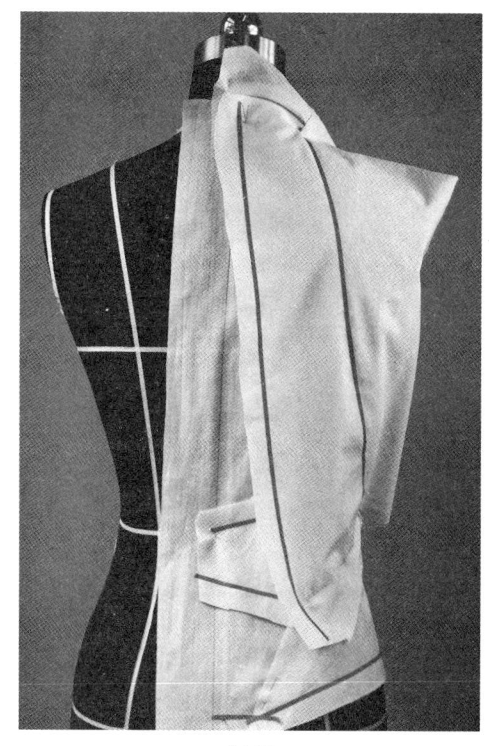

（16）

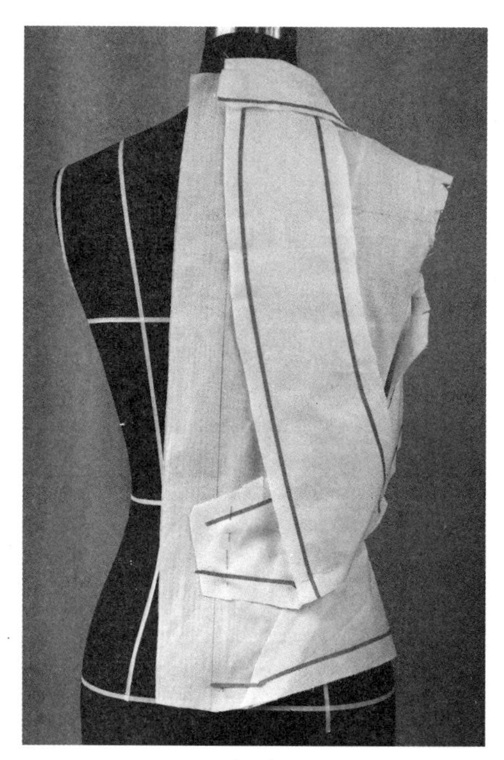

（17）

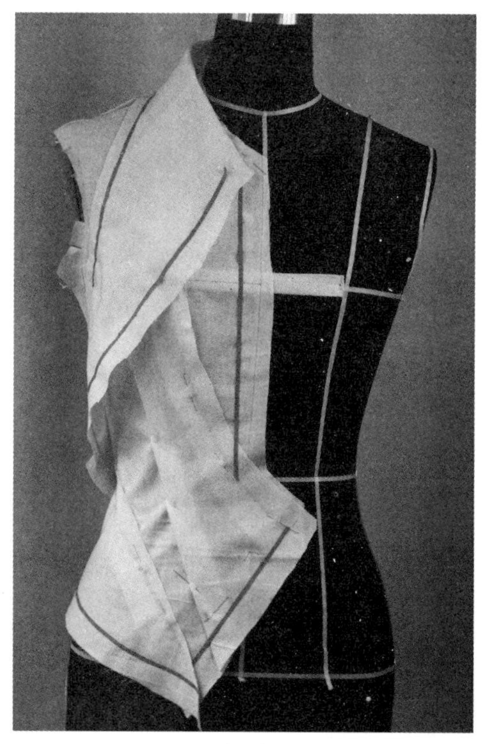

（18）

图 6–19

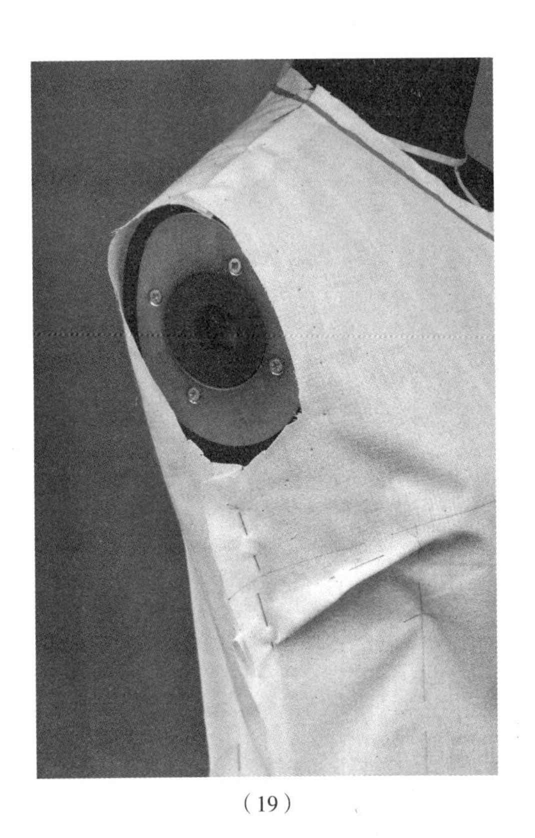

（19）

19. 点位记录衣片的结构，如图6–19（19）所示。

20. 假缝试样衣身和领子部分。正面效果如图6–19（20）所示，背面效果如图6–19（21）所示，侧面效果如图6–19（22）所示。

21. 获得裁片，如图6–19（23）所示。

（20）

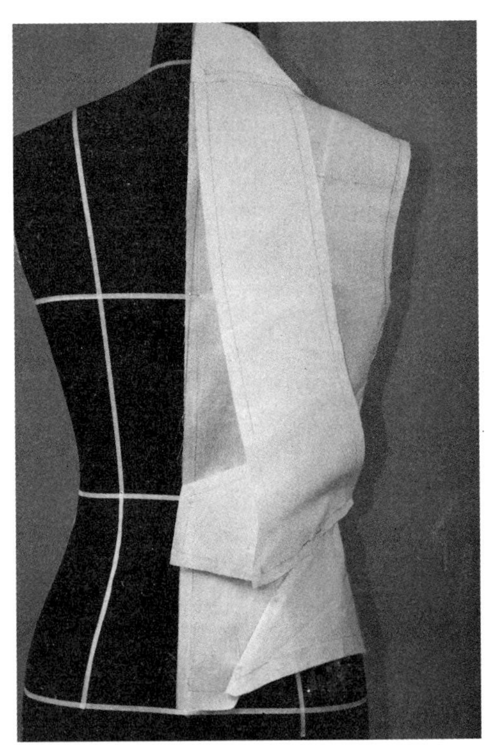

（21）

（22）

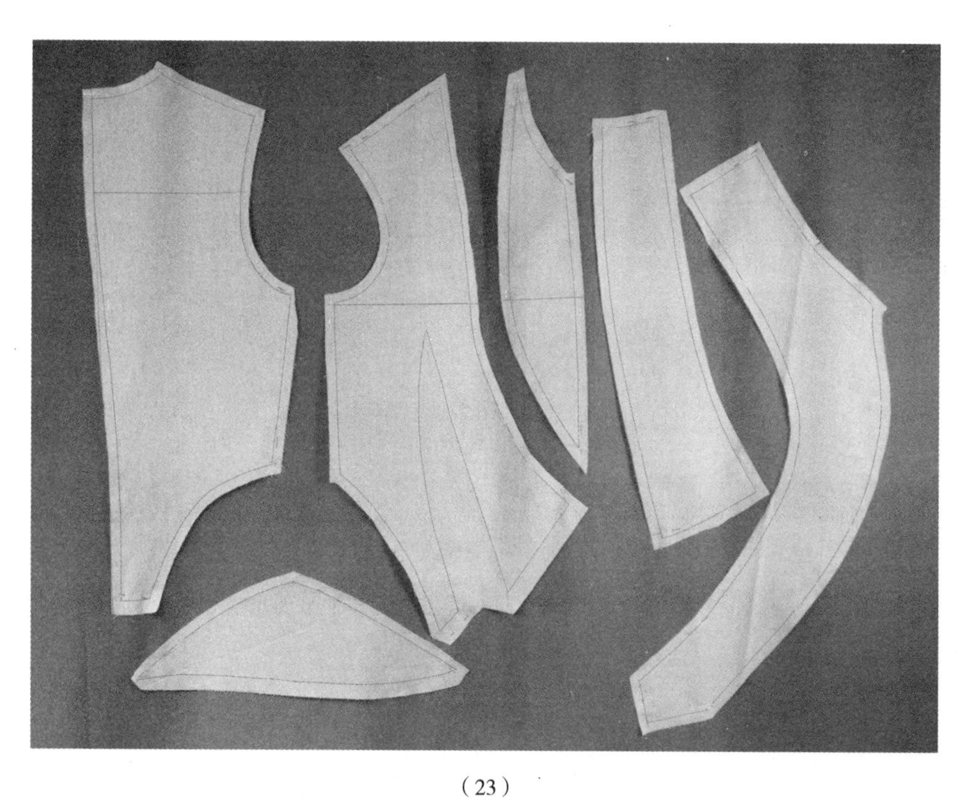

（23）

图 6–19

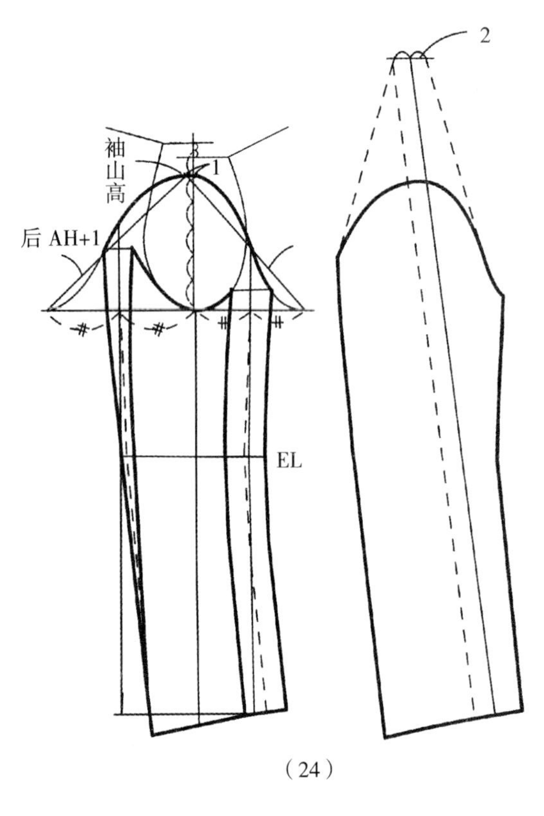

（24）

22. 用平面方法配基础袖，如图 6–19（24）所示。

23. 根据袖片的分割斜线，在面料上烫一个 2×3cm 的斜裥，如图 6–19（25）所示。

24. 用平面配好的袖纸样裁剪袖片初样，如图 6–19（26）所示。

25. 先用折叠针法假缝大小袖片，再用藏针法把小袖片的袖底弧线与衣片袖窿底弧线部分别合，做好对位，如图 6–19（27）所示。

26. 沿袖山弧线向后折转褶裥，用叠合针法叠合袖山弧线与袖窿弧线，做好对位记号，如图 6–19（28）所示。

27. 立体袖山的造型。保持袖山弧线的圆顺，如图 6–19（29）所示。

28. 取得袖子的裁片，如图 6–19（30）所示。

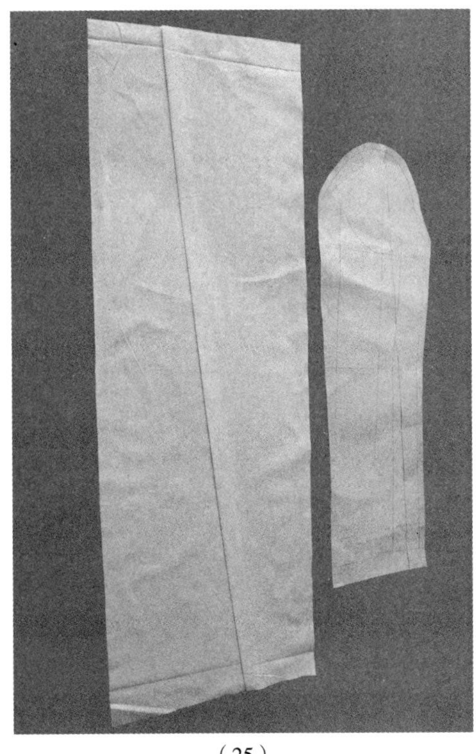

（25）

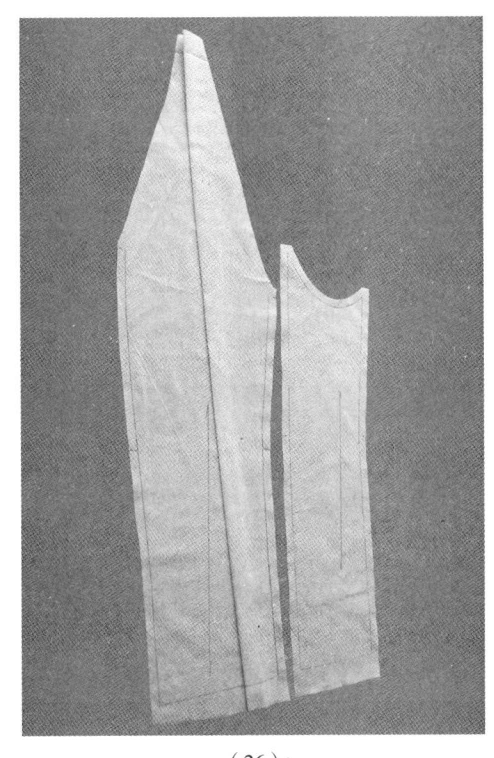

（26）

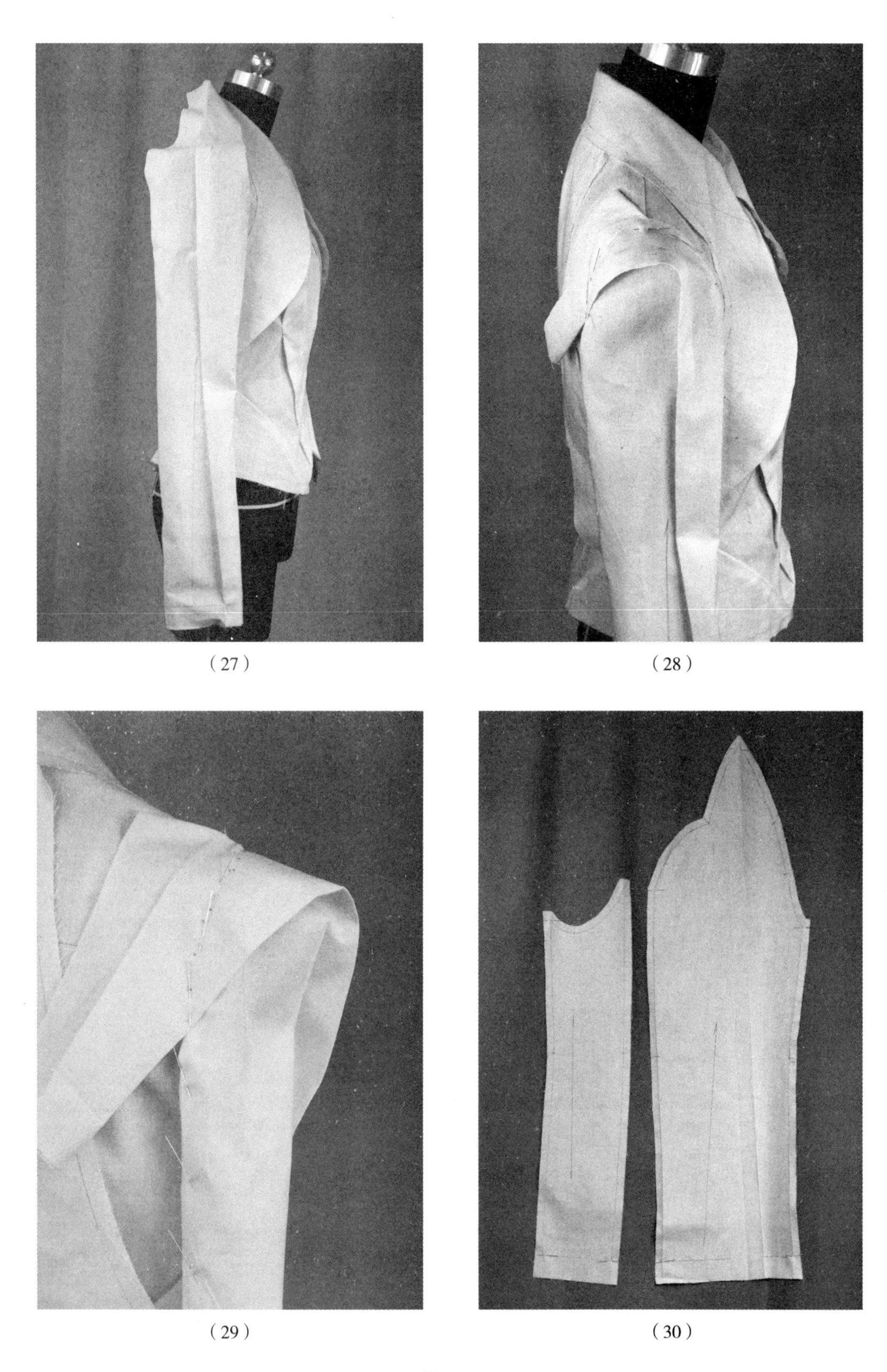

（27）　（28）

（29）　（30）

图 6–19

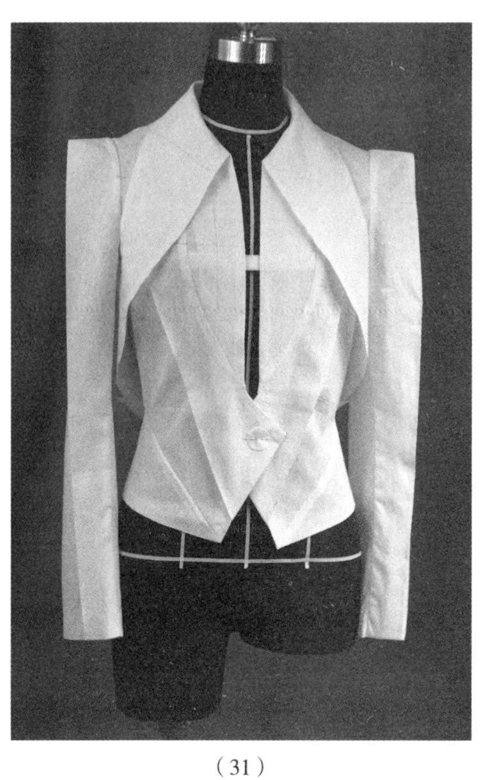

（31）

29. 完成的样衣效果。正面效果如图 6–19（31）所示，侧面效果如图 6–19（32）所示，背面效果如图 6–19（33）所示。

（32）

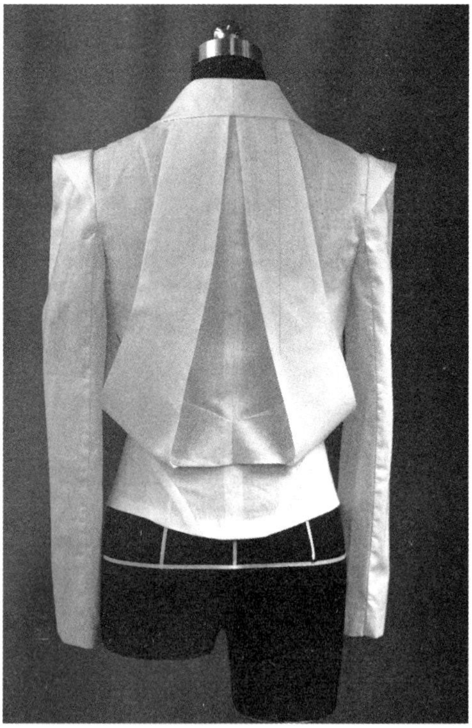

（33）

图 6–19　立体吊挂外套的操作步骤

（五）吊挂外套操作技术要点

1. 衣身部分呈修身状态，胸围、腰围各放 6cm 左右松量。

2. 前腰省量推至前中做一个活的斜褶裥，形成前衣片的立体层次。

3. 从侧颈点到后中，翻领的造型与普通翻领一致，前身的领片一直延伸至后腰，与后中线缝合。吊挂后片上边与领下口缝合，下边与翻领吊挂片衔接。

4. 保持吊挂片与衣身的空间松量。

5. 先用平面方法配基础袖，再用立体裁剪方法确定立体袖的造型。

（六）CAD 读样

用 CAD 读图仪读入纸样，如图 6–20 所示。按生产要求制作系列生产样板。

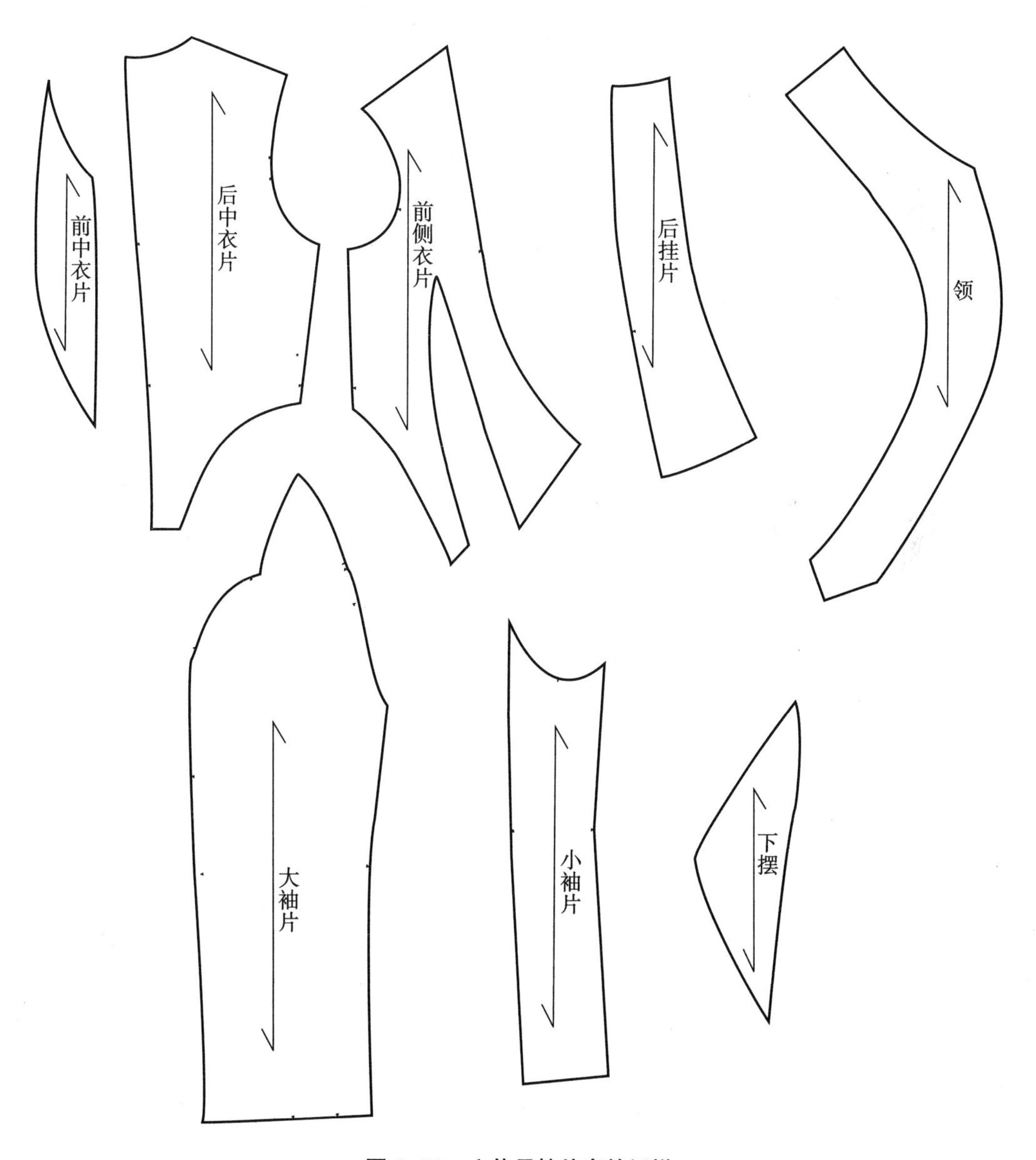

图 6–20　立体吊挂外套的纸样

参考文献

[1] 日本文化服装学院 . 立体裁剪基础篇 [M]. 上海：东华大学出版社，2004.
[2] 张文斌 . 服装立体裁剪·提高篇 [M]. 上海：东华大学出版社，2009.